创意思维与表达

陈波　著

知识产权出版社
全国百佳图书出版单位

内容提要

本书立足于对创意思维规律的研究，比较世界范围内不同文化的创意思维方式，在分析国人思维习惯及其形成原因的基础上，力求探所出符合国人的生理特点，适应我国文化体系的创意思维原理与方法，以及恰当的创意表达方式。

责任编辑:王辉

图书在版编目(CIP)数据

创意思维与表达/陈波著.—北京:知识产权出版社,2012.6

ISBN 978-7-5130-1165-5

Ⅰ.①创… Ⅱ.①陈… Ⅲ.①创造性思维—研究 Ⅳ.①B804.4

中国版本图书馆CIP数据核字(2012)第042302号

创意思维与表达

陈波 著

出版发行:知识产权出版社

社　址:	北京市海淀区马甸南村1号	**邮　编**:	100088
网　址:	http://www.ipph.cn	**邮　箱**:	bjb@cnipr.com
发行电话:	010-82000893 82000860转8101	**传　真**:	010-82000893
责编电话:	010-82000860-8381	**责编邮箱**:	wanghui@cnipr.com
印　刷:	北京中献拓方科技发展有限公司	**经　销**:	新华书店及相关销售网点
开　本:	787 mm×1092 mm 1/16	**印　张**:	15.75
版　次:	2012年7月第1版	**印　次**:	2012年7月第1次印刷
字　数:	250千字	**定　价**:	42.00元

ISBN 978-7-5130-1165-5/B·051(4048)

目　录

第一章　创意思维的机制

“我思故我在”

——笛卡尔

思维　人类通过感官得来对世界的印象，有目的地进行分析、整理，这一过程就是思维。思维是人类指导自己行为的依据。

创意　创意就是灵活运用多种思维技巧，对信息进行无固定模式的整合，得出新颖的、打破常规的思维成果（语言、图像、动作、建筑、解决办法等）。

创意思维　无固定模式，打破常规的思维方式就是创意思维。创意思维与一般的思维活动之间最大的差异就是——创意思维要求有成果，这种成果的表达可以不拘形式，可以有多样性，但绝不能是天马行空的胡思乱想，也不能是简单地对传统及常规思维进行批判或否定，而是要有建设性。创意思维的成果是相对较新的、有价值的思想观点、解决办法、产品及艺术作品，能够满足特定需求或解决特定问题。

人与动物的根本区别，就在于人类有思维，这几乎已成为所有人的共识，毋庸置疑，人类大脑的生理构造和机能允许人类进行复杂的思考，并且人类几乎无时无刻不在运用这种天赋本能，甚至在睡梦中，大脑也没有停止活动。但人类为什么要思考呢？思考内容从何而来？人类进行思维活动是被动的还是主动的？思维活动是怎样的过程？思维与行为之间的关系是什么？

对于思维的深入研究才刚刚开始，人们对自己每时每刻都在进行的思维活动存在着难以解脱的疑惑，因为，对思维的研究意味着这样一种情况：我们要使用我们大脑的思维功能去探究这种功能的奥秘。这种表述听上去不合逻辑，好像我们要用自己的眼睛观察自己，似乎是一件不可能做到的事，但是等等，真的不可能吗？如果我们能借助镜子或平静的水面，或者别人的眼睛，就可以通过映像观察到自己了。所以，我们只需找到能映射思维的镜子，就可以开始对思维的研究了。经验告诉我们，看待事物的最佳方式，是从多种角度去观察，用多种感知方式去认识，对于思维的研究也如此，从多种角度入手，无疑是最明智的。

传统上，学术界对思维的研究主要从三个领域出发：哲学、心理学、神经生理学。随着"认知科学"概念的提出，这三个领域的研究内容与研究方法趋于交叉融合，特别是心理学和神经生理学，形成了一些新兴的交叉学科——认知心理学，以及研究领域更加细化的社会认知神经科学等。

哲学对思维的研究主要集中在思维形式上，将思维大致分为抽象思维与具象思维。抽象思维以概念或语言作为思维的主要材料，西方哲学强调形式逻辑思维，具有确定性并反对思维过程本身自相矛盾；东方哲学倾向于辩证逻辑思维，具有灵活性并强调反映事物的内在矛盾。具象思维又被称为形象思维，以表象作为思维的主要材料。认知心理学则综合了心理学和神经科学的研究成果，以神经生理学的探测技术为基础，先后提出四种主要学说，即定位说、整体说、机能系统学说、模块说。

定位说：将大脑分为不同区域，通过对大脑功能定位研究实验，判定不同类型的思维活动会激活某些特定的皮层，"左右半脑理论"就是基于定位说。整体说：弗罗伦斯和拉施里发现大脑功能的丧失与皮层切除的大小有关，而与特定的皮层无关，同时指出，大脑皮层的各个部位以均等的程度对学习发生作用，提出的总体活动原理。机能系统学说：鲁利亚认为，大脑是一个动态的结构，是一个复杂的动态的机能系统，由三个紧密联系的机能系统组成，个别环节受损，心理机能会受影响。模块说：人脑在结构和功能上是由高度专门化并相对独立的模块组成。

本章力图借助已有的研究成果，以神经生理学来解释创意思维的生理运作机制；从认知心理学的角度探寻创意思维的心理运作机制；对创意思维形式的工具加以说明；最后从实践出发，明确创意思维的运行机制。

第一节 创意思维的生理机制

思维是非常个体化的活动，没人能看到别人脑子里在想些什么。对于习惯使用创意思维方式来思考的人来说，创意思维在开始一次特定的思维活动前就已经展开了。这么说绝不是故弄玄虚，因为思维的过程是从感知开始的，从一个人感知世界的方式就能推断出他是否使用创意思维的方式来思考。运用创意思维方式思考的人有什么特别的生理构造和生理运动机制吗？许多年来，人们不断尝试对爱因斯坦的大脑进行分析，试图找出天才与普通人的生理差别。但到目前为止，科学家们似乎还无法从生理构造上来解释这位物理学天才奇思妙想的来源。还有些科学家认为，爱因斯坦发明相对论时很年轻，研究他暮年的大脑无助于揭开他思维的奥秘。

最早的研究报告称，爱因斯坦大脑神经元的密度较高，表明他的大脑皮质有较佳的传讯效率。1999 年，麦克马斯特大学的精神病和行为神经科学研究组，将爱因斯坦的大脑与 85 位普通男女的大脑进行比较，发现爱因斯坦的大脑左右半球的顶下叶区域异常发达，比普通人这一部分的平均厚度多出 1 厘米，宽度超过 15%。桑德拉·威特逊、德布拉·基加和托马斯·哈维共同署名发表在世界著名的医学杂志——英国的《柳叶刀》上的论文《爱因斯坦异乎寻常的大脑》中认为，顶下叶区发达，为神经元提供营养的细胞浓度高，这会对人的数学思维、想象力及视觉空间的认知发挥重要作用。科学家们纷纷质疑这种解释，指出顶叶宽大者大有人在，最明显的莫过于早年失明者，因为他们不再能接受视觉信号，所以顶叶的功能区域一直延伸到通常用来处理视觉信息的枕叶。

2006 年，罗杰尔·多布森在英国《星期日独立报》上发表了《窥视爱因斯坦的大脑》文章说到，在最新的研究中，科学家将爱因斯坦和 4 个差不多年龄的男性大脑进行对比，证明他们之间在结构上有明显差异，发现爱因斯坦大脑中的有些部分比其他人的大，脑细胞也更多，并且多个神经元都含有更多的胶质细胞，胶质细胞的作用是为神经元提供支持和保护，表明他的大脑需要并可运用更多的能量。但文章最后说："爱因斯坦大脑的结构也许并不是唯一的，其他的人也可能有类似的大脑，只不过从来没有机会使用罢了。也许拥有'特殊'大脑和思想的人比想象的要多。他们之所以没有受到注意，或许是由于社会文化条件的关系，或者是被早年不佳的健康状况，或妊娠期和幼年期遭遇变故，或童年时成长环境不够好所抵消(糟蹋)掉了。"

感官的信息接收机制 "我们周围的环境所产生的感官影响就像我们大脑的食粮一样。在这个有组织的世界上，大多数人都患有精神营养不良症，其原因就是人们的感官经常处于吃"劣等食物"的状态。我们工作的地方常常与政府办公室、学校、监狱相似，隔开的小单间墙总是千篇一律的颜色，都用日光灯照明……具有讽刺意味的是，各地的机构都在呼吁人们发挥更大的创造力，革新精神以及全方位的投入。他们在把其雇员限制在框子式工作环境的同时，却在要求雇员们的思想要"冲破框框"。①

创意思维的信息接收机制就是丰富和深刻的感官体验。需要注意的是，感官体验的增强要适度，达到饱和的感觉会转为麻木。"官感的程度是随着对比度、新鲜度、变换度、增强度而增加的。"②交替使用不同的感官，可以保持我们对事物的兴趣，增强感受力，使用不同感官，让我们变换感知事物的角度，在对比的过程中形成深刻的体验。如过度依赖某一种感官，会使之感受能力降低，接收信息的敏感度削弱。感官为思维提供基本素材，可以说，感官接收信息的能力决定了我们思维的能力。

长久以来，在理性至上的观念下，人们将逻辑思维定义为高级的思维方式，"感觉"一度被认为是原始的和低级的。即便是在重视创造力的今天，也有相当一部分人表现出对理性的崇拜以及对感觉的蔑视，这些人认为，感官是没有意义的，一切真理存在于理性思考中，甚至想象力也可以在教室中培养出来。因此，达·芬奇的手稿被公诸于世的时候，引起世人无数的惊叹，他们无法想象，一个画家，怎么可能同时是一个科学家呢？因为在大多数人的认知模式中，艺术家是缺乏理性思考的，而科学家则相反，这两类人的思维方式是截然不同的。

事实上，这种划分未免太过简单，与事实不符。感觉是我们对世界的直

---

① 《像达芬奇那样思考》(美)麦克尔盖博，王修芹，崔琳琳译. 新华出版社 2002. 135.

② 《实用人类学》(德)伊曼努尔·康德，邓晓芒译. 上海世纪出版集团 2005. 47.

接反映，是我们进行理性思维的必备材料，无论是艺术作品还是科学成果都是理性思维与感性共同作用的结果，完全割裂地看待感性与理性是可笑的。如果没有“看到”苹果落地，牛顿能否完全靠逻辑推理发现万有引力定律？2011 年 5 月 20 日出版的《科学》周刊登载了一篇研究报告，报告指出，哺乳动物的大脑依次经历了三个进化阶段：嗅觉的改善、体毛触觉的改善和神经肌肉协调力的提高。感官与大脑神经之间的联系是极其紧密的，灵敏的感官能够使脑神经更健康。

达·芬奇笔下的岩石、动物以及人体结构都是栩栩如生的艺术作品，虽然他的出发点可能更倾向于对事物结构的研究，但他并没有用枯燥的解剖图来描述对象，而是将生命力倾注到画面中。同时，他绘画的构图布局合理，人物动作与姿态的安排既富节奏感又保持了整体画面的平衡感，从数学的角度看非常精确。我们可以说，达·芬奇用艺术家的眼光看待科学，用科学的工具研究艺术。很难判断达芬奇画得好是因为他了解事物，还是因为画得好而更了解事物。

大脑的信息处理机制　人类大脑内存在难以计数的神经元，感官收集到的信息即思维材料，对其中一部分产生刺激，不同的信息刺激到不同的神经元。受到刺激的神经元将信息传递给相关神经元，神经元之间的联系建立起神经网络，信息就这样通过神经网络传递至中枢神经，最终作出行为反应。神经网络的定型过程就是认知的建立过程，神经网络在认知新事物时，输入信息总是尽可能地使用已存在的连接进行传递处理，当处理不足以产生正确的结果时，才在信息的中断处搭建新的网络连接。

创意思维的大脑信息处理机制，是建立动态的神经网络系统。创意思维是一种主动思维方式，由于人类的一切活动都伴随着思考，因此，当创意思维形成思维习惯，那么无论是有意识的思考，还是潜意识的思维活动，人们都会乐于寻找新的想法，在寻找的过程中，大脑中的神经元会不断建立新的连接，去尝试改变既有的思维模式，采用新的路径传递信息，形成动态的神经网络系统。

（1）相互竞争的神经元。生物神经系统是以神经元为基本单位，神经元内有一定数量的胶质细胞，受到刺激后，神经元内的细胞形成电流，将信息传递至神经元末梢。神经元之间通过突触传递信息，有些神经元轴突末梢可以释放不同的化学递质,称为化学突触;有些神经元之间可以直接通过突触间隙直接进行电位传递,叫做电突触。

人类大脑内的神经元大约在1000亿个。一个神经元可以通过轴突作用于成千上万的神经元,也可以通过树突从成千上万的神经元接收信息,由于突触种类及释放的化学递质不同,传递信息的速度也不同,神经元之间的信息交换速度也存在着不同的突触延搁。快突触传递以毫秒为单位计算,主要控制一些即时的反应;慢突触传递可长达以秒为单位来进行,甚至以小时、日为单位计算。此外,使用频繁的突触联系会变得更紧密,即用进废退。

人在刚出生时,一个神经肌肉连接被多个神经元的轴突所支配,但是最后只能保留一个,活性高的神经元才能在竞争中生存下来。在有目的的思维活动中,为了能准确的连接到思维的目的地,神经元会生长出若干条神经纤维,其中总会有正确连接到目的地的神经纤维,正确的信息传递会使连接变得更加稳固,反之,则慢慢萎缩,最后,那些稳固的连接构成了传递信息的神经网络。

创意思维是无固定模式的,对"正确"的定义也是多元的,可大大提高神经纤维的有效数量。创意思维所遵循的"无固定模式",能够更广泛地调动不同脑区的活动,对更大范围的神经元形成刺激,建立更多方向的神经连接,令大脑保持旺盛的活力,补充神经纤维的生长,延缓大脑的衰老。

(2)思维材料的分解重组。创意思维所强调的对原始思维材料的"结构重组",是神经网络处理信息的先天本能,但如果不能有意识地去强化这种自然能力,它就有可能变得懒惰,将多种拆分方式简化为几种常用套路,形成思维惯性,阻碍新想法的生成。

生物神经网络中,作为思维材料的事物表象往往穿插交错在一起,以链路最省的方式构成。神经链路上的合并,就是事物的某一特征在某一层次上的概括。与此同时,每一事物复杂的表象,都可以根据不同的分类原则,拆分成各种各样的属性单元(元素),而任何神经链路上的分支,都可以理解为一种属性单元(元素)的归档存储,使得这些属性单元也能用于构建别的事物表象。

在处理其他事物表象时,不同归档内,与之相关的属性单元都可能被激活，共同构建对这一事物表象的理解，或与之被拆分出的某些属性单元相结合，形成新的事物表象，如果新的表象与客观世界中的事物相对应，就是新的想法；如果没有对应关系，那就是一个较高形式的创造成果。如音乐，被激活的节奏、情感等元素，可能分属于多个归档，却可以组合成一支新的旋律。

所谓“归档”，就是对事物进行分类，至于建档所采用的标准和方式，就要取决于思维主体的知识背景、文化倾向，以及心理因素了。一个人的知识范围越广、文化观念越开放、心理态度越积极，对事物表象进行剖析的角度就越多，进行重组的基数越大。

（3）全脑思维。自20世纪80年代开始，学术界对于大脑左右半球分工观点的批判之声越来越响亮。芝加哥大学著名生理心理学家利维1985年在《今日心理学》上发表了“右脑和左脑：事实还是虚构?”，文中指出：“两个大脑的错误论断是建立在错误的前提上的：由于每一个半脑都是专门化的，每一个大脑必须作为独立的大脑来运行。但是事实上，反过来才是对的。由于大脑中的脑区不同，它们必须整合起来活动。确切地说，整合所引发的行动和思维过程确实比每一个脑区的贡献大，而且整合的贡献也不同于每个脑区的贡献。因此，由于这一观点的大前提是错误的，所以，从该前提基础上推导出来的所有论断也都是错误的。”

借助当代脑成像技术，人们发现，任何一个作业或刺激，不论是抽象的，还是形象的，大脑两个半球中都有一些区域被激活，所有的思考任务都要依靠大脑两半球的协调合作才能完成，人类的思维和活动是大脑两侧功能协调的结果，双脑协同也是创意思维的关键。

近10年来，更多的实验证明，言语创造性与图画创造性都激活了双侧额叶，以及左脑和右脑中的部分区域，没有证据表明某种思维活动只需要某一脑区参与，相反，针对顿悟、发散性思维、远距离联想、言语创造性和图画创造性的实验结果都充分证明，人类最高级的、最复杂的思维活动——创造性观念的产生涉及多个大脑区域，是脑系统高度分布式加工的结果。

或许一些现实的例子能进一步消除误导的影响：量子力学的创始人普朗克能弹一手好钢琴，他中学毕业时的理想是当一个钢琴家；爱因斯坦的小提琴拉得颇具专业水准；诺贝尔化学奖得主匹兹堡的男高音唱得很不错。

玻尔研究所那批创立量子力学的年轻科学家们在讨论抽象、枯燥的物理问题遇到阻碍、难以进展时，常会以分派角色、排演莎士比亚戏剧的方式来放松一下心情。

顿悟的脑机制 由于顿悟的偶发性，虽然不断有认知科学家设计出新的测量方法，但因为只能在设定条件下进行检测，实验环境中的顿悟与实际生活中自然发生的有很大差异。心理学对顿悟的著名测试有“啊哈谜语”、“九点问题”、“双绳问题”，随着科技的进步，脑科学家得以利用脑成像技术来探索这一课题。

经过比较“顿悟”与“常规思维”的脑活动模式，通过比较两种思维模式所激活的神经网络，发现这两种模式在大脑内所激活的神经网络重叠较大，两种思维之间的共性明显大于特性。这说明顿悟并不那么神秘，可能只是思维的量变到质变的瞬间表现，人类之所以难以捕捉顿悟的出现，就像慢镜头下花朵开放的瞬间，用眼睛是难以观察到的，但反观顿悟之前的思考过程，我们就能发现，几乎所有的顿悟，都源于大量的思考酝酿，这种酝酿可能针对一个具体问题，也可能是下意识思考的积累。

在另一个实验中，前额皮层受损的被试者，顿悟式解决问题的能力优于健康者。前额皮层主要参与个体获得认知技能的学习过程，控制着思维模式的运行，模式的规定使人的思路固定在已知的思维路径上，从而限制了顿悟的发生。一旦摆脱了固有模式的束缚，我们就可以用更开阔的思路来考虑问题。这一研究结果进一步证明了一个古老的观点：“知识是一把双刃剑”，一方面，知识和经验能够帮我们快速判断，提高思考的效率；另一方面，知识经验可以形成思维定势，阻止我们发展思维的灵活性和多样性。

第二节 创意思维的心理机制

马斯洛的“需求层次理论”简明地说清了人类行为的基本动机，“需求”是人类进行一切活动的深层动机。那么，人类是否有相应的思维层次来满足不同层次的需求呢？或者思维活动本身就伴随着满足各个层级需求的行动？创意思维满足了人类哪一层次的需求呢？

很显然,哪怕是为了满足低层次的生理和安全需求,也需要思维的配合。创意思维在两种情况下起作用:第一种,当采取常规思维方式无法满足需求时,被迫寻求新的思路,这种情况是暂时性的,一旦常规思维方法有效,就不会再主动运用创意思维方式去思考。第二种,较高层次的心理需求,如情感与归属需求、尊重需求、自我实现需求,因为社会竞争的原因,则必须借助创意思维方式,才能另辟蹊径,在群体中脱颖而出,取得竞争优势,实现心理的满足。

传统心理学理论认为,人类一切思维活动都是围绕着解决问题展开的,具有目的性和明确的方向性,如在心理上没有要解决问题的意志,那么思维就没有动力。应该说,一般的思维活动都是符合这个理论的,人们通常只有在遇到难以回避的问题时,才会开动脑筋。但创意思维的心理机制却包含了更丰富的内涵。激发创意思维的动因绝不止于"解决问题"这类现实原因,还有出自人类一些本能的一些因素,如好奇与探索、好斗与好胜、自夸与骄傲。此外,个人的兴趣偏好、个人与周围环境的冲突也有可能促进创意思维的发生。

总之,创意思维强调的是主动思考,不是"解决问题"式的反应思维,而是"寻找问题"和"发现问题"式的主动思维,这是创意思维与常规思维的最大区别。唯其主动性,才会不满足于一般的行事规则,才能最大限度地调动大脑的神经网络,从各个角度去思考,寻求对旧模式的突破,创造新的思想成果。但毋庸置疑的是,无论是什么具体因素激发了创意思维活动,其根本出发点都是为了满足特定的心理需求。

心理动因、心理因素参与的方式,和心理活动过程,构成了创意思维的心理机制:将某些心理需求转化为强烈的创造欲,主动进行积极的思维活动,充分调动自身潜能,推动思维冲破旧有模式,寻找新思路,创建新的思维模式,形成新颖的想法,因新想法的成功获得心理上的满足。

心理动因及其参与方式 创意思维的心理动因很复杂,在此,我们只针对两类心理动因进行具体解读,以探查在创意思维过程中,心理因素如何参与思维,以及创意思维是如何满足特定心理需求的。

第一,本能。人类从祖先那里继承了基因,本能就藏在这些基因中,但谁也无法说清人类到底有哪些本能。许多哲学家和心理学家对这个谜题都做出了自己的解答，几乎所有人都想知道真正的谜底。BBC 甚至拍摄了系列片《人类本能》，试图揭示什么是人类行为的推动力。心理学家麦独孤归纳出了七对范畴用来说明七种人类本能及与之对应的情绪，分别是：逃避本能与恐怖情绪；拒绝本能与嫌恶情绪；好奇本能与惊叹情绪；好斗本能与愤怒情绪；服从本能与自卑情绪；自夸本能与骄傲情绪；亲和本能与爱慕情绪。其中，与创意思维相关的是好奇、好斗、自夸。

(1)好奇与探索。人类天生具有好奇心，刚出生的婴儿就会四处张望，想了解周围的世界。正是好奇心催生出的求知欲带领人类走出蒙昧的原始社会，创造了丰富的物质和文化。遗憾的是，虽然人类的好奇心与生俱来，但在接受社会教育的过程中，在本该是这项先天能力发挥最大作用的学习领域，人们却遗失了这种天赋。在学校中，孩子们被训练出寻找答案的技巧，问题是预设的，思考的范围、方式也是预设的，渐渐地，我们不再寻找问题，不再对未知的事物感兴趣，而是对已知的知识重复记忆，并为记住大量信息而自鸣得意。

看到“不确定”，你会产生什么情绪？是对未知情况的兴奋，还是为难以把握而忧虑？也许这是衡量一个人是否有真正的好奇心最简单的测试。好奇心近似于童心，想像一下，小孩子有思维定势吗？他们会循规蹈矩地看待一件事吗？很显然，对于孩子来说，没有什么是不可能的，仅仅为了满足好奇心，他们也会自觉地运用创意思维方式来理解世界，准确地说，在他们眼里，根本没有什么思维方式之分，成年人之所以觉得孩子的想法可笑，只是因为思想受到社会化所带来的禁锢罢了。

(2)好斗与好胜。好斗的本能可能来自于人类的动物本性，以及人类的原始生活经验。动物为了保护自己的地盘进行决斗，部落为了珍贵的水源和食物发动战争，人类的斗争本性获得了极大的回报，得以在恶劣的生存条件下繁衍生息，最终成为地球上数量最庞大的物种。人们从斗争的胜利中体会到愉快，甚至狂喜的情绪，通过赢得战斗获得这种愉悦感，也就成为一种心理经验。

在我们遇到困难的时候，往往内心会激发出一种与战斗相似的感觉，所以我们将这种情况称为“迎接挑战”，将解决问题的决心称为“斗志”。如果能够出奇制胜地解决疑难问题，不消说，所获得的愉悦感也同打了胜仗一样。人在战斗的时候，意志往往能够爆发出巨大的力量，同样，在面对疑难问题时，好胜心也会促使我们全身心地投入，思维异常活跃，不拘泥于安全的想法，有利于激发灵感，产生有价值的创意。

(3)自夸与骄傲。自夸源于人的成就动机，有两个作用：重复让自己自豪的事迹，进一步肯定自我；借此获得较高的社会评价，得到认同。完成困难的工作、表现出比别人更优秀的能力，无疑都能满足取得成就的心理需求。巧妙地解答一个问题，或在某个领域取得重大发现，都可以作为自夸的资本。想要超越他人的欲望，转化为内在驱动力，鼓励一个人想他人所不敢想，为他人所不能为，自然会绞尽脑汁，用尽办法，创意思维方式自然被激发出来。

第二，兴趣偏好与矛盾冲突。历史证明，人类许多重大发现和发明创造都来自于个人兴趣，浓厚的兴趣引发人们对该领域进行深入研究，由于所有的思绪都围绕着兴趣展开，对于兴趣对象不断发掘，以期更全面地理解与其相关的信息，这种深入的思考常常能够带来意外收获。法国物理学家丹尼斯·派朋在研究蒸汽锅炉的过程中，利用密封条件下，水被加热产生高温蒸汽的原理，发明了密封的圆筒状煮菜锅，也就是压力锅的雏形。与兴趣相伴而生的是一种积极的情感体验，爱因斯坦曾坦言创造可以带来"智力上的快感"，并逃避日常生活的粗俗。

另一个事实是，不存在绝对意义上的创造发明，几乎所有发明都是一种"再发现"或"改进"的成果。爱因斯坦在《物理学的进化》一书中写道："在我们所有的努力中，在每一次新旧观念之间的戏剧性斗争中，我们坚定了永恒的求知欲望，和对于我们的世界和谐性的始终不渝的信念，而当求知上所遭遇的困难愈多，这种欲望与信念也愈增强。"①如果一个人不满足于现状，就会想办法改变，创意思维方式所特有的灵活性，实质上就是善于改变。

挑战约定俗成的规范，改变由来已久的思维定势，推翻通行的理论或方法，弥补事物现存的缺陷和不足，消除矛盾和冲突的过程，凡此种种，都是创意思维的心理过程。

---

① 《物理学的进化》A. 爱因斯坦，L. 英费尔德. 上海科学技术出版社 1962. 217.

独特的心理活动过程　创意思维的心理过程包括认知过程和情感过程。被动思维与主动思维的主要差别,在于对思考的投入程度有所不同,这种差异在认知过程中就开始显现出来了。

(1)差异化的认知过程。认知是由感觉、知觉、记忆、思维、想象共同形成的,与常规思维相比,在创意思维过程中,认知的差异化表现为:可以从多角度看待事物、对事物的感觉与众不同、定义方法新颖、能够进行远距离联想、想象力异常丰富、思维方式灵活多样,具有逻辑上的跳跃性和发散性。

对一个事物,被动思维只是用感官去认识表象,但主动思维者却是通过感官,力求多层次、多方位地洞察对象,从而观察到别人看不到的,发现别人难以察觉的。生活中常有“事后诸葛亮”感叹“这么简单的道理,我怎么没想到!”,其实,真正的原因不是感官不够敏锐,而是没有“主动地观察”,或者说没有“用心去看”。另一种有趣的情形可以证明这种说法:一名男子在开始追求自己心仪的女孩时,会突然变得心细如发,对女朋友的需要也能揣测出来,预先做好准备。但两人关系稳定下来之后,男子的观察力逐渐变得迟钝,因为他关注的重点开始转移到别处去了。

顿悟是创意思维跳跃性的标志,也是最为独特的心理认知过程。顿悟到底是怎样发生的,没有人能完全用语言来解释清楚,禅宗对“悟”的强调是最多的,但大多也是用讲故事的方式来描述“悟”的产生诱因和“开悟”后的情绪和思想转变结果,这种情绪可以理解为一种“豁然开朗”的感觉,故而,中国人对“顿悟”还有一个称谓,叫做“开窍”。

在学习绘画的过程当中会有这样的情况,当我们遇到瓶颈,感觉难以前进的时候,暂停几天,甚至更长时间后,我们会发现自己奇迹般地进步了,似乎明白了之前一直搞不懂的一些东西。因为我们只是在现实行为中停下了“工作”这一行为,但在意识中却并未停止琢磨,也就是说,我们一直在用潜意识思考,某一时刻,一个触发会突然击中我们潜意识中的某一个点,激活我们一直在酝酿的想法,使之明晰起来。阿基米德在浴缸中悟出“浮力原理”也是基于他此前对相关问题的苦思冥想。由此可见,无论是“渐修”还是“顿悟”,都是在长期积累的基础上获得的,不是凭空发生的,所以说,顿悟是逻辑上的跳跃性。

《大趋势》一书的作者奈斯比特最初并未从事对未来的研究，他在该书的导言中回忆了自己人生的转折点。20 世纪 60 年代，美国社会动荡不安，国家的无序促使他寻求“一种能够监测国家转型的方法”，但是对于怎样才能看到美国的未来，他感到毫无头绪。有一天，他在芝加哥郊外的一个报亭买了一份《西雅图时报》。报纸上的大标题讲的是当地的学校通过了一系列改革计划，他接着浏览了一下这个报亭出售的全美各地的报纸上关于当地新闻的大标题。突然，他意识到，如果每天都能够阅读这些地方报纸，那么就可能会发现国家的一些新趋势，就能够了解美国现在的形势了。于是他开办了自己的城市研究公司，开始对 160 种地方日报进行分类、分析，然后把所发现的情况总结起来，作为周刊发行。

(2)享受乐趣的情感过程。创意思维有时更像是一种思维游戏，就像下棋一样，人们可以在思考新想法的过程中获得运用智力的愉快感；掌控事物走向的满足感；在赢得胜利后获得自信和荣誉感。哪种思维能够让人感到由衷的愉快呢？只有一个答案：幽默。

如果能够统计那些富于创意的人都有什么性格特点，幽默感恐怕是出现频率最高的一个词，多数习惯于创意思维的人，都喜欢讲幽默故事。下面我们通过一则小幽默来分析一下创意思维与幽默的关联：一个胖子听说练瑜伽能减肥，于是痛下决心，报名练习。皇天不负有心人，两个月后，他变成了一个柔软的胖子……

创意思维的基本原则与幽默的发生机制有异曲同工之处，就是要避免陷入固有的思维模式。幽默的效果源于“思维拐弯”，造成“意料之外，情理之中”的新鲜感，“意味着从一种模式中逃逸出来转入另一种模式”。[①] 幽默代表着积极开放的心态，这正是创意思维最关键的前提，很难想象一个性情刻板的人能够提出奇思妙想。创意思维的另一特征是多样性，只有保持开放的心态，才能涉足更多的知识领域，接受不同的文化观念，形成思维的多样性。

---

① 《首要能力》(英)爱德华·德·波诺. 汪凯，王以译. 北京企业管理出版社 2004. 54.

第三节　创意思维的工具

我们通过模式认识和理解世界,用符合模式的思维方式和方法来加工思维素材。

从某种角度来说,思维模式决定了我们怎样生活。由于人类的大脑不可能处理所有感官接收的信息,所以我们的感知是具有选择性的,选择的根据就是思维模式。感官接收的信息经过认知模式过滤,进入大脑的信息储存系统,用符合思维模式的思考方式对这些信息进行加工。随着阅历的增加和对媒介的依赖,我们的既有思维模式对感知的影响日益增加,降低了我们对新信息和一手材料的关注度,相应地,对新信息的感知能力也随之下降。在模式的作用下,陌生的信息通常会被归入与之相似的旧信息分类,而不会被视为有特殊价值,因为我们缺乏对新知识的敏感。

创意思维的目的是消除固定不变的模式,建立动态的,高度灵活的思维模式。要做到这一步,需要借助大量已知模式,同理,对思维工具的运用也是如此,掌握的工具越多,越利于融会贯通。逻辑思维、形象思维以及任何对思维方法的探索都是可贵的,其成果均可以为已所用,这是创意思维的重要特征。

思维模式　形象地说,思维模式就是人们为处理信息所建立的模板。我们将接收到的信息依照模板的格式进行筛选分类,使用模板的结构来建立信息之间的关系。概括地说,思维模式就是一种固定的思维线路,一个人的思维体系是由多个思维模式构建的。你会怎样定义苹果?是一种水果,还是一种富含维生素的食物?如何认识和理解事物属于认知模式。如果你每次看到红色的十字都会联想到“无偿献血”,看到蓝色就会想到萨克斯吹奏出的忧伤曲调,那么这就是你所使用的的联想模式。再如,你必需亲自动手书写一遍,才能记住一个汉字或英文单词,这就是你的记忆模式。大脑喜欢熟悉的模式,一旦发现新的信息能够使用已经形成的模式,就会自动将信息嵌入其中,不再进行其他的尝试。那么这些模式究竟是如何形成的呢?

“我们感知到的每一个事物,都会在头脑中以与其他事物相关联的方式排列储存。在我们的头脑中,我们发展了以后可能会需要的有用模式,这些模式形成了我们判断的基础。我们独特的经验、构思和思维形成了完整的、培养了我们的习惯的参考架构。"[①]我们的价值观、情感、观念填充了框架,经过实践验证得到肯定的,重复的信息不断加强模式的确定性,我们的焦虑感得以减少,变得自信和从容,因为我们通过模式理解的世界变得简单,可以把握。模式让我们节省了大量思考的时间,但也让我们错过了许多思考的机会。对看上去熟悉的事物,我们瞥一眼就离开了,由经验和习惯形成的预测能力妨碍了我们对面前事物的真实感知,我们在"模式化扫描"。

要摆脱僵化的思维模式,最好的办法就是建立"无模式的模式",在创意思维方式的指导下,灵活运用多种思维方法,建立尽可能多的思维模式。这里所说的"无模式"并不是"空无一物",需要辩证地去理解,足够的"有",可以转化为"无"。莫斯科大学的派奥特·安诺金 1968 年发表的研究成果中申明:"大脑潜在的平均思维模式最少数量为 1 后面加上 10500 万千米长的从打印机上敲出来的 0"。

思维方法 思维方法是人们通过思维活动为了实现特定思维目的所凭借的途径、手段或办法,也就是思维过程中所运用的工具和手段。思维方法是思维方式的具体执行形式,是思维方式具体而集中的体现。

下面简略介绍一下创意思维过程中,部分常用的思维方式和方法:

(1)逻辑思维方式。逻辑思维主要运用演绎推理法和归纳法。演绎推理是从一般性知识推演到个别知识的方法;归纳法是根据对个别事物的考察,作出关于该类事物的一般性结论。创意的概念绝不是"某种特殊的想法",创意思维也不是要创建一种崭新的思维方式,而是把我们的头脑从一些先入为主的观念中解放出来。表面的逻辑是选择一个目标,然后直奔而去,这就是"合乎逻辑"的含义,内蕴的逻辑是隐藏在事物之间的联系当中的。逻辑在某种程度上反映了世界各种因素之间的内在联系,在创意思维活动中,无论对思维基本元素的选取,还是对元素的重新组合,都是根据一定的逻辑关系进行的,只是逻辑的起点和推导所使用的规则不常见而已。

演绎推理能够帮助人们发现前提与结论之间具有的必然因果关系,正

---

① 《管理思维创新》(英)斯蒂芬·里德. 崔十安,秦苑译. 经济管理出版社 2004. 54.

向推导可以由一个“因”推出一个“果”，逆向推导可能由一个“果”倒推出多种“因”。显然，创意思维方式对“多样化”的强调，决定了逆推法的使用率更高，但这种方法还需要与“排除法”等其他方法相配合。如电脑不能开机了，原因可能有多种：病毒导致电脑被远程控制、某个原件损坏、甚至可能只是停电了。列出所有可能的原因后，可以对上述原因一一进行排除，从而找出真正的原因。

归纳法是由培根首先提出的，他认为归纳法是逻辑的基础，真正的归纳法是将感性经验与理性分析结合起来的“蜜蜂式”，并且是发展的。培根对归纳法思考的出发点与创意思维的基本概念不谋而合，他认为，逻辑应当成为发现与发明的逻辑，其理想就是要把归纳法同知识创新的方法统一起来。穆勒在培根的理论基础上，加以系统化和程式化，提出了“穆勒五法”，即求同法、求异法、求同求异并用法、剩余法和共变法。“在他看来，逻辑是探求真理的学问，应当研究由已知的真理如何达到未知的知识，从前提推出的结论不能是原有知识的重复，而应当包含更多的新知识。”①

归纳是经验的升华，琐碎的经验无法为我们提供有益的思维素材，从经验中发现事物规律，可以帮我们摆脱简单的经验主义，把握事物的本质，也是创意思维方式的主要手段。规律是禁得住反复验证的，卓别林的著名影片《摩登时代》，就是通过流水线上工人的机械动作、机器人代替工人、工人进入机器传送带等情节，深刻思考人与机器的关系，揭示出工业化生产方式对人的物化作用。这部电影至今仍然能够发人深省，就是因为它所揭示的规律仍然在起作用，现代经济体系对人的物化作用有增无减。

此外，逻辑思维还有类推法，即触类旁通、举一反三；比较法，在一定条件下，对两个以上对象加以比照，从而确定其异同点或优劣度；排除法，通过比较，排除一些因素，筛选出有价值的因素。

类推法与归纳法有相似之处，即根据两个对象之间存在着某种相似的关系，从已知对象有某种属性推导出另一对象也具有同一属性。类推法可能是人类天生的一种思维方法，是经验性的，容易掌握，但也具有一定的盲目性，因此，一定要用实践来检验其正确性。成功的类推可以快速解决问

---

① 《逻辑方法与创新思维》迟维东．北京中央编译出版社 2005.97.

题,如后来的实验证明了这个推论,则该类推成立。有些类推就难以验证了,如中国民间流传的“以形补形”的食疗方法,就是一种简单的类推,事实证明这种类推是站不住脚的。

比较法能帮我们提高洞察事物的能力。黑格尔在其著作《小逻辑》中指出:“假如一个人能看出当前即显而易见的差别,譬如,能区别一支笔和一头骆驼,我们不会说这个人有了不起的聪明。同样,另一方面,一个人能比较两个近似的东西,如橡树与槐树或寺院与教堂,而知其相似,我们也不能说他有很高的比较能力。我们所要求的,是要能看出异中之同或同中之异。”①

排除法一般与演绎推理法共同使用,可以帮我们快速确定答案。有一件趣事充分说明了这种情况:一个人到售楼处领取自己的房屋钥匙,办事人员将钥匙递过来的时候,他没有接住,钥匙落在地上发出清脆的响声。但是大家找遍了附近的地面,却不见钥匙的踪影。由于每个人都听到了钥匙落地的声音,因此开始考虑钥匙可能反弹起来落下的地方,仔细观察后,这个人终于发现,自己的裤脚有一圈卷边,钥匙就藏在这个谁都想不到的地方。正如福尔摩斯说的:“当你把绝对不可能的因素都排除去之后,不管剩下的是什么,不管是多么难以置信的事,那就是实情。”

(2)形象思维方式。以具体形象为思维载体的思维形式称为形象思维,是一种人类本能的思维方式。形象思维是抽象思维的基础,两者是不可分割的。在原始社会,人类的祖先首先要解决生存问题,一切思维活动都是为了更好地生存、繁殖,人们对周围世界的认知和解释都围绕着这一目的展开,对大自然用神秘主义来解释再合适不过,人们通过感官获得对世界的印象,以图画再现自己这些印象并加以膜拜,原始图画是人类最初思想的反应。原始人类靠图画来记录对世界的认识,表达自己的感情,后来,人类发明了语言和文字,文明的传播更加快捷,对自然界直观的描绘就变得不那么重要了,但人们对于形象的迷恋却并未终止。形象思维主要表现为想象。

形象始终是人类对世界的第一印象,形象思维是人类共同的经验,生活在不同文明中的人,对形象的认识却很容易达成一致。不是所有人都能懂得“橘子”和" orange" 的含义,但一张橘子的照片,所有人都能明白。现代数

① 《小逻辑》(德)黑格尔. 商务印书馆 1981. 253.

码技术使得影像的复制和传播更为容易,如果文字的发明是为了使意义的传播更便捷,那么在今天,图像为文字消除了翻译和解释的障碍,形象再次拥有了传播优势,因此有一种观点认为,今后的人类社会将进入“读图时代”。《艺术与视知觉》的作者——鲁道夫·阿恩海姆早就提出,思维的基本材料是表象,而非语言或概念。提倡理性逻辑的人,实质上是将人的创造置于自然产物之上,是对人类能力的一种高估。西方文化能够发展出逻辑理论,与其二元对立的世界观不无联系。东方文化更尊崇自然,将人类看作天地宇宙的一部分,因此更倾向于从自然形象中领悟万物的规律。

其实,我们大可不必纠缠于逻辑思维与形象思维之争,任何单一的思维方式都将是一种灾难。形象思维的基本元素是具体形象,逻辑思维的基本元素是语言和概念,这些基本元素在长期的文明进程中早已融为一体。中国书法就是具象思维与抽象思维的统一,汉字起源于图画,甲骨文无疑是具象的,现代汉字仍然保留了形象思维的特质,是“音、形、意”的统一,但是汉字的草书形式又是极为抽象的,只写其意,不拘其形。创作书法作品,既要有一定的内容含义,又需具备形式美感。

从生物进化论的角度来看,用形象来思考还有一个符合逻辑的理由,那就是:一切外表形象都符合其内在逻辑。自然界中生物的形状和结构几乎都是功能性的,可以说是生存本能赋予生命体的一种高效设计。沙漠中形象独特的植物是为了适应环境而形成的:黄柳为了更多吸取水分,发展出扩散生长的强大根系,株高2米的黄柳,主根可钻入沙土3.5米,水平根可伸展至30米外。仙人掌为减少水分消耗,叶子缩成针状。沙枣拐为了抵抗夏天强烈的阳光,枝干表面变成白色。

形象思维成就了仿生学,人们模仿自然界生物的外形结构,用于产品设计和技术创新。有谁能想到?美国士兵的盔甲和军用车辆防护装甲,竟是对印度洋底某种软体动物的模仿。这种软体动物生活在印度洋底热流涌出口附近的极端环境中,可以忍受温度的大幅波动和极高的酸性,并能抵御海洋掠食者的攻击。科学家发现,这种海螺的壳有三层结构最外层是粗糙的硫化铁,中间层有非常柔软的有机物组成,能够在受到攻击时吸收大部分能量,并有助于隔热和消除环境温度变化的影响,最里层是钙化物。这种独特的三层结构能够抵御任何可能使其削弱或破坏的能量,是无与伦比的防护盾牌。

在另外一种情况下，形象思维的作用更加突出。很多时候，语言和文字的作用是有限的，当一个推论或猜想无法凭逻辑验证时，人们往往会借助于模型。无论是几何模型、还是物理模型或数学模型，甚至理论模型，都离不开具体形象。世界上不存在能够脱离形象的、纯粹意义上的逻辑，因为，用来表述逻辑的数字和文字同样也是符号性形象。

简言之，逻辑思维重内容，形象思维重形式，只有内容与形式统一，才能呈现事物的全貌，二者缺一不可。创意思维也如是，既需要形象思维的活泼灵动，又需要逻辑思维的严谨准确。

(3)从多角度出发的思维方法。发散思维——根据已有的某一点信息，运用已知的知识、经验，通过推测、想象，沿着不同的方向去思考，重组记忆中的信息和眼前的信息，产生新的信息。

发散思维是美国心理学家吉尔福特首先提出的，主要有四个特征：流畅性，在短时间内能连续表达一定数量的想法；灵活性，从不同角度和方向思考问题；独创性，与众不同的思路；精致性，能描述具体细节。发散思维打破了线性思维的单向性，利用联想来拓展思考范围，建立起一个辐射状的联想模式，引导我们向不同方向思考，只要求与核心问题有关，不要求每一个联想都有效。如：要送给远方的朋友一张贺卡，用什么方法好呢？

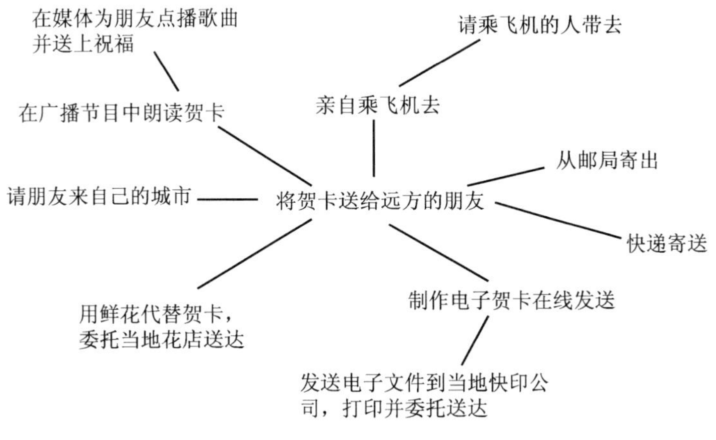

从上图可以看出，主要思路分为三个方向：邮寄、当面送达、以其他方式替代贺卡，但在进行发散思维的过程中，要求所有的想法都给出细节。上图中最独特的想法，要数“请朋友来自己的城市”，但发散思维只是列出所有的

可选方案,最后的选择还是要根据具体情况综合考虑。发散思维也可以与形象思维相结合,用图形来代替文字表述,在完成设计任务时,经常使用这种方法。需要注意的是,发散思维必须与聚合思维并用,以避免陷入漫无目的的遐想,降低思考效率。

聚合思维——又称求同思维。是指从不同来源、不同材料、不同方向探求一个明确具体的答案。

在解决具体问题时,聚合思维方法会排除那些与我们思维模式不符的信息,具有明显的速度优势,人们在工作和教育中大量使用聚合思维,现代企业管理体系也鼓励聚合思维,大多数人都倾向于直接寻找正确答案。理想的情况是,我们每个人都有同时应用两种思维方法的能力,问题在于,我们总是倾向于使用我们所习惯的那一种。

从下图可以看出,聚合思维的目标是固定的,与发散思维相比,聚合思维的思考方向是向心的,不会产生分支,不会出现"用鲜花代替贺卡"的选项,因此对思路有一定的限制,缺乏相对的灵活性。

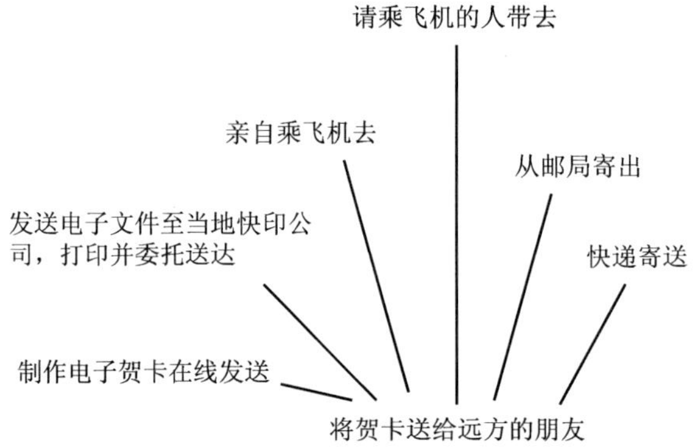

对于聚合思维和发散思维的运用可以在思考的不同阶段,在一个想法上钻牛角尖不是最高效的方式,我们可以先用分散思维的方式,获得大量想法,然后再用聚合思维的方式对这些想法进行分析判断。同时,其他暂时用不上的想法最好也保留下来,说不定日后能用在其他问题的解决上。如发散思维最常采用的"集体头脑风暴法",最佳方式是准备一块黑板,大家的想法可以同时写上去,以免因为倾听别人的想法忘了自己的初衷。

交叉思维。现代学科分类的方法将知识划分为许多独立的领域,但世界是联系的，学科分类只是为了更深入地研究，我们完全可以试着把两个看似不相关的领域联系起来，这样组合所产生的概念，将呈指数级增加，并有可能发展出一门交叉学科。当然，交叉思维绝不仅限于两个领域之间，多领域交叉能激发更多的想法。

运用交叉思维方法的关键，在于把握多个领域内的核心知识。谁都不可能精通每一个领域内的所有知识，但这并不能成为思维的障碍，一个领域中的知识不一定是指那些世界领先的专业技术知识，而是指那种足以够得上被称为核心能力的知识。我们可以学习多个领域的基本概念和原理，或者说常识，与自己最熟悉的领域相结合，从而产生交会点。

除了广泛的学科领域，交叉思维还包括文化观念的交融，技术手段的切换，不同类型的人们进行合作。

第四节 创意思维的运行机制

计算机又被称为电脑，是模仿人脑设计的，因此计算机与人脑有相同之处，从物理程序上讲，都是接受信息，存储和处理信息，并能再度调用已经存储的信息。但人脑与计算机最大的不同，在于执行这一程序的系统完全不同。计算机的运行系统用数学逻辑规定了其算法，而人的思维系统还包括了心理活动和文化背景。因此，人类对思维程序的执行要比电脑复杂得多，除了计算中存在更多的变量，还有许多无法计算的因素参与其中，对外界信息的接受、存储和处理、调用都有独特的运行机制。“人脑总是充满着由感官所提供的信息，而且具有实践经验所丰富起来的背景知识和判断能力。人脑的每一根神经都与其他几千根神经相连，能够同时对很多信息进行加工。电脑的记忆能力是无限的，但分析能力却是有限的，人能进行创意思维的能力正是以这种无限的分析能力为基础的。”①总的来说，人类思维的运行机制，是在生理机能的基础上，以心理活动为背景，运用思维工具，对思维材料进行加工整理，形成思维成果。

① 《逻辑方法与创新思维》迟维东. 北京中央编译出版社 2005. 67.

创意思维的运行机制 创意思维的运行机制是对常规思维机制的改造和升级,与常规思维相区别的是,生理机能更为活跃,心理态度更加积极,使用的思维工具更加丰富,对思维材料拆分与重组的方式更加灵活和新颖,最终产生的思维成果更加富于新意。思维成果的新颖性随时间的前进而消退,最终纳入传统体系,成为酝酿新想法的背景材料。

将思维材料拆分为思维元素(思维单元)并重新组合,是处理思维材料的关键程序,是创意思维机制的核心。这一处理过程虽然与思考主题的特性有关,但更取决于思维主体的认知偏好、知识结构、文化倾向等其他个性化因素。

创意思维的基本原则 创意思维机制最重要的特征是不直接套用常规思维模式,而是构建动态的"无模式的模式"。在构建动态模式的过程中,需要遵循以下两个基本原则:① 主动原则,即对现存事物保持批判性思考,主动寻找新思路。批判性思维能够帮我们摆脱旧模式的限制,让我们的思想更具有前瞻性,在问题发生前先行考虑到,能够避免未来的麻烦。柯达公司的破产让世人震惊,这个曾经世界领先的企业最早开发了数字影像技术,只是没有预见到数字影像技术的普及如此之快,仍然保留传统胶片的生产规模,以至于没有及时转向,终于在问题爆发时倒下了。② 联系原则,即将多个领域的概念联结在一起,生成可以在多方向上跳跃发散的想法。"一个人能够掌握一个领域中的概念数量越多,他在该领域获得的专业技术知识便越多。领域与若干领域的交叉点两者之间的不同之处在于,概念范畴在它们当中分别是如何被联系起来的。当你在一个领域当中从事一项工作时,基本上你只能在该领域当中把概念联系起来,形成沿特定方向演化发展的想法。"①

多元智能的协作 我们的教育制度,乃至学术界,习惯于忽视非语言形式的智力,认为绘画、音乐和舞蹈等只适合用来启发真正的智慧,即用语言逻辑表达的智力。科学家们并不能独自解决我们在生活中遇到的问题,同样,艺术家和人文学者也不能独自解决。也许正是我们建立的这种分裂的思维体系,造成了我们理性和情感需求的冲突,带给现代人巨大的困惑。如

---

① 《美第奇效应》(美)弗朗斯·约翰松著.刘尔铎,杨小庄译.商务印书馆 2006.11.

果有可能，可能每个人都希望自己能够成为一个多才多艺的人，可以在工作和生活中享受更多的乐趣。但是在现实中，越来越多的人对生活感到茫然，对世界的了解局限于自己所学习的学科或所从事的工作，甚至学科中的某一点，工作中的某几个步骤。

现实生活中，人们对具体“问题”的定义千差万别。同样一件事，在一个人看来根本无需考虑，而在另一个人看来，却是无法逾越的难题。从这个角度来说，解决问题的行为也可以划分为许多类型：①选择最优方案；②改进现有状况；③化解尴尬情绪；④改变观念或方式等。可以看出，大部分问题不是依靠逻辑方式的智力能解决的。一些思想家和教育家已经注意到了这些问题，问题的核心是当代社会奉行“智力不全”的思维方式。

美国心理学家霍华德·加德纳在20世纪80年代提出了多元智力理论，认为每个人至少都具有7项可以测试到的智力，这7项智力分别体现在不同的领域：逻辑（数学）；文字（语言学）；空间（机械学）；音乐；身体（运动）；人际关系（社会）；内在力量（个人知识）。多元智力理论给了非语言形式的智力应有的地位，这一理论在创意思维所采用的具体方法上也得到了验证，思考的多角度和表达的多样性，都体现了多元智力在创意思维活动中不可或缺的巨大作用。

多元智能的共同协作在拆分事物表象时起到了积极的作用，使我们能够得到形态各异的思维元素和存储方式以及更灵活多变的元素调用程式。

思维元素的拆分和重组 对复杂事物表象进行分解，以不同的分类标准将一个事物进行多层次的分解，就形成了我们思维的最基本单位：思维元素。对拆分出的思维元素进行重新组合，就形成了一种新的表象来对应现实事物。在创意思维的运行机制下，思维元素的拆分和重组是一个多维度的、立体的结构。

下面我们以一个“键盘餐巾纸”的开发为例，用图示来说明拆分和重组的过程和结果。

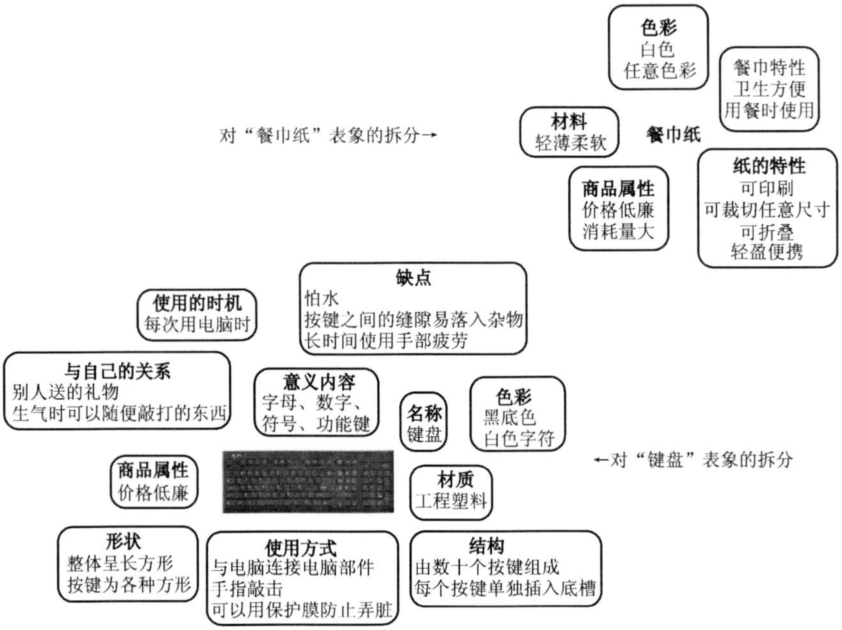

图 1.1　对事物表象的拆分

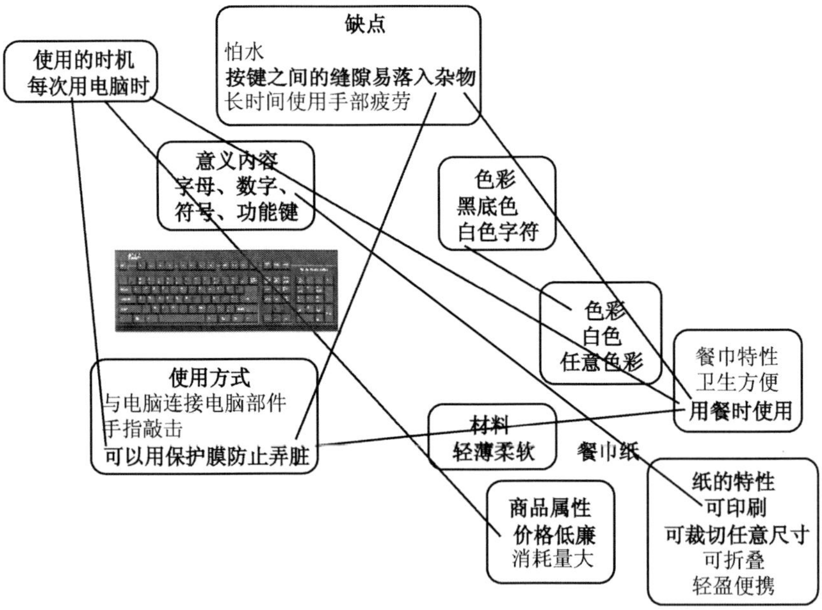

图 1.2　对思维元素的重组

图 1.3　思维元素的重组的结果

思维元素的形态　拆分后的思维元素是什么形态？存储这些元素的记忆档案又是什么样子呢？心理学家认为在无声思维阶段人们是用“内部语言”来进行思维的；在传讯思维阶段，思维成果在一定的语言组织结构中获得了它的真实性和稳定形式。维特根斯坦说：“我的语言之界限就是我的生活之界限。”

人类真的只靠语言来理解事物吗？当然不是。大脑中的思维元素形态各异，包括语言文字、静态图像、事件、动态影像，甚至还有味道、光线、色彩、情绪等。对于某一事物表象，拆分后形成了不同形态的思维元素，这些形态是并存的，例如，对于“黑色”，同时存在语言描述的抽象概念和感官经验中的■，以及与黑色相关的物体、情绪、个人经验等多种形态的思维元素，这些概念和联想既以抽象的语言形态呈现，同时也以图像、情绪状态，或身体感觉的形态存在，归于不同的存储档案中，任意一个档案中与黑色相关的元素受到外界刺激被激活，就会联动激活各个档案中的这些相关元素。

诗人用语言描述的是脑海中的图景，画家则直接用画笔来表现。有时候，我们会借助表情和手势来表达一种难以言说的心情。我们表达思想所使用的形式，是大脑中的思维元素构建的，表达是思维之镜，因此，我们可以推断，思维元素的形态之丰富，与我们表达符号之丰富是相对应的。一个人所能使用的表达符号越多，他能拆分出的思维元素形态也就越多，元素组合的总数量也就越大，因此，多才多艺的人更有可能不断产生新的想法。

下面我们仍以“键盘”为例，看看其他形式的思维元素是怎样重组为新的事物表象的。

图 1.4　形状、意义内容、色彩元素与“首饰”的重组

图 1.5　色彩、结构元素与“折叠”/“裁剪”的重组

第二章　是什么阻碍了我们

“奇哉，一切众生皆具如来智慧德相，皆因妄想执著不能证得。”

——释迦牟尼悟道后的第一句话

释迦牟尼在菩提树下打坐7天所得出的结论颇具哲理，也许每个人先天都具有的真正的智慧。“我们的大脑具有难以置信的复杂性以及控制巨大思维需求的潜能。它容纳着超过一兆数目的细胞，大约有1000亿个细胞是神经元细胞。这些神经元都是单细胞信息库。他们能够做出调和思维和运动行为的反应。这1000亿神经元的每一个都与其他的神经元有1000～200000之多的联系纽带，每一个神经元送出和接受的信息每秒多达1000次。由于这种难以置信的、动态的内部连络体系，大脑中不同路径的数量是难以想象的！”①

出生时，我们的思维并没有一个固定的模式，每个神经元都有被激活的可能，每一条路径都是可以联通的，就像一个动态的、可以随时改变任意线路的交通网，神经元之间的连接路径充满着无限的可能性，随着我们对世界的认知逐步完善，头脑中也建成了一个反应的世界，感官收集来的信息经过不同的道路进入大脑世界的中枢，“思路”这个词极为形象地诠释了这幅图景。相似信息经常会选择熟悉的道路，达到熟悉的目的地，与此同时，那些信息不常走的路慢慢荒芜，我们的思维模式也就形成了。

小孩子们对未知事物的理解之快令成年人吃惊，他们天生就会不拘一格地看待世界，用成年人眼中独特的方式来解决问题。这说明我们在人生

① (美)杰弗里·R. 古德帕斯特，加里·R. 卡比.《思维》，韩广忠译. 北京人民大学出版社 2010. 78.

刚开始的时候，思维方式是灵活多变的，随着知识和经验的积累，我们逐渐依赖已经形成的思维模式，在试图寻找新思路的时候，我们感到似乎有一些强大的阻力挡在我们面前，使我们感到力不从心，乖乖地回到旧有的思路上去。

大脑中的信息根据什么样的标准选择路线？我们能否重新打通那些荒芜了的信息通道，恢复我们原本拥有的庞大交通网？是什么阻碍了我们这样做呢？既然思维方式是后天形成的，那么只要了解"是什么塑造了我们"，也就不难明白"是什么阻碍了我们"。

第一节　感知与世界观

人类通过感官收集周围世界的信息，一个健全人和一个在生理上有某种缺陷的的人，他们眼中的世界可能完全不同。现在请你闭上眼睛，不依靠视觉来认识世界，你会如何描述身处的环境？你会用哪个感官来代替眼睛做出判断？你怎样分辨色彩？身材高大的人可能永远也无法体会身材矮小的人为什么走路总是那么慢，年轻人经常觉得老年人的唠叨是莫名其妙的。男性和女性在许多问题上都无法沟通，所以有句话流传十分广泛："男人来自土星，女人来自火星。"男人不明白女人为何迷恋珠宝首饰，女人也搞不懂男人为何喜欢说大话，每个人都拥有唯一的身体，而我们思维的开始无不是经由感官和身体来搜集周边世界的信息，因此，不同的个体接收到的信息也是有差异的。

最初，个体通过感知来理解世界，形成自己的世界观，即对世界的看法。但随着知识和经验对世界观的加固，世界观又反过来决定了感知方式，进而直接以影响感知的方式来影响整个大脑对外界信息的选择性接受，进而影响整个思维活动。所以说，完整的思维体系主要是由感知和世界观支撑的。

感知　感知是感觉与知觉的统称，指通过感官获取信息和大脑对信息整理这一全过程。我们对世界的认知首先来自感官的直接反映，而采用何种方式对感官搜集来的信息进行整理，则更多地取决于文化的作用，文化甚至能够影响我们的感官感受，一言以蔽之，感知就是我们看待事物的方式。

北京人甘之如饴的“豆汁儿”，其他地区的人却难以下咽；让欧洲人觉得作呕的昆虫，却是非洲人的美食。

面对同一事物，生活在世界各地的人们感觉会大相径庭，甚至对于同一抹色彩，每个人所触发的联想和感触也可能是南辕北辙，当然，即使生活在同一地区的人们，由于自身的生理构造和情感经历存在差异，感觉也是千差万别的，但在同一社会文化背景下个体与个体之间的差异，要远远小于不同社会文化之间的差异。总之，个体和社会文化两大重要因素共同作用，塑造了我们对世界不同的感知方式。

心理学家通过大量实验，对比了东方人与西方人观察事物的方式，得到的结论是：东方人关注环境而西方人关注物体；东方人比西方人更喜欢研究事件之间的关系；东方人看到的是物质，西方人看到的是物体；西方人更相信对环境的控制能力；西方人看到静止东方人看到变化。这些差异表明，即使面对同一事物，使用不同感知模式的人们获取的也是不一样的信息。在大众传播刚刚兴起的时代，许多人担心世界会失去文化的多样性，但全球化进程中的种种现象表明，经济全球化带来的不是文化一体化，而是不断爆发的文化冲突，文化仍然左右着人们的感知和思考方式。

在文化尚未成熟的石器时代，原始先民们对世界的感知可能比我们更加敏感和丰富。石器时代中国红山文化线条流畅，造型优美的玉猪龙，欧洲奥瑞纳文化（Aurignacian Culture）中被后人称为“维纳斯”的小型女性雕像，都展现了原始人类对事物本质敏锐的直觉感受能力以及充分表达感受的控制和操作能力。

时至今日，某些古代器具的制造工艺还无法被掌握了现代技术的我们所复制，也许就是因为文化的塑造，使我们的某些感官能力退化了，比如触觉，触觉是人类珍贵的感知方式，人类的祖先正是通过触摸大自然来认识世界，也是通过打制和磨制石器进入新的文明时代，没有触觉就没有人类的全部文明。

社会进行分工之后，一部分人完全脱离了手工劳作，触觉的感知能力势必减退。在现代城市生活中，人们主要使用视觉和听觉来感知世界，特别是媒体为我们塑造的拟态世界，观众头脑中映射出的，是经过镜头或他人的眼睛映射过一遍的世界，我们没法知道屏幕上出现的海洋动物是粗糙还是光滑，冷还是热，当人们满足于海量的视觉享受之时，全方位敏锐的感知能力正离我们越来越远。

感知方式的形成　一个刚学会走路的小孩子初次见到一条虫子，因为以前没见过这种东西，他非常好奇，他蹲下来，用手去碰触这个胖胖的小动物，虫子没有咬他的手，只是停了一下就继续向前爬，孩子觉得虫子很有趣，也没感觉对自己有什么威胁，他拿起虫子，让它在自己手上爬动，痒痒的感觉令孩子很开心，觉得这个东西比自己家里的电动玩具好玩得多，于是兴奋地跑去给父母或老师看他的新玩具。家长或老师看到孩子手上趴着一条虫子，会是什么反应呢？

A. 赶快扔掉手上的东西！那东西不卫生，以后不许摸！

B. 就是一只虫子啊，这有什么好玩的，把它扔掉踩死吧

C. 唉，这孩子只对玩儿虫子感兴趣，没出息，电视里的神童都认识 50 多个字了……

D. 这虫子确实很有趣，我们来看看它是怎么爬的，会不会爬上这棵小草呢？

如果你是家长，会选择哪种回答？至少我周围的孩子家长们几乎没有选择 D 的，当然，这可能也是大多数家长的选择。《昆虫记》的作者法布尔，小时候曾经把一只虫子钉在软木上，被父亲狠狠打了一拳，不过很幸运，他仍然保持了对世界的好奇和思考。但是有多少孩子能在父母或老师的干涉下还坚持自己的感知方式呢？

家长选答案 A/B/C 的孩子，经过父母或老师的反复告诫，或许还会因为其"错误"行为而责罚他，这个孩子再次看到虫子时，就不会用手去触摸了，因为头脑中与之相关的思维反应是——"摸东西不卫生"；"摸这种东西会生病"；"摸东西不如认字值得表扬"；"摸东西父母会不高兴"；"摸东西不对"，这种思维反应使孩子不再用触摸去感知与虫子类似的事物，与此同时，判断使用"触摸"这种感知方式的标准也逐渐确立——是否卫生？父母是否会因此生气？家长选答案 D 的孩子得到鼓励，那么他判断使用"触摸"的标准就会有所区别——是否令我感兴趣？是否会带来新的触感？

有研究资料表明，约 20% ~30% 的学龄儿童通过听觉接受信息，40% 通过视觉，生物的各种能力都是"用进废退"的，经常使用的感官会越来越发

达，经由这种感官形成的刺激产生的反应越来越快，不常使用的感官越来越迟钝……人的感知方式是在成长的过程中慢慢形成的，单调的感知方式不是人类的本能，而是环境对人类天性的改造，令我们只认识到世界的某一方面，可以说是形成思维障碍的根本原因。不过这也可以提醒世人，我们同样可以通过文化影响和教育训练，对感官进行全面调动，塑造更丰富的认知方式，从而奠定创意思维的基础。

【触觉与动手能力】　近年来，中国社会对大学毕业生有一种普遍评价："缺乏动手能力"，虽然越来越多的大学斥资建设实验室，增加学生的实验和实习学时，但教师的感觉比用人单位更恼火：学生们不愿意动手实践，他们已经习惯了上课听老师讲教材，记下老师的板书，希望老师考试前在教材上划出重点，如果教师布置的作业是论文或是一份计划书，就去网络上下载一个模板，搜集大量的现成信息，拼凑成一篇论文，而不是亲手去做一个实验，或建一个模型。对于需要动手设计的作业，学生们十分排斥，认为太难了。

这些学生都很年轻，应该不缺乏行动力，为什么如此排斥动手操作呢？也许他们的父母都是在他们小时候摆弄东西时选择 A/B/C 答案的。中国的父母有理由这样指导孩子，因为，在中国传统文化中，"读书人"是地位最高的，而"读书人"都是不擅劳作的，因为"动手"属于劳作，而劳作是低人一等的，古语有"劳心者治人，劳力者治于人"之说。这种价值观并未随着中国的现代化而消失，而是随着复兴中国传统文化的热潮，再次成为许多国人的价值观。

中国大部分家长和教师对学习的定义与几千年前几乎完全一致，就是"读书"，因此在生活和学习过程中，对孩子强调的是"听话"和"读书"，特别是独生子女，从小便被保护着，很少被鼓励去触摸生活中的事物，逐渐地，触觉的敏感度降低了，低敏感度的触觉反过来促使学生形成了触觉惰性，更加抵触使用"触觉"去感知事物，动手能力自然低。

世界观　世界观是一个人对整个世界以及人与世界关系总的看法和根本观点，包括对大自然、生命、人生、社会的认识，人们根据自己的世界观对事物做出判断，决定自己的观点和态度，世界观是我们采取行动的依据，也是塑造我们思维方式的综合价值标准。

“社会实践促进了世界观的形成；世界观主宰着相应的思维过程；思维过程既在验证世界观又在支持社会实践。”[1]世界观的形成同样受到社会文化的强烈影响。不同的物质生产方式决定了不同的社会结构，不同的社会文化环境指引人们关注到不同的事物，而这种关注又会使人们对世界产生不同的理解形成世界观，已经形成的世界观反过来又强化了人们的关注点和社会文化。不同的世界观也会加强感知方式的差异，这又会强化各自的世界观。

最能说明这种相互作用的证据是，东西方文化在发展初期，都是有多种世界观共存的，在古代希腊的哲学家中，赫西阿德也曾提出虚空的概念：“在有万物之前就存在着深邃的虚空了。”[2]战国时期墨子主张的“兼爱非攻”更接近西方观念。但因为这些观点不符合所处社会生产和文化的利益而不被人们重视，逐渐被其他更符合社会需要的主流观念取代了。

西方文化的“一元个体论”与东方中国文化的“多元整体论”是东西方思维方式最根本的源头。我们将人类的文化划分为不同的文明，每个文明都有自己的世界观，而各个文明社会的世界观几乎都与宗教信仰有关，由于宗教信仰所涉及的内容十分广泛，有关经典书籍浩如烟海，在此不可能全面介绍，下面仅以西方社会的宗教信仰——古希腊神话传说、基督教，与东方社会的宗教信仰——伊斯兰教、佛教、道教和儒家学说的核心世界观为例，比较不同宗教信仰对世界的解释，或许可以从中找到更多思维方式与世界观的联系。

①古希腊没有严格意义上的宗教，古希腊神话是由多神平等发展到宙斯一神至上的，但宙斯也不是万能的，众神各有分工。古希腊的思想家认为世界万物有唯一的“始基”，如泰利士认为水是万物的始基，赫拉克利特认为火产生了一切，一切都复归于火。人是善恶合一的，维护自身利益是正当的。

②基督教对世界的描述是这样的：世界和人类是上帝创造的，存在于一

① 《思维的版图》(美)理查德尼·斯贝特著．李秀霞译．北京中信出版社 2006．绪论．

② 《亚里士多德空间观念的研究》张道武．科学技术与辩证法 2002(2)．59．

个时间段内的，有始有终，开始于创世纪，结束于审判日，没有提及宇宙空间，是线性发展的。审判日后，不信上帝的恶人被投入地狱永不翻身，信上帝的义人居住在新世界，以后便不再改变了。人所做的都是受到上帝的指引。光明与黑暗，善与恶是对立的，没有中间地带，也没有中立的人。基督教与伊斯兰教都与西亚的亚罗索多斯教、犹太教有着深刻的渊源，因此在许多观点上都是一致的。

③在伊斯兰教教义中，唯一的真主安拉创造了世界并用泥土创造了人类，宇宙建立在因果关系的规律上，人们应该不断求知，以了解真主创造世界所依据的哲理。时间也是有始有终的，终点就是真主的审判，审判日后，将出现新的世界。真主命人们去征战，为了消灭不义的恶人，传播真主的真理。

④佛教认为世界不是任何神创造的，世界万物都是因缘所生，地、水、火、空、风、识是构成物质世界的六大要素，人也不例外。宇宙空间是无限的，时间也是无始无终的，世间一切都是循环往复的。

⑤中国本土的道教与佛教的世界观有相似之处，同样认为物质世界产生于"无"，一切物质皆分属于金、木、水、火、土五行，五行相生相克，人应该与世界最本质的"道"相合，与自然融为一体。至于维系中国传统文化的儒家学说，不能算作宗教信仰，只能说是一种人生观，因为儒家并未对世界的本原作出自己的解释，而是直接继承了道家的观点，此后，在发展中又接受了大量佛教的主要观点。

【只感谢上帝的移民】　一批在自己国家受到排挤的清教徒，怀着建设一个自由世界的理想，乘坐"五月花号"客轮到达美洲大陆，这些疲惫不堪的乘客得到了土著印第安人的热心救助。这些尚处于石器时代的古老部落非常慷慨地送给他们许多生活必需品，还教授他们种植玉米、捕鱼和饲养火鸡。一年之后，新移民和原住民共度了一个盛大的感恩节，餐桌上摆满了玉米、南瓜和火鸡。

感恩节很快就过去了，"新英格兰人竭力消灭那些曾经欢迎并拯救过他们先祖的土著人，同时也消灭了他们先祖的生活方式"。纳撒尼尔·菲尔布里克在《五月花号：关于勇气、社群和战争的故事》中讲述了两条船的故事：

1620年9月,“五月花”号从英国朴利茅斯港起程,横渡大西洋,为美洲带去102名移民,他们将新世界的落脚点同样起名为朴利茅斯;1655年后的9月,一艘名为“海上花”号的帆船从美洲的朴利茅斯起程,乘客是178名印第安土著,目的地是加勒比海种植园。虽然都是乘坐帆船远离故土,但前者的102名“天路客”是要在新土地上建立自己的人间天国,而后者却是战败后被贩卖做苦役的奴隶。

第二节　心理因素

能够同时调动所有感官去认知事物的人,无疑会比其他人获得更多的信息,对大脑内的神经元刺激更加丰富,信息传递的路径也更多,思维也会更加活跃。然而造成差别的决不仅是对信息的收集渠道不同,更关键的是处理这些信息的方法,每个人在处理信息的时候,都会受到自身心理的影响,这些影响非常个人化,主要包括个人天赋、情感和兴趣、接受过的教育和经验,它们会检验、判断,甚至改变进入脑海的原始信息,做出自己的评估,最终决定对其采取何种处理方式——舍弃、修改,或是加强某些信息,直到此刻,我们的感知活动才算完成。

天赋和直觉　关于天赋的有无之争,自古以来就没有间断过。至今,科学研究也未能得出什么有说服力的结论。有些人似乎不用学习,就能在某一方面表现非常出色,人们将这种与生俱来的才能称为天赋。对此,佛教的解释为“前世累积的慧业”,中国古代文化受佛教影响颇深,对天赋的解释也接受了佛教的观点,清代诗人袁枚曾在《随园诗话》中记录了宋代著名文人黄庭坚的转世故事,并作“书到今生读已迟”之叹。现代基因科学则认为存在不同的“天赋基因”。

由于人类对天赋的形成还处于研究阶段,我们不妨将“天赋”理解为某种特别发达的特质,包括脑力方面的和感官方面的,这种特质就像一颗种子,只需适合的环境,便会展示出高于常人的才华,爱因斯坦说:“每个人都身怀天赋,但如果用不会爬树的能力来评判一条鱼,他会终其一生以为自己愚蠢”,这个观点可能最为人们所接受和理解。天赋可以帮助思维找到某些捷径,形成一种直觉能力。

与天赋不同的是,直觉得到了更广泛的支持,不少科学家都承认"女人的直觉往往是准确的"。"推理论证只是一个浮于表面的展览品。直觉是首要的,智力则紧随其后。"(William James)在大多数人看来,直觉是最真实的,它是我们对事物最直接的反映。很多人都有过这种经历:当我们隐隐地感觉某件事情不对头的时候,这件事往往真的有问题。

也许,直觉是一种潜意识的思维活动,一件事中的某个元素刺激了我们大脑中一个平时不常活动的神经元,这个神经元传递信息的路径当然也不是我们平日经常使用的路径,而是一条捷径,信息被飞快地处理了,将结果送达我们的大脑中枢,这个思维过程快得连我们自己都难以察觉,好像从未经历过,因此我们把得到的结果称为"直觉"。不是所有人都有准确的感觉,一个人也不是对所有的事都有感觉,直觉往往只针对我们熟悉的领域,或是我们特别关心的事情。

【魔方招聘】 一家软件公司到校园招聘。老板对应聘的大学生说,"我这里有个魔方,你能不能把它弄成六面六种颜色呢?你看清楚,我给你做个示范。"说着,他扳起了魔方。不一会儿,那个魔方就扳好了。"看到了吗?"他说,"你也来做一遍吧。"大学生拿着魔方,面有难色。老板说:"如果你没考虑好,可以把魔方拿回去考虑。我直到星期五才走。"

等那个大学生走了后,人力资源主管问老板:"您要考察他哪方面的能力啊?"老板说:"我会根据他的表现候给他安排合适的职务。"人力主管还是不明白,老板继续解释说:"要是他把魔方拆开再装好,就说明他敢做敢为,可以从事开拓市场方面的工作;如果他拿漆把六面刷出来,就说明他很有创意,可以从事软件开发部的工作;如果他今天下午就把魔方拿回来,就说明他非常聪明,领悟能力强,做我的助理最合适了;如果他星期三之前把魔方拿回来,说明他请教了人,也就是说他很有人缘,可以让他去客户服务部工作;如果他在我走之前才拿回来,说明他勤劳肯干,从事低级程序员的工作没问题;如果他最终拿回来说他还是不会,那说明他人很老实,可以从事保管和财务的工作。"

第二天,这个大学生买了一个魔方拿给这个老板,说:"你的魔方我扳来扳去都无法还原。所以我新买了一个，它比你的那个更大，更灵活!”老板马上让人力主管为他办理入职手续，主管问老板：“他的做法不在您的预期之内，那么什么职位才适合他呢?”。老板压低了声音：“软件开发部，他绝对是做盗版的好材料!”

天赋不过是某一方面的特质，每个人都有自己的天赋，与其羡慕别人会弹琴，不如弄清自己的特质何在。

情感和兴趣 情感是态度的一部分，我们感知世界的方式与情感有着直接的关联。唐代诗人杜甫在《春望》中写道：“感时花溅泪，恨别鸟惊心。烽火连三月，家书抵万金。”诗句情感充沛，也说明了情感对我们看待事物的影响。在太平年月，看到明媚的春花、鸣唱的鸟儿，会让人心旷神怡，可是在战乱之中看到同样的景象，却会让人落泪心惊，家书本是平常之物，此时在作者眼里却比什么都珍贵。我们在心情大好的时候，能嗅到路边青草的香味；受到打击时，玫瑰花闻起来也没有味道，归根结底，所有的感觉都带着感情色彩。

兴趣的产生或许与天赋有关，天生色盲的人对美术发生兴趣的概率较低，左半脑特别发达的人可能会喜欢数字。兴趣也可以由感情激发，许多医生对医学发生兴趣都是因为家人生病，出于想救治家人的强烈愿望去研究医术，如清代名医“半痴山人”王孟英，就是因为看着父亲病故自己却束手无策，激发了他治病救人的决心。鲁迅先生说《红楼梦》：“经学家看见《易》，道学家看见淫，才子看见缠绵，革命家看见排满，流言家看见宫闱秘事。”一个人的兴趣直接决定了他看待事物的角度，也会在一定程度上影响到思维方式。

自我观念 老子说：“自知者明，知人者智。”古代哲人将认识自己的问题提升到智慧的高度，可见是不容易做到的。对一个人最熟悉的莫过于自己，最陌生的也是自己，我们的眼睛能看到身外的大千世界，却难以观测到自己的内心。虽然我们很难完全了解自己，但自我观念却无时无刻作用于我们的思维活动，“自我”是个体看待世界的立足点，也是思考问题的基本立场。

自我认知的中心就是自我观念，也就是我们如何看待和评价自己，认为自己是一个什么样的人。自我观念不是天生的，而是在成长的过程中，通过与外界的互动形成的，通过他人对我们的评价，自己与其他人的比较，逐渐对自我产生一个整体印象。自我观念一旦形成，人们就不再通过外界反映来判断自己，而是根据自己心目中的“自我”来描述自己。

构成自我观念的不只是简单的外部特征，还包括与能够体现自我价值的诸多元素，如自己喜欢的人和物、自己认同的观点、评价事物的标准。人们通过各种方式来表达自我观念，向他人宣示“我是谁”。同时，人们还有一种“推己及人”的习性，就是希望将自己认为正确的观点传递给周围的人。“己所不欲，勿施于人”的说法，实际上揭示了人们这种习性，事实上，我们应该做到“己所欲，亦勿施于人”。自我观念放大，就成了私心，凡事从自身利益出发去考虑，当然无法做一个真正自由的思想者。佛教认为，人有了“自我”的概念，便是有了分别心，将世界划分成“属于我的”和“不属于我的”，因此才有了“贪、嗔、痴、慢、疑”这些思想障碍。

许多家长在教育孩子的时候，总是希望孩子能够努力学习，长大后有所成就，实现理想，或者说是实现自己没能实现的理想。我有位同学却不这么做，在与我谈起教育孩子的问题时，提到了她自己的观点：“我自己也没有什么过人之处，为什么如此要求孩子呢？大多数人都是普通人，不可能每个学生都考第一。”遗憾的是，持有这种观念的家长很少。

每个人自我观念的强弱程度不同，过强的自我观念就会形成一种定见，当某种观念与之冲突，人们会在心理的自我防御机制作用下对它进行抵制。对自我观念的维护对我们的思维形成限制，会妨碍我们认识到问题的本质。例如，当工作出现失误的时候，很多人都会强调客观原因的负面影响，以维护自己的自尊心。我们的心理活动还会以投射的方式，将自我观念想当然地投射到其他事物上，而忽略其本来面目。一句话，我们看别人，其实就是在看自己。

【观人如观己】　宋代文人苏东坡经常与好友佛印禅师切磋佛学和文学，但每次都是佛印禅师占上风，苏东坡心里总觉不是滋味，所以百般用心，想让佛印下不了台。一天，两人相对坐禅。苏东坡一时心血来潮，问佛印禅师："你看我现在禅坐的姿势像什么？"佛印禅师说："像一尊佛。"苏东坡听了之后满怀得意。佛印禅师反问苏东坡："那你看我的坐姿像个什么？"苏东坡毫不考虑地回答："你看起来像一堆牛粪！"佛印禅师微微一笑，双手合十说声："阿弥陀佛！"

苏东坡回家后，很得意地向妹妹炫耀，说："今天总算占了佛印禅师的上风。"苏小妹听完原委，却不以为然地说："哥哥！你今天输得最惨！因为佛印禅师心中全是佛，所以看众生皆是佛，而你心中全尽是污秽不净，把六根清净的佛印禅师，竟然看成牛粪，这不是输得很惨吗？"苏东坡拈一拈胡子，黯然地同意苏小妹的看法。

【冬日 VS 我的冬日】 在一次沟通训练的课上，因为前一天下了入冬以来的第一场雪，为了观察学生们的感受能力和语言表达能力，我请他们从窗外的雪景中捕捉灵感，来描述一下"冬日"。几分钟后，有几个学生主动走上讲台，有人只用一句话来概括，有人讲了自己的经历，有人讲了一个发生在冬日的故事，讲述者都非常投入，甚至仍能感受到自己当时的情绪。但是没有人为大家描述当时窗外的景象，所有的叙述居然都是以"我……"作为开始的。这个事实令我非常震惊，我本以为会听到大家用朴实或优美的语言来讲讲冬日的天空、飘落的雪花、空气中清新的味道，但事实是，学生们并未特别关注周围的景象，甚至没有人去观察近在咫尺的雪景，而是集中精力专注于回忆自己记忆中对冬日最强烈的感受。

当我对学生们指出这种现象的时候，他们也被自己吓了一跳，他们从未想过"冬日"和"我的冬日"有什么区别。我们就是这样在不知不觉中强化自我观念的，很自然地以自己为中心去体验周围的世界，留在我们记忆最深处的是自己的情感体验。如果我们能摆脱这种天性中的偏执和狭隘，以另外的角度来考虑事物，也就是我们经常倡导的"换位思考"，那么，我们思维中的障碍将会大大减少。

【施与受】 有个非常吝啬的人，走路时不小心滑到了河里，于是高喊救命。路人纷纷相助，一边伸手去拉，一边对他说："快把你的手递给我！"吝啬鬼却只是继续挣扎呼救，却迟迟不肯去拉援救者的手，大家正在着急，他的邻居恰好经过这里，见此情景，不慌不忙地走到岸边，把手伸向吝啬鬼说："快抓住我的手！"吝啬鬼这才缓了一口气，拉住邻居的手。

【考虑他人利益】　几年前，我跟几位朋友正在饭店里吃饭，突然一个中年妇女走到我们的桌旁，说自己带着孩子到北京的工地来找丈夫，没想到丈夫跟着施工队去了昌平，自己不认路，也没钱坐车，希望我们能资助她几元钱，这样她就可以乘公交车去昌平找她丈夫。

马上有人指出她在骗人，但她一脸诚恳地苦苦哀求，饭店服务员也拿她没办法，大家开始烦躁起来。这时我想，如果她说的是真话呢？怎么做对她最好？如果她拒绝对她来说最有利的方案，那么就说明她并不真的需要帮助，这样一来就很容易辨别清楚她是否诚实，同时也能避免自己冷漠地对待一个真正需要帮忙的人。于是我对她说，我知道乘车路线，可以送她上车并替她买票，当然她没有接受我的好意，而是迅速离开了。

事后我的朋友埋怨我太轻信别人，如果那个女人真的要我送她上车怎么办？我的解释非常简单：如果她真的要去乘车，我会很高兴帮她买票；如果她是骗子，那么她拿不到现金，自然就不会再纠缠了。

我们在考虑问题时，多数情况下都会首先考虑自身的利益，这是人的本能反应，如果我们一直专注于维护自己的利益，就不会从他人的角度来考虑，如果我们愿意为他人提供最大利益，或许会发现更好的解决办法。

【天堂的筷子】　到底天堂地狱是什么样子呢？有一个对此深感好奇之人，在偶然的机缘下，遇到一个仙人带他到天堂和地狱参观。这个人随着仙人到了地狱，发现地狱的人一样要穿衣吃饭，和人间的生活差不多。只是吃饭的时候，所有人使用的筷子都是三尺长，虽然能夹起菜肴，但却总是被别人的筷子碰掉，怎么也吃不到口中，大家互相抱怨，苦不堪言。

仙人又带他来到天堂，天堂里也和人间生活一样。人们吃饭用的筷子也是三尺长，和地狱唯一不同的是，他们夹了菜，你给他一口，他给我一口，彼此合作无间，到处欢声笑语。

无论是筷子还是我们的思维，放下自我的执著，才能发现它们有更好的使用方法。

自我防御　总有一些人，在面对诸多选择，难以决断的时刻，用掷骰子的方式来帮助自己做出最后决定，而且多数人事后会非常庆幸自己最后的决定是正确的。实际上，人们难以忍受自己的想法与行为不和谐，出于对认知一致性的需要，人们在作出决定之后，总是倾向于去欣赏这个决定，并尽力去证明它的正确性，以此获得心理上的平衡。

通常人们对一个事物感到惊讶，就是因为这一事物打破了自己认知上的平衡，与自己头脑中的想法不相符，因此，在惊讶过后，人们会试图寻找一种解释，来与自己的认知相匹配，恢复心理上的平衡感。

设想一下，下雨时，一辆豪华轿车从你身边飞驰而过，溅起的污水弄脏了你的衣服，你认为驾驶员是个什么样的人？多数人的直接反应是——粗鲁的暴发户。但是且慢，车停了，车窗放下来了，你发现司机是个漂亮的年轻姑娘，你觉得她要对你说什么？许多人的推测是——她完全没有意识到给你造成的麻烦，只是为了问路，然而你看到她一脸诚恳地向你道歉，解释说她是为了到做义工的养老院去看望一位病危的老人而赶时间，此时你会不会感到惊讶呢？

看着远去的豪华车，你很可能为自己找到一个平衡的假设：看起来她拥有财富、美貌，甚至很少与前两者同时存在的教养，但她的车子一定是别人送的，绝不会是自己的劳动所得。自己虽然没有财富和美貌，却自食其力，也很值得自豪。

思维惰性　有许多名词，用来说明认知和思维过程中的障碍，诸如：刻板印象、思维定势、思维惯性等，事实上，这些都是懒惰的别名罢了，是人们不愿意接受与自己观念不吻合的现实，也不愿意改变原有思维模式的心理现象。

(1)思维定势就是思维的习惯。对于一个人来讲，最难改变的不是做一件事的方式，而是根深蒂固的习惯，思维也一样，一旦形成某种思维定势，就很难改变。成功人士更易形成思维定势，因为过去成功的经历让他更加确认了正在使用的模式，改变意味着冒险。人类对安全感的需要体现在各个方面，在前途不明的情况下，人们可能愿意冒险一试，但有了一定收获以后，大多数人更想保住已有的收获，对于思维来说，既往的经验就是最大的收获。

曾经有一位拿到商业管理硕士学位，想进入商业领域创业的年轻人来问我："有没有一种商业模式已经被证明非常成功，可以保证我也能用这种模式获得成功呢？"回答当然是否定的，因为即使有一种非常成功的模式，也不一定适合每一个人,每一种特定商业环境。害怕冒险造成了对创新的畏惧心理,最保险的想法是他人的想法。历史文明悠久的国家都有类似的创新困难,强调继承传统的同时,也很难冲破传统中的思维定势。

有些心理学家认为,男性的思维定势比女性更强,体现在几个方面:男性比女性更善于记住行车路线;女性比男性更喜欢品尝从未吃过的食物;男性会严格执行计划而女性经常改变计划。因此也有人认为,女性的思维方式更具有灵活性,善于应对复杂多变的未来。我们不妨把这种看法视为一种思维定势,因为该观点把人类简单地划分为两种性别,试问世界上有两个完全一样男性或女性吗? 简而言之,思维定势就是一种绝对的、简化的思维方式,看起来似乎很有说服力,但消解了事物的丰富性。

(2)思维惯性也可以说思维定势的一种形式,即用自己的经验判断表面相似的事物。有一位英语教师到法国旅游,在餐馆点餐时,因为觉得法文与英文有一定渊源,就决定用自己的英语经验来判断,于是当他看到一个菜的名字中有"beef"几个字母,就判断这道菜肯定是牛排,菜端上桌后,竟然是一盘生牛肉。

曾经有一种非常流行的观点:"学音乐的孩子不会变坏"。人们听到音乐是优美的,看到音乐家也浪漫优雅,因此沿着思维惯性联想下去,很自然地得出这种结论。不幸的是,事实并非如此。曾经有人举出纳粹军官的例子来反驳,因为有许多纳粹军官具有很好的音乐素养,但他们竟然可以一边弹着钢琴一边下令枪杀犹太人。2011 年,西安的"药家鑫案"令全国震惊,当记者采访药家鑫的同学时,他们仍然认为药是一个成绩非常好的学生,犯罪行为可能是因为一时冲动。印度电影《流浪者》中有句著名的台词:"法官的儿子还是法官,贼的儿子一定也是贼。"

惯性思维往往以偏赅全,以主观看法代替客观判断。世界是复杂的,任何事物都有其多面性,如同物理学意义上的惯性一样,单向的思维方式很容易产生思维惯性,要克服这种思维障碍,就需要采取多向性的思维方式。

【高露洁的成功】 高露洁在创业之初,销售业绩并不理想,于是老板在报纸上登出广告征求良策:"谁能想出使高露洁牙膏销量激增的创意,即赠送10万美元奖金。”一时间，来自全国各地的应征创意数以万计，最后高露洁公司选择了一个最简单的方案：把牙膏的管口扩大50%。因为建议者通过观察发现，人们在使用牙膏时，习惯以挤出固定的长度作为使用量的标准，根本不去考虑膏体的粗细。根据人们这种思维定势，牙膏管口扩大后，消费者仍然会挤出习惯的长度，这样，每次使用牙膏的量就会相应地增加。

事实证明，这种改动非常奏效。你在挤出牙膏时，是否也是只考虑长度呢？

【袋鼠与围栏】 有一天动物园管理员们发现袋鼠从围栏里跑出来了，于是开会讨论，一致认为是围栏的高度过低。所以它们决定将栏杆的高度由原来的10英尺加高到20英尺。结果第二天他们发现袋鼠还是跑到外面来，所以他们又决定再将高度加高到30英尺。

没想到隔天居然又看到袋鼠全跑到外面，于是管理员们大为紧张，决定一不做二不休，将围栏的高度加高到40英尺。

一天长颈鹿和几只袋鼠们在闲聊，“你们看，这些人会不会再继续加高你们的栏杆？”长颈鹿问。“很难说。”袋鼠说：“如果他们再继续忘记关门的话！”

其实很多人的思维都是不断加高的围栏，遇到问题时，人们往往会习惯性地沿着自己固有的思路去考虑，却不愿换个角度审视，思维定势与我们的生活习惯相似，看起来最自然，却也是我们最难以改变的一部分。

第三节　知识结构

在思维活动中，知识是思维框架的重要支撑，与心理活动同时作为思维的背景存在。一个人的知识是由多个部分组成的，包括接受的教育、自身经验、兴趣爱好等，都会成为我们知识的一部分。毫无疑问，拥有广博的知识有益于创意思维，但如果只拥有记忆型的知识则远远不够，有些知识还可能成为我们思维的障碍。

在一个人形成世界观和各方面观念的过程中，知识起到了决定性的作用。许多人都是通过学习改变了自己原有的看法，假如没有知识的帮助，我们会停留在幼稚的思想阶段。合理的知识结构绝不是单调的、平面化的，更不是静态的，而应该是一个持续得到改进和完善的学习体系，如果停下对学习体系的持续构建，我们的思维也会被固定不变的知识困在一个狭小的空间内。

教育　即使是在同一个社会中，每个人所接受的教育也是有差异的。通常情况下，现代社会的教育主要来自家庭和学校，这些差异包括：教育者的价值观渗透、教育者对传授内容的解释、教育者采取的传授方式等，都会对接受教育者造成一定影响。

德国著名作家海因里希·伯尔在他的散文作品《懒惰哲学趣话》中，描述了这样一个故事：一个游客看到渔夫在码头睡觉，于是建议渔夫更频繁地出海打鱼，以便积累足够的金钱。渔夫问游客有了钱又如何？游客说，那时你就可以悠闲地在这里睡觉了。渔夫反问道，我不是正在这样做吗？

故事中渔夫的老师和家人一定没有向他反复强调过金钱有多么重要。教育的影响力可以用下面这个例子来证明——在世人对进化论保持怀疑态度的时代，有人类学家通过调查得到这样的结论：在一个家庭中，后出生的孩子更容易接受进化论。要改变一个人，最好找那些在家中排行不是老大的听众。

经验　我们通过亲身经历获得直接经验，通过接受教育获得间接经验，经验是一柄双刃剑，既可提高我们认识事物的效率，同时也会削弱我们认识事物的创见。我们常常习惯地用自己所掌握的知识、经验，结合自身经历和感受，在未加研究之前，就对事物做出判断，如果判断得到验证，那么这种成功的经验就更强化了我们的惯性思维，形成固执的思维定势。

世界处于不停的变化中，每一刻都在发生着微妙的变化，无论你是否感觉得到。也许人们应该为经验设定适用范围和有效期，但这无疑是不可能的，有时候经验与我们已经融为一体了。没有一定的经验积累，我们难以形成高效的判断能力，而经验过多有可能转化为成见或偏见，解决办法之一，就是掌握对经验的调用技巧，让我们头脑中储存在不同区域的经验经常换位、交叉、混合，建立思维通道的十字路口。

【伊索寓言《驮盐的驴》】 一头驴子驮着盐过河，不小心在水里滑倒了，站起来后，驴子觉得身上的负担减轻了，心里特别高兴。又一天，这头驴子驮着棉花过河，根据上次的经验，它故意又摔倒在河里，以为背上的分量肯定照样会减轻些，结果可想而知。

【舒马赫的教训】 F1 的 2005 赛季的开始，“车神”舒马赫让世人大跌眼镜。与其说舒马赫是输在了运气上，不如说输在了经验主义上。新赛季开始前，国际汽车联合会推出了一系列新规则，但法拉利车队对于新规则的威力似乎缺乏足够清醒的认识。在前几个赛季，法拉利都采取用旧款赛车的改进型参加前几场分站赛，回到欧洲之后，新款赛车再闪亮登场，这种策略的频频成功使得法拉利的决策层失去了应有的判断力，于是用 F2004 的改进型 F2004M 开始 2005 赛季就顺理成章。舒马赫认为，“我们过去也这么干过，效果还不错，F2004 是一款性能非常优异的赛车，夺得冠军已经说明了一切。此外，规则的变化不小，用一款已经得到证明的赛车先赛几场显得更为稳妥。”

显然，舒马赫在此使用了惯性思维。前几个赛季中，旧赛车取得的佳绩不能说明这种策略在新赛季仍然有效，那时候竞争对手雷诺、丰田和美洲虎都还是羽翼未丰的二流车队，迈凯伦和威廉姆斯也恰好处于低潮期，对手缺乏竞争力是法拉利取胜的一个重要原因，但法拉利在开始研发 F2005 后，就停止了对 F2004 的持续改进，而此时对手却未止步。舒马赫与法拉利都没有察觉周围的变化，既往获胜的经验遮住了他们的视线。

理论陷阱 毫无疑问，理论是我们了解世界的捷径。通过学习理论，我们能够快速掌握世界的基本规律，减少在黑暗中摸索的时间。但是如果我们不能在实践中灵活运用，理论就成了束缚我们思想的绳索。理论来自实践，也需要用实践来不断加以验证和改进，进行理论更新。“纸上谈兵”的故事经常被用来告诫那些照搬理论的“书呆子”，但是在现实生活中，落入理论陷阱的人可能并不自知。在实践中受到挫折时，如果你抱怨：“怎么会这样？书上不是这么说的啊！”，那就说明你的思维已经落入了理论陷阱。

在教育体系中，理论有时被过度强调了，这可能与我们的教师聘用制度有关。中国的教师多数只有从“从校门到校门”的经历，他们把从学校里学到的知识再传递给自己的学生，所以才有“从未接触过经济的经济学教授”

和“从未管理过企业的管理学教授”。曾经有一段时期，中国盛行 MBA 教育，很多人进入高校接受了几年系统的 MBA 教育后，极其自信地走上工作岗位。但是没过多久，他们就发现，自己的理论好像根本行不通，现实情况与书本上的案例毫不相干，经过多番考证，得出一个结论：中国的经济发展水平还未达到适应高级经济理论的高度。

坐而论道的夸夸其谈解决不了实际问题，理论对实践的指导意义是服务于实践，而不是居高临下地指挥实践活动。沮丧的理论家们应该从实践出发，跳出自己设定的理论陷阱。

专业局限　现代学术分科制度下，人们各自在自己的专业领域内学习和工作，在越来越狭小的专业空间内安身立命。专业细化的好处是有利于进行专门领域的精细研究，但也容易造成一定的局限性。“当我们被驱赶到一个个日渐狭隘的学科分工领域的时候，我们日益感到陷于遮蔽之中。你变成仅仅是该领域中的专家、匠才。”①

有两个朋友，一位是机电工程师，因为工作出色被提拔到管理岗位，另一位是广告公司的设计师。在聊天时，工程师向朋友诉苦，说公司材料很难整理清楚，因为经过多年的发展，过去的资料数量庞大，而那些存放资料的文件夹看起来完全一样，每次翻找过去的资料都令他很头痛。设计师给他出了一个主意，将不同年份，不同类别的资料，用各种色彩的文件夹区分开来，这样就能一目了然，不必仔细查看文字标注或查找目录，就能快速发现要找的资料。

我们在沉醉于自己的专业领域时，最好时常抬起头来望望别处，或与其他领域的人多交谈，让另外的天地进入我们的视野，同时也让自己的思维走出专业的局限。

第四节　社会文化因素

既然一切复杂的思维都是从感知开始的，那么可以说，我们感知世界的

① 《学术分科及其超越》黄平，汪丁丁《读书》1998.7.

方式决定了我们思维的方式，而思维方式一旦确立下来，又会反过来决定着我们的感知方式。在语言和文字体系建立之前，信息难以保留，人们能够获得的间接经验极少，但是随着文化传承手段的进步，人类的经验不断积累，有些已经转化为基因构成。

除此之外，现代人在婴儿时代，甚至更早的胎教中，就要接受来自身边成年人的经验传授，这些经验在当时不会被真正理解，但这些信息进入了大脑中的信息储存区域，成为我们潜意识中的一部分，在日后我们感知世界的过程中，默默地发生着作用。因此可以说，与个体因素相比，社会文化因素对我们思维方式的塑造更具决定性，正是文化建立和关闭了某些信息通道，我们能否重新打通那些被关闭的通道，取决于我们能否清除社会文化所设置的路障。从这个角度来讲，文化积累越丰富、人们价值取向越统一的社会，需要冲破的障碍也就越多。

社会文化可以说是每个人的“思维基因”，没有人生活在真空里，文化对于我们的感知方式有着极其重要的影响，可以说，我们的思维方式主要是由身处的社会文化塑造的。心理学家通过大量的实验证明，东方人与西方人眼中的世界是完全不同的。

美国心理学家理查德·尼斯贝特在他的论著《思维的版图》中指出：西方人与亚洲人以很不相同的方式在体验这个世界，亚洲人更全面地看待事物，注重事物之间的联系，西方人则是以自我为中心向外看；东方人注重事物所处的背景，西方人对事物的感知是脱离环境的，因此东方人喜欢同舟共济，西方人偏好单独工作；东方人认为事件的发展是在极端事物之间的循环运动，西方人认为事件的发生是直线式的运动。东方人与西方人感知方式的差异无疑是由文化差异造成的。

社会文化是由价值观、规范和习俗、语言和符号构成的，其核心是价值观。需要补充说明的是，互联网在社会文化中扮演着越来越重要的角色，在传统的大众媒体时代，信息的传播单向性更强，拥有大量传播设备的国家被称为“文化帝国主义”。进入互联网时代后，信息的流通更加自由和经济。任何人都可以在网络上发表自己的观点，人们能看到与自己完全不同的生活，随着空间地理概念被打破，文化的地理分界也逐渐模糊，也许不久的将来，社会文化也会被重新定义。另一方面，对于社会文化巨大作用的认知，可以使我们对文化的熏染保持相对客观的态度，从特定文化环境中抽身出来，让我们的思维更开放，这对于创意思维至关重要。

价值观　“价值观是概括的、抽象的，并不会清晰阐释哪些行为是可以接受的，哪些是不能接受的（Rohan，2000）。不过价值观为人们提供了标准和概念，我们据此评估人们、物体以及事件的相对价值、优点、美丑以及道德性。”[①]虽然世界正在变得越来越小，人们的价值观在一致与多元之间摇摆，传统的价值观不再占据着主导地位，但比较亚洲和西方社会，核心价值观仍有极大差异。

亚洲社会核心价值观：注重血缘家族关系、严格的等级意识、注重礼仪形式、保守的主流道德观念、崇拜权威和权力、考虑事物长远计划、重理论而轻实践。西方社会核心价值观：强调个人的独立意志、家庭关系以夫妻为核心、道德观念多元、明确的制度管理意识、鼓励挑战和创新、注重享受当下。价值观为进入我们头脑中的信息设定了目的地，也在信息选择道路时起到了筛选作用，一些符合价值观的思路不断被夯实，显得既平坦又安全，那些被认定不符合价值观的道路则被封闭了。

如果有人说中国人的智商不高，大概没人会同意，但如果说中国人缺乏创意，恐怕大多数人都会极不情愿地同意这种说法。狭隘的民族主义者每每举出中国古代的发明创造和灿烂文化，与当时落后的西方文明比较，以此来获得心理上的平衡感。的确，中国历史上有几个时期在科技、数学、天文、艺术等诸方面遥遥领先于当时的其他文明，分别是汉代、唐代、明代，而这几个时期共同的特征是政治开放、经济繁荣、文化交流频繁，最重要的是价值观多元化。

规范　一个社会中约定俗成的行为方式就是规范，其中较为重要的规范就是道德，一般行为规定就是风俗习惯，法律可以视为一种最正式的规范。规范是在价值观的指导下建立的，例如，在日本，严格的等级意识就体现为敬语的使用，人们见到领导或长辈要用敬语称谓，否则就会被视为无理，是对领导或长辈的冒犯。但在美国，由于没有特别强的等级意识，对领

---

① 《社会学和我们》（美）迈克尔·休斯，卡罗琳·克雷勒，周杨，邱文平译．上海：社会科学院出版社，2008．42．

导和长辈的称呼就没有特别的规定，一般都是直呼其名，没有人会对此不满意。

由于我们从小就被要求遵守社会的基本行为规范，对有些事，即便没有明确的规范，我们也能借用已知的规范推导出处理方式。在我上中学的时候，每逢进入初夏的季节，女同学们就会特别关注谁会首先穿裙子，通常第一个穿裙子来上学的女生会被其他女生私下议论，最终被贴上“爱打扮、标新立异”的标签，但第二个穿裙子的女生就会被认为理所当然，因为“已经有人这么做了”。我们在生活中耳濡目染，从大量的生活经验中提炼出了中国社会的基本规范——“反对与众不同”，并在所有行动中自觉遵守这一规范。形象地说，规范是价值观的具体化，是铺设我们“思路”的基石。

符号　“符号(symbols)是被社会认可的用于象征其他事物的客观物体。通过人们之间的意义共享，符号可以代表其他事物。”①无论价值观还是规范，都要借助各种符号来表达和学习，语言和文字是其中最重要的。语言的出现较早，远古人类为了摆脱时空对使用语言的限制，使信息保存下来，尝试创造某种符号来象征事物。中国有“上古结绳而治”的传说，据说秘鲁古代也曾用过类似的办法，一个结表示十，两个结表示二十，一个双结表示一百，两个双结表示二百等。同一部落的人对符号的解释是统一的，“结”可能是人类最古老的符号，但在不同的文化中代表的意义也不同。

许多远古的图形符号在某种程度上也是文字的起源，文字将原始语言和符号转化为传播共同意义的便捷工具，文化遗传也因文字才得以积累。社会文化的典型符号还有造型和音乐，它们与语言和文字一起，决定了一个社会的哲学、文学、音乐、戏剧、绘画、建筑等各种文化的符号表现形式，各自发展的文化形式也逐渐衍生出新的、独立的一系列文化符号，共同形成了社会文化的整体风格。

由于符号具有强烈的象征性，在其形成初期应该是被动的，由具体事物的特征抽象而来，但随着社会文化的发展，与之相对应的完整的符号体系也逐步建立完善，符号及其所代表的意义也就开始主动地改造和推动事物的

---

① (美)迈克尔·休斯，卡罗琳·克雷勒.社会学和我们(周杨，邱文平).上海：社会科学院出版社，2008.43.

发展，大量事实说明，社会文化采用的符号系统对于思维方式的塑造有着极为深远的影响。无论在大脑内部的思维体系中，还是在思维外化的表达体系中，符号都是承载信息的工具。符号也是文化中最活跃、可塑性最强的因素，是我们消除思维障碍的得力助手。

符号是表达意义的形式，与其所象征的本义相对，有些符号还遗留着些许本义的痕迹，更多的符号已经完全脱离了本义的面貌。符号无疑是十分精练甚至是精巧的，并且比意义更容易操控和交流，因此人们在使用符号时，难免会迷恋符号的程式化所带来的审美愉悦，对符号所象征的本义反而不再探究，符号化是现代社会文化的新特征，与现代人高频率的生活节奏相应和。流行语、商品品牌、明星的招牌动作、节日仪式，都有流于符号化的趋势，符号化的生活方式让我们更轻松，但也让我们更加茫然，离本义更远。

【汉字与字母】　世界上最早的楔形文字、埃及的神圣书体、中美洲马雅人图形文字，中国的汉字都是从图画开始的，用图画来表示意义可说是由实物记忆到象形文字的过渡，虽然这四种文字符号体系都起源于表形，但发展方向却并不相同，除了汉字，另外三种文字都由表形趋向于表意，由表意趋向于表音，汉字却最终形成了“音、形、义”一体化的符号体系，语言的平仄音韵成就了中国的唐诗宋词，追求节奏的美感，抑扬顿挫的吟诵效果，至今仍能在戏曲中找到同样的渊源。

行书的出现，令汉字的书写充满一种即时的、变化的、无法预测性的创作意味，从而衍生出一种独立的文化符号——书法。汉字的“象形”使之具有一定的画面感，容易激发人的审美情绪，而完成书法作品的全过程都成为一种审美体验：书写工具——宣纸、毛笔、墨、砚的精工细作；遣词造句的文字把玩；空间分割的章法；即兴变化的笔法；酣畅淋漓的精神状态，都是书写其他文字绝对无法体会的。

【如标指月】　佛教《圆觉经》清静慧菩萨章，记载了佛开示众菩萨的一段话：“修多罗教如标月指，若复见月，了知所标，毕竟非月。一切如来种种言说，开示菩萨，亦复如是。”（修多罗教是指佛所说的一切经藏。）翻译成白话文的意思是这样的：一切佛教经典如同是指出月亮在哪里的手指，如果我们能看到月亮，知道月亮在那里，那么，这只指出月亮的手指就不需要了，因为手指只是标示工具，而不是月亮。《楞严经》中也有“我所说法，如筏喻者。”意思是：我所说的法，如过河的船，既然已经上了岸，当然就不用背着船走了。

“过河须用筏，到岸不须舟。”一切符号都是“指月之标”，是我们认识世界，表达思想，与周围环境交流的媒介，而不应该成为我们认识、表达和交流的局限。

媒体和广告 有线电视、报纸杂志、互联网组成的媒介网络，为人们提供了一个全方位的拟态环境，媒体的教育无所不在，人们在生活的各个方面都接受着媒体和广告的指导。拥有巨大媒体资源的国家可以轻而易举地推销自己的价值观，只消将之十分自然地融于电影或电视剧，甚至是广告中。令人赏心悦目的男女演员会为你描述——成功的人生是怎样的，你如何打扮才能吸引异性，宠物需要什么，孩子喜欢什么……总之，媒体教你做所有的事，当然包括做事的标准，如果你愿意，完全可以放弃自己独立的思考，按照媒体的描述制定一个完美的人生规划。

美国女权运动组织曾经对时尚杂志提出过抗议，因为他们总是选用骨瘦如柴的时装模特儿来展示漂亮的时装，对普通女孩形成了一种社会审美压力，以至健康丰满的女孩因在生活中受到歧视和讥讽而自卑，减肥造成的厌食症夺去了数以万计年轻女孩的健康甚至生命。在媒体的巨大攻势下，人们很容易失去自己的判断力——我们思维能力中最关键的要素。电视中的模仿秀节目广受欢迎，参加节目的选手以酷似名人而自豪，许多选手表示，在生活中也时刻注意模仿名人，当周围的人将他误认为是他所模仿的名人时，他感到非常满足。为自己像他人感到自豪和满足，这听起来似乎让人匪夷所思，但这就是媒体要告诉我们的一种幸福感的标准。

电视广告经常这样展示一款新车型：风度翩翩的男性驾车人（某位明星扮演）总是魅力非凡，在路上会受到美女的青睐，踌躇满志地在众人羡慕的目光中潇洒远去，在车上露出得意的笑容。在生活中，这种车型的购买者在开车时，就会想象自己就是广告中那个明星，一定也能吸引异性，于是他也体验到了志得意满的感受，广告就这样在替我们制造着感觉，而感觉，本来是人类最个体化的特权。

互联网日益成为人们所依赖的工具，搜索引擎是互联网概念中最棒的创意，它为人们节省了大量的时间，同时也节省了思维，一些年轻人可以十分熟练地使用“Ctrl ＋C”与“Ctrl ＋V”来组织一篇漂亮的文章，但却无法说出自己对文章题目的看法。转载内容之后，继续转载评论，毫不费力的转载让我们主动放弃了思考，这种做法最终可能造成这样的状态：我们难以分辨自己所坚持的观点是来自个体的判断，还是来自媒体和广告的影响。如果没有它们的提醒，我们会关心现正在热衷的事情吗？我们会持有我们深信不疑的观念吗？

【美国的律师】　观众总能在美国的电视剧中看到西装笔挺的律师，一边轻松地处理案件，一边潇洒地享受着奢侈的生活，还会受到众多异性的青睐。但是一个土生土长的美国律师告诉我，在美国做律师要靠社会关系，并且很辛苦，很少有人能挣到高薪。很多青年人选择律师行业后，抱怨这个行业与电影中看到的完全不同。

第三章　建立创意思维的路径

人们在使用“创意性思维”这一概念时，自然会被其表述的语法所指引，将之定义为一种特别的思维方式，与逻辑思维、具象思维并置。并在此认识的前提下，开发出一些行之有效的创意思维训练工具，如“六顶思考帽”、“水平思维法”、“发散思维”等，但在此书中，我要强调的是——创意思维不是“创意性思维”，不是一种固定的思维模式，与此相反，创意思维的核心就是消除我们思维过程中的既有模式，是逻辑思维、具象思维、动作思维等多种思维方式的灵活运用，没有任何程式化的方法可以套用，力求尽可能多地激活我们大脑中的神经元，从而做到真正意义上的“创意地思维”，因此，创意思维不可能依靠某一种思维工具来训练，而是需要追本溯源，从思维的源头开始，去除思维障碍，在大脑中建立起通达顺畅的信息通道。

首先，强化感知能力。思维的起点是感知，敏锐的感知力无疑可以让我们以更多样的角度来认识世界，感受世界，获得更加生动、丰富的信息。其次，克服思维惰性，弱化“自我”意识。思维惰性源于“自我”观念，过于强调自我，只会使我们越来越主观，离智慧越来越远。再次，增强文化包容性。狭隘的社会文化观会遮蔽其他文化的世界，令我们的世界也变得狭小。最后，保持思考的独立性。以上四个方面，只是建立创意思维的基本路径，我相信，每个人都会在自己的探索中发现更多的路径。

第一节　强化感知能力

“也许我的独创力可以归结为拥有一个高度敏感的感觉系统”

——莫奈（印象派画家）

当人们在生产生活中逐步掌握了制造工具、改造自然的方法后，人们开始怀疑大自然的力量，开始试图探求自己可以掌握的东西，观察事物之间的联系，在神秘主义之外，推断事情发生的原因，尝试根据自己的经验预测未来要发生的事，也许这就是逻辑思维的起源吧。一些源于经验的逻辑被验证了，人们就将这种逻辑用于其他事物，尝到了先知先觉的乐趣。但同时也渐渐遗忘了最初获取经验的感觉，先民们所具备的直觉敏感丢失了。思维方式只剩下了一种：逻辑。世界的偶然性被忽视了。

虽然所有的感官都能接受信息并形成反应：眼睛/视觉、耳朵/听觉、鼻子/嗅觉、舌头/味觉、皮肤/触觉（一种观点认为应该把身体/运动觉也列入感官的范畴），但人们并非按照同样的比例使用自己的所有感官，有的人对声音敏感，有的人对气味敏感，更多的人对视觉传达的信息接受度较高，还有一部分人喜欢通过手工或身体操作了解事物。

感觉和思维是相互交织的，生病时你的思想以及接下来的感觉和行动将会变得非常不同。显微镜延伸了我们的视觉，烟雾感应器延伸了我们的嗅觉，著名传播学者麦克卢汉说："媒介是人体的延伸。"既然我们发明各种机器来延伸感官，那么为何不充分调动我们本来就有的感官呢？利用与感觉的互动可以保持我们思维的新颖性和敏锐性，这样当我们吸收和寻找新鲜资料的时候会处于一个更加坚定的现实基础上。

"当我们积极地使用我们的感觉时，即使是成年人，也可能正在塑造自己的大脑。哈佛大学的神经科学家约翰·弗拉纳根（John Flanagan）发现：反复地触摸灵长类动物的手指会导致其大脑的相应区域变得更大。相反，当老鼠的胡须被剪掉的时候，其大脑的感觉区域就会萎缩（Vogel，2000）。"[①]我们的每一个感觉器官都应该经常被调动，直接使用或者借助媒介都可以强化我们的感知能力。

特别需要提示的是，在增强感知力的各种活动中，记录是必不可少的，因为我们的记忆能力是有限的，因此准备一些记录工具是十分必要的。记录工具可以不拘一格，但最好便于携带，因为我们的感觉可能转瞬即逝。如

---

① 《思维》（美）加里·R·卡比，杰弗里·R·古德帕斯特.，韩广忠译.北京：中国人民大学出版社 2010.67.

果你喜欢用本子，那么应该选择内页没有格子的，因为任何形式的格子都规定了一个秩序，会限制我们的记录形式。我们可以用文字、图形甚至自创的密码来记录我们所感知到的信息，也可以用录音、录像来捕捉突然闪现的有趣场景，多功能手机令这种记录更便捷，不再需要复杂的操作，因此，不要让你的手机浪费它有用的功能。

【未来的感知方式?】 约克和华威大学的一支英国科学家小组正在设计一种名为“虚拟茧”的神奇头盔，这种头盔与电脑实现无线连接，电脑负责提供虚拟世界或真实世界特定区域的信息。头盔内装有专门研发的电子设备，包括一个高清晰的动态电脑显示屏、高技术含量的扬声器、用来向佩戴者面部吹热/冷风的风扇，以及一个可以在鼻子下方释放化学物质的“嗅觉管”，能够模拟视觉、嗅觉、听觉、触觉甚至味觉功能，让使用者不必亲自前往遥远的度假目的地，在家中便可获得身临其境的感觉，尽情享受虚拟旅游的快乐。

戴上这款头盔后，“扶椅游客”（只阅读或听说关于旅游的事而不亲身旅行的人）只需舒舒服服地坐在起居室，便可听到狩猎之旅中狮子的咆哮，闻到高山草甸上鲜花的芳香并感受加勒比海阳光的热度。此外，这款装置还可让用户问候远在世界另一端的朋友和家人，就好像他们也身在同一房间，让自己尽情沉浸在虚幻中的世界。有了这个头盔，学生便可以对历史进行虚拟探索，体验生活在古埃及、古罗马或者古希腊的感受。

华威大学的艾伦·查尔默斯（Alan Chalmers）教授在工程与自然科学研究委员会组织的一次活动上说：“虚拟茧并不是为了取代真实，而是对真实世界的一种补充。你可以安全并且以一种可控方式感受真实。”

我们已经生活在一个难以区分真实与虚拟的世界了，如果连感知也将被虚拟，我们还能保留多少从人类先祖那继承来的生物本能？至少我绝不会欺骗自己的感官，用化学合成的气味剂来代替美妙的花香。没有生动的感知，生命还有什么乐趣！

观察 中国有句俗话：“耳听为虚，眼见为实”，用来描述我们对各个感官信任程度的不同，但是感官会不会欺骗我们呢？事实上，我们亲眼所见的不一定就是真实的，更不可能是全面的，我们的感知器官有着明显的局限性，正是由于感官会产生错觉甚至幻觉，我们才能够欣赏电影，3D 电视节目，在错觉和幻觉中体验“真实的身临其境的感觉”。同时，我们还受到自身经验的指引，一名刑警见到陌生人，他观察对方的方式与画家、医生、保险推销人员是绝对不同的，经验可能令我们更加睿智，迅速发现事物的本质，但也可能演变为成见，形成一种思维定势，对相似事物做出一致性的归类，排斥其他的可能性。

“我们需要打破以同一种普遍模式观察事物的习惯，很大程度上是因为我们认为自己知道它们的模样（而不再详细地观察）。打破这种习惯的方式之一是在特别微小的细节方面来观察事物，然后试着用新的语言来表达你所看到的内容。剔除陈词滥调：它们标志着我们在使用其他人的语言，因此并不是在描述我们所看到的内容。”①我曾经听一些学生说起他们锻炼观察力的方法，是做“找不同”的游戏，希望以此来加强自己对细节的观察力。这种方法可能会让粗枝大叶的人聚精会神地关注细节，但对于加强感知力却收效甚微，因为这种观察建立在限定的条件下，而不是开放式的感知，比较两个画面的不同，只能让观察者比较表象的细节，却无法让观察者留意画面的意境、技法和更多表象背后的信息。对于观察，画家是名副其实的行家，我们可以向画家学习一些观察事物的技巧。

（1）远观其势，近观其质。人们在观察事物时，很容易被某个局部所吸引，可能是一抹鲜艳的色彩，也可能是一条优美的曲线，都会吸引观者更多的注意力，而创作一幅成功的作品，首先要做到整体协调。画家需要把握画面的整体比例，如果作画时一味靠近画面，视距不够，只能刻画局部细节，有可能造成整体比例失调，这种失误被称作“谨毛而失貌”，意为因注意细节而失去全局。因此，画家们总是画一会儿，就退到远处观察一下，在一定的距离之外，才能看到整体比例是否准确协调。同时，为了更方便地获得整体感，画家会将眼睛眯起来，这样就可以看到描摹对象以及画面的整体形态，称为“远观其势”。当然只有对整体的把握也是不够的，必须还要有精妙的

---

① 《思维》（美）加里·R·卡比，杰弗里·R·古德帕斯特.，韩广忠译.北京：中国人民大学出版社 2010.67.

细节刻画,因此就有必要“近观其质”,也就是凑近去观察对象细微之处的质地。

这种方式完全可以用于思考,我们对事物的认识如果既能够纵观全局,又能够体察细节,那么考虑问题的角度就有了变化。

(2)驻足与回望。我见过许多这样的登山者,他们很自豪地一鼓作气登上山顶,却抱怨说在每一座山的山顶看到的风光都差不多,然后很失望地下山了。另一类旅行者可能有过这样的体会——在前进的途中,稍作停留,发现路边竟出现一条蜿蜒的小径,顺着小径走下去,下面居然有清澈的溪水,但是站在小溪旁,却完全看不到刚才停住脚步的地方。如果没有驻足,绝不可能发现延伸到溪水的路。

在前进的途中,偶然回头望去,展现在眼前的景象与刚刚走过时完全不同。前进时看起来平淡无奇的景致,在回望时却有可能呈现一派令人惊喜的迷人景色。许多杰出绘画作品的灵感都来自驻足和回望的瞬间。“横看成岭侧成峰,远近高低各不同”,指的就是变换观察的角度所带来的差异性感受。在生活中,我们往往会顺着惯性前行,前方的一切似乎都是那么毫无悬念,理所当然地渐次出现在我们眼前,其实,我们只要稍稍改变一下行进的节奏和方向,就能获得完全不同的感受。

还记得前文关于幽默的论述吗?思维的拐点就是创意的出发点。

(3)跳出身体看。不借助飞机,你能否俯瞰大地?不借助镜子,你能否看到自己的脸?你有没有试过沉入地下,仰望我们脚下的大地?也许这些你都做不到,但至少为你提供了一些角度。我们有时会见到描绘宇宙空间,或者多个时空的画作,画家也不可能真的跳出自己的身体去观察世界,但是我们可以闭上眼睛,借助视觉经验去感受和想象。

所谓“跳出自己的身体看世界”,实际上就是跳出“自我”的局限性去观察事物。有时候我们找不到出路,是因为难以超越自我观念的思考立场。只用眼睛观察是远远不够的,更重要的是用心去观察和体会。

【大漠孤烟直】 唐代著名诗人王之涣的千古名句“大漠孤烟直,长河落日圆”不知打动了多少人。但是在我小时候学习这首古诗的时候,老师却只着重讲了诗句所描写的意境,而未解释更多。这首诗画面感极强,但因为没有城市以外的生活经验,对烟的形态并没有直观的印象,谁都没有质疑“孤烟直”的描述是否有误。直到后来上大学时到乡村写生,在山上看到小村上空袅袅的炊烟被风吹得飘来荡去,突然发现与我记忆中的“孤烟直”的景象不尽相同,于是翻查了许多资料,终于弄清缘由,不禁佩服诗人对生活的观察精确入微。

原来王之涣所描写的塞外生活有其独特之处,诗中的“孤烟”指的是戍边将士点燃狼粪报警,狼粪点燃后冒出的烟风吹不散,故而我国古代边关用燃放狼烟的方式来传递军情。正是由于敏锐的观察力,诗人得到了“直”与“圆”的对仗佳句,传神的描绘了一幅边塞风情画。

【积雪与兵力部署】 1944 年 4 月,苏联红军决定彻底消灭德寇,解放克里姆半岛。一天,在双方对峙的必烈彼列科普突降大雪,苏集团军炮兵司令注视着刚走进掩体的参谋长,见他双肩的雪花在室内的暖气中开始融化,清晰地勾画出肩章的轮廓。他突然想到,随着天气转暖,敌军掩体内的积雪也将融化,为了避免泥泞,他们必然要清理掩体内的积雪,从这里可以看出其兵力部署。于是司令员命令士兵对敌军阵地进行连续侦察和航空摄像。只用了 3 小时,就从敌军前沿阵地清理出的积雪量中推断出敌人的兵力部署,调整了进攻力量,一举突破敌军防线。

【袋鼠式起跑】 澳大利亚运动员舍里尔有一次发现,袋鼠起跳前总是屈身下蹲,腹部贴近地面,然后一跃而起。他由此联想到了起跑,模仿袋鼠的姿势,发明了蹲起式起跑,在 1896 年的奥运会短跑比赛中取得了好成绩,这种来自袋鼠的起跑方式一直沿用至今。

一次,我家里洗衣机的排水管裂了,不巧的是,电器修理店没有相同直径的配件。出了修理店的门,我看到对面的路边有一个自行车维修点,用一个自行车内胎作为招揽顾客的幌子。我发现自行车的内胎与洗衣机的排水管直径相近,并且有弹性,应该能够紧紧地套住连接处,不受直径的限制,于是我买回一条自行车内胎,替换了坏掉的排水管,使用效果非常好。

观察的习惯能引领我们发现一些细节,激发联想。在为没有想法而苦恼的时候,静下心来观察,看看自己有没有遗漏重要信息,多角度的观察极有可能带来解决问题的灵感。

聆听　“千里眼”和“顺风耳”可能是中国民间传说中法力最弱,地位最低的小神了,因为他们只能为真正有法力的神提供信息,就像眼睛和耳朵为大脑所做的一样。但是这两位神仙的并列,也体现了人们对听觉器官搜集信息的本事十分肯定,将之视为与视觉并列的重要器官。

听觉是人对声波的音调和响度的感受。声音较长时间作用于听觉器官时,听觉感受性会降低,这种生理现象称为听觉适应,声音停止刺激 20 秒后恢复正常。当你走进强噪声环境中,会感到刺耳难受,脱离该环境后,会感到听觉变得迟钝,原来能听见的轻微声音突然听不见了,因为你的听阈上移,导致听力下降了。长时间强刺激会导致听觉疲劳,听觉感受性下降会持续,很长时间才能恢复。声音频率在 14000 赫兹以上,就会对人耳造成生理损害。越来越多的年轻人患上听力衰退症,这种症状从前只发生在老年人身上,专家指出耳机和夜店高分贝的音乐是听力损伤的罪魁祸首。拥有良好的听觉敏感度并不难,只要我们放弃一些对我们健康有害的享受就可以。

(1)倾听自然的天籁。听力的敏感度主要取决于生活环境,一些科学测试的结果表明,非洲 70 岁的老人与俄罗斯 20 岁的年轻人听觉一样好,也许因为非洲的老人仍然生活在大自然中吧。远古时期人类的听觉一定十分灵敏,因为敏锐的听觉不但能够让人们找到猎物,还可以帮他们听到远处敌人的动静,躲过灾难。

如果一个城市人有机会到山野中居住一段时间,一般都会有这样的感受:最初,会觉得周围太安静了,仿佛一片死寂;过了几天,能听到远处人家的犬吠声,微风拂过草丛的沙沙声;一周后,周围的声音越来越丰富,甚至能听到蚂蚱蹦跳的声音。在回到城市的那一刻,嘈杂噪声扑面而来,汽车轮胎轧在地面上的声显得特别刺耳,感觉城市比印象中的吵闹许多。因此,想要保持良好的听力,最好远离震耳欲聋的音响和灯红酒绿的夜生活。听音乐时声音不要开得太大,试着辨别里面的每一个乐器。

(2)有意识地聆听。同眼睛一样,耳朵也只听它们想听到的。当人的听觉注意集中于某一事物时,意识会将一些无关的杂音刺激排除在外,而潜意识仍能监察外界的刺激。一旦出现与自己有关的刺激,就能引起注意,心理学将这种现象称为“鸡尾酒会效应”。因此,集中注意聆听,是锻炼听觉敏感度的最简便方式,也是思维与听觉最直接的互动。

(3)辨别声音传达的信息。许多高明的汽车维修人员,可以通过汽车发动时的声音判断问题出在哪里。福建的渔民能根据鱼群叫声的区别确定鱼的多少和去向,据说黄鱼的叫声有“哗啦”、“咯咯”、“哥罗”三种,前两种叫声表示鱼群既密且厚;如果叫声时高时低,表示鱼群向北游;前两种声音大,后一种声音小,表示鱼在海水底层;如果三种声音都大,说明鱼群集结在海水中上层一丈见方的范围内,要赶快撒网捕捉。

用不同的乐器演奏同一首乐曲,我们可以凭听觉分辨出是哪一种乐器发出的声音,因为不同结构和材质的发音体,发出的声音都具有自己独特的音品,使听觉可以根据音品来判断发音体的结构和质地。音乐学习中的练耳方式能够非常有效地提升听觉能力,这种听音训练包括听写和听觉分析。具体方法是,听一段事先并不知道的乐曲,依靠听觉记录,分析它的功能、和声、曲式、复调、配器等。

(4)感知声音中的文化。当然,在生活中还有一些更简便的方法可以提高我们聆听的技巧。例如,放低音量,试着辨别出音乐中每一种乐器的特质,还有一种比较有趣的方法,就是辨别不同的语言,特别是听起来比较接近的语言,如法语、意大利语和西班牙语,或者去努力听懂各种方言和戏曲,发现蕴涵在其中独特的节奏和韵律,从而更深刻地体会地域文化的魅力。

【声音水印】 南京邮电大学研究生邓宗元等研制出“基于信息隐藏技术的音频水印系统:stego-tool”是一种数字音频水印(Digital Watermark)。把声音等数字信息通过特殊的算法嵌入音频中,而不影响正常的收听效果(具有听觉上的透明性),让人无法察觉和破坏此类信息。当要使用的时候再通过同样的方法在计算机上提取出来。通过这些隐藏在音频内容中的信息,可以判别对象是否受到保护,监视被保护数据的传播,鉴别真伪,解决版权纠纷并为法庭提供认证证据。

数字音频水印的用途非常广泛,除了以上所说的版权保护外,可能的应用还包括数字签名、数字指纹、广播监视、内容认证、拷贝控制和秘密通信等。举例来说,比如电台播放广告次数难以监测,由于数字音频水印有认证追踪功能,广告商为了维护自己的权益,在录音带中嵌入某一特殊的声音,那么,统计所有播放广告中这一声音出现的次数,就可以知道电台是否执行了合同。

【杀人的声音】 1890年，一艘名叫“马尔波罗号”的帆船在由新西兰驶往英国的途中神秘地失踪了，20多年后，一艘商船在火地岛岸边发现了它，船上没有任何发生过灾难或打斗的迹象，所有的船员都死在各自的位置上，船上还有足够的淡水和食物，船员们的死因成为一个谜团。经过多年研究，科学家终于揭开了谜底，原来船员们死于风暴产生的次声。

次声又称低声或亚声，是一种耳听不见的声波。通常人耳能够听到的声音，每秒钟振动频率在20～20000赫兹之间。高于20000赫兹的称为超声，低于20赫兹的称为次声。次声为什么能杀人呢？原来人体内脏固有的振动频率与次声频率相似(0.01～20赫兹)，因此次声会引起人体内脏共振，导致死亡。

更为可怕的是，如果根据次声原理开发的次声武器研制成功，其杀伤力会大大超过中子弹，因为次声可以穿透15厘米厚的混凝土和坦克钢板，并且只杀伤生物而不摧毁建筑，令人难以察觉。

【聚焦发射的声音】 美国技术公司(American Technology)的CEO伍迪·诺里斯的发明可以把声音从100码(约91.5米)外直接传到另一个人的耳朵里而不被其他人听到。这种被他称为超声系统HSS(Hyper－Sonic Sound System)的东西能够把声音信号转化为像光束一样的超音频率，并可以发射到100码以外的地方。

秘密在哪里？人们通常能听到的声音是四面发散的，像光源一样。传统扬声器的工作原理是迅速地振动以形成声波。但是没有任何单一的扬声器可以重复所有频率的声音——从20～20000赫兹，要放大所有的声音需要一系列的扬声器。而HSS技术是把声音转化成人类无法听见的超声波，通过诺斯里发明的仪器的转化后，又成为原声，而且这些超声波会有很强的方向性。

味觉和嗅觉 味觉与嗅觉是一对互相补充的感官，共同对味道作出反应，研究发现鼻子和味觉有着密切的关系，人类以为来自味觉的感觉实际上有90%是来自嗅觉。对味道的感觉在一定程度上与人们的记忆相关联，人们常常会怀念记忆中的某种味道，我们经常能听到有人说：“好想再尝尝小时候妈妈做的腊八粥的味道……”。在谈及往事时，味道会引发人们对一段经历的回忆，重现当时强烈的情感。

嗅觉感受器位于上鼻道及鼻中隔后上部的嗅上皮，由于它们的位置较高，平静呼吸时气流不易到达。因此在嗅一些不太显著的气味时，要用力吸气，使气流上冲，才能感觉到。香水制造业对气味的关注由来已久，有些观点认为，至少存在 7 种基本气味，其他众多的气味则可能由这些基本气味组合。这 7 种基本气味是：樟脑味、麝香味、花卉味、薄荷味、乙醚味、辛辣味和腐腥味。不同性质的气味刺激有其相对专用的感受位点和传输线路，多条线路上引发的冲动组合成为其他气味。

味觉的感受器是味蕾，每个人的口腔内有 10000 多个味蕾，主要分布在舌尖部分和舌侧面。新生儿抓起任何东西都要先放进嘴里品尝一番，对味道的感觉是婴儿直接感受世界的方式，舌头可以让对世界陌生的小家伙感受到温度、质感、味道，获得更详细的信息。

婴孩时期味蕾分布较为广泛，老年时因萎缩而逐渐减少，一般到 60 岁时，只剩下 65%。味觉的敏感度往往受入口物温度的影响。在 20℃ ~30℃之间，味觉的敏感度最高，过冷或过热的食物都会造成味觉麻木。

灵敏的嗅觉、味觉可以辨别出味道的层次，让我们更好地享受美食。而长时间吃味道重和气味很浓的食物，会使我们的嗅觉和味觉变得麻木，因而越发加重味道去刺激麻木的感觉，形成恶性循环。什么情况下，人的嗅觉最灵敏呢？研究发现，当一个人胃里很空的时候，会产生一种激素蛋白，让你食欲大增，在激起食欲的同时，这种蛋白还会提高嗅觉的灵敏性，帮你迅速搜寻食物。所以要保持这两种感官的灵敏度，必须减少对刺激性食物的偏好，学习品味食物天然的味道，另外，接受中国古老的养生观点：饭要七分饱。

【苍蝇和航天】　令人讨厌的苍蝇和宏伟的航天事业似乎风马牛不相及，但仿生学者却把它们紧紧地联系在一起了。苍蝇被称为“逐臭之夫”，凡是腥臭污秽之处，它们无不逐味而至，有时往往一只苍蝇前来叮食美馔时，其他苍蝇也会迅速赶到，因为先赶到的苍蝇会释放出一种特殊的气味，招来同伙。

苍蝇有惊人的嗅觉,能在很远的距离外嗅到微乎其微的气味。经研究发现,苍蝇的嗅觉感受器主要分布在触角上,每个感受器是一个小腔,它们与外界相通,这种感受器非常灵敏,因为每个小腔内都有上百个神经元。当用各种化学物质的蒸气作用于苍蝇的触角,并从头部神经节引导生物电位时,可记录到不同气味物质产生的不同电信号,并能测量出神经脉冲的振幅和频率。

在此基础上,人们制造了一种气体检测仪器,它的“探头”竟是苍蝇。把微电极插到苍蝇嗅觉神经上,将引导出来的神经电信号经电子线路放大,送给分析器。分析器一经发现某种气味物质特有的电信号,便能发出警报。现在,科学家们已研制出十分灵敏的小型气体分析仪,装置在航天飞机坐舱里,用来分析座舱中气体的成份。

触摸 人类通过分布于全身皮肤上的神经细胞感受来自外界的温度、湿度、疼痛、压力、振动。康德认为手指是人类独有的触觉感官,同时“这种感官也是唯一直接有关外部知觉的感官,正因为如此它也是最重要的器官,其教导也是最可靠的。”①

照相机出现时,许多人认为肖像画家要失业了,然而直到今天,在家里悬挂自己的画像仍然被认为是高雅和时尚的做法。我曾经要求学生观看精美的画册,然后带他们到博物馆参观原作,当我问他们感觉是否有差别时,学生们异口同声地说:绝对不一样!只有站在原作前,油画颜料的质感才能更充分地传递画面所蕴涵的美感,那种可以触摸到的立体感本身就足以打动人心。现代技术手段似乎让我们能够“接触”到大量的事物,只不过是虚拟的,触摸屏也不例外。

视觉技术的繁荣让我们的眼睛兴奋不已,为数众多的人群沉醉于观看好莱坞制造的影像奇观,PS 修版合成的漂亮画面,种植电脑屏幕上生机勃勃的农作物。已经很少有人去触摸我们赖以生存的土地,用足底的皮肤感受泥土的温度,是什么改变了我们接触世界最自然的方式?仅仅是科技吗?科技只能为观念服务。

商业的影响涵盖了生活的方方面面。人们对“物”的概念变成了“商

---

① 《实用人类学》(德)伊曼努尔·康德,邓晓芒译.上海世纪出版集团 2005.38.

品”,将拥有的概念解释为“占有”。中国有句成语叫做“爱不释手”,形容对心爱之物的痴迷,从这一描述中不难看出,一个人如果特别喜欢某个物品,会不停把玩抚摸,通过接触来加强自己的美好感受。绝不仅仅是买回家后束之高阁或是偶尔拿出来向人炫耀。触摸是人类表达爱意最原始的方式,也是情感最自然的流露,因此我们在训练自己的触觉之前,需要先让自己的情绪积极起来,同时在心理上忘掉物体物理特征外的商品属性,这样才能触摸到事物本身。

(1)触摸大自然。城市中的人们渐渐习惯于面对冷冰冰的、化学合成的人造物,我们使用的物品几乎仅限于少得可怜的几种材质:钢铁、塑料、玻璃,幸好还有木制家具和天然纤维制作的纺织品。对大自然接触的减少,直接导致了人的感官敏感度下降。试着独自一个人,没有任何目的地去大自然中走走,不为健身,不为赏花,只为与自然交流,也许你会发现自己对自然界居然是那么的陌生。

如果你只是观察一块石头,那你只能了解它的形状,但当你抚摸它的时候,能感受到它的的温度、表面的光滑或粗糙,以及上面湿滑的苔藓。抚摸树木的叶子,会感觉毛茸茸地扎手,你还可以将清澈的溪水当作镜子,触摸一下水中的自己,会有一种奇异的感觉,仿佛自己真的在水中。

(2)不带偏见地触摸。我们可能经常使用某些物品,但未必真正触摸过它们。在我们用手接触一件物品之前,心理对它的判断来自多种因素:内心对它抱有的希望、流行度、价格高低、会在哪些场合使用等,这些心理因素附着于物品之上,使我们的心理预先有了一种感觉,这种感觉在一定程度上替代了真实的触感。如果一顶帽子标价昂贵,购买者在抚摸它的时候就会觉得质感特别,但把它的价格降低后,购买者就手感不够舒适了。

闭上眼睛,仅凭手指触摸你周围的世界,辨别它们的材质、重量、温度、体积,体会它们带给你的感受。有了这些体验的记忆,你就能更深刻地理解事物,同时,你的思维元素信息库也会为这些体验建立新的档案,增加可供调用的思维元素。

姿态和动作　我们感受外部世界的同时,也通过分布在身体的肌肉、肌腱和关节中的动觉感受器了解自身肢体的位置与运动状态,与外界事物相互作用的过程中也离不开动觉的反馈信息参与。身体运动时,肌肉的伸缩和关节角度的变化产生的刺激作用，动觉感受器接受并产生神经冲动，传入神经沿脊髓后索上行，经丘脑最后到达大脑皮层中央后回而产生运动感觉。

动觉与其他感觉协调活动，人类能够作出各种准确的动作，都离不开动觉的调节。运动觉的灵敏度与其思维活动的敏捷水平有某种关联，近年来，对“运动直觉”的研究也越来越被心理学家重视。

球类运动特别强调“手感”，一个优秀的乒乓球运动员如果在比赛中找不到“手感”，就无法发挥正常水平。武术中以“近身快打”著称的咏春拳特别注重感觉和反应，认为用眼睛接受信息作出的反应比经由脊髓神经传导信号的“桥手相接”反应慢。经过锻炼后的咏春高手，能够在“桥手相接”的瞬间凭感觉辨明对方有没有破绽和空隙，对方力度的方向和转变，以及对方的攻击和防守中有没有破绽等，并即时作出反应。

【亚历山大技巧】 1869年出生在澳大利亚的弗雷德里克·马西亚斯·亚历山大，是一位莎士比亚戏剧演员。由于在一次演出中突然失声而无法继续表演生涯。经医生检查，嗓音的生理机能并没有明显的病变。在接受了医生和语言专家治疗后，情况毫无起色，但他不愿放弃，决定自己寻找解决问题的方法。

首先，他使用三面镜子，对自身的呼吸、发声和整个躯干以及心理的协调状况进行连续几个月细致的观察，并从观察中发现了自己的动作模式，每当背台词时，这种模式就会出现：收缩颈部肌肉，头向后仰，然后降低喉部，深呼吸。而与此同时，整个身体的姿态也伴随着挺胸收背，收缩主要关节。他终于发现仰头的动作是罪魁祸首，挤压声带，造成嘶哑。更重要的发现是，这个仰头的动作能压迫腰椎，使人体上身变矮变窄。

通过无数失败和反复，再探讨再失败，亚历山大终于取得成功，不但治好了自己嗓子的毛病，而且他全身的总体健康状况也大大改善了。如今的亚历山大技巧已经成为演员们的一门必修课。亚历山大技巧在西方的出现引发了思考，一直以来，西方对人类身体的认识建立在线性和静止的观念上，特点是部分、精确地看。随着不断的新发现，东方思维的整体、模糊、跳跃，逐渐显露出新的优势。

通感　通感就是各种感觉相互交融，难分彼此。审美就可以理解为审美主体对审美对象的通感体会，例如，我们看到莫奈的《日出·印象》不仅能看到颜色和线条，还可以感受到水光的晃动、薄雾的湿润，仿佛还能听到隐隐约约的音乐声以及阳光的明亮感。感官的交错感知方式是天生的，正因如此，人们才不必有意识地注意这一感知方式。

长期以来，我们对通感的研究都是在文学艺术领域内展开的，不少学者把通感看作是一种特殊的隐喻模式，不同感官的相互映射或者心理联想。而脑神经学家们一直把生理上的跨感官感知与文学艺术上的隐喻修辞加以区别。一些科学家对痛觉的研究表明，疼痛检测机制对辛辣的食物和高温所引起的感觉有相同的反应，这可以帮助我们理解为什么人们用同样的词语描述和表达不同感官的体验觉。正如钱钟书在《通感》一文中提到的培根对通感的阐述："音乐的声调摇曳和光芒在水面浮动完全相同，那不仅是比喻，而是大自然在不同事物上所印下的相同的脚迹"。

我们可以通过有意识地使用通感方式来增加认知过程的趣味性。

(1)感觉转换。试着集中一种感觉，如嗅觉，然后转换到另一种感觉并将之表达出来。你可以将鼻子嗅到的花香用一首乐曲来表达，然后在纸上描画出这支乐曲的情绪，当然也可以再用文字来叙述你的画面。对自己平时惯用的感知方式进行转换，主动发自掘自己的通感机能。

(2)为抽象事物赋予感觉特质。幸福是什么颜色？什么形状？如果它是一种水果，会是哪一种呢？如果能触摸到幸福，那将是一种什么质感呢？如果它是一种动物，又会是飞鸟还是鱼类呢？尝试用你的脚打出幸福的节拍，哼出它的曲调。

第二节　保持积极心态

据说日本战国时期的丰臣秀吉在招贤纳士时，总是先问对方："你认为迄今为止你的运气好还是不好？"如果对方回答"好"，他才会录用。一个能够肯定自己的人是自信的，自信的人才能更积极地面对问题，积极的心态也是创意思维的心理保证。

让思考成为习惯 获得诺贝尔化学奖的莱纳斯·保利娜说过:“要想得到一个好主意,最好的办法是你有很多的主意。”要获得大量的想法,需要长期的、不间断的积累。我们遇到问题时,会全力以赴地开动脑筋,而平日思考的习惯,就是为全力开动所做的预热准备。

日本知名商业管理顾问船川淳志,形象地将人们拒绝思考的行为称为“思考关机”,生活中有许多人因为害怕麻烦,或习惯于依赖他人思考,在遇到问题时都会采用“思考关机”的方式,主动放弃思考,等待享受别人的思考成果。思考的动力来自对生活的热爱,包括对自己的爱,一个对自己生命质量要求较高的人,很难停止思考。

有些人出于懒惰,觉得没必要时刻保持思考状态,遇到问题再思考也不迟。但是当问题来临时才发现,完全找不到思考的头绪。思维能力就像身体肌肉,也需要经常锻炼。大多数人都有过亲身体会:如果平时完全不运动,突然奔跑会觉得肌肉无力,浑身酸痛。每天适度运动,肌肉才能适应突然的奔跑。

著名的成功学家拿破仑·希尔讲过这样一段经历:他去见一个专门以出售主意为职业的教授,结果却被教授的秘书拦住了,他觉得很奇怪:“像我这样知名的人来见教授,也要等吗?”秘书回答:“这个时间教授谁也不见,即使美国总统现在来,也要等 2 个小时。”希尔犹豫了一下,决定等下去。2 个小时后,教授出来了,希尔问他:“你为什么要让我等 2 个小时?”教授告诉希尔:他有一个特制的房间,里面漆黑一片,空空荡荡,唯有一张躺椅,他每天都会准时躺在椅子上默想 2 个小时。这 2 个小时是他创造力最旺盛的 2 个小时,很多优秀的主意都来自此时,所以这时他谁也不见。

想要提升自己的思维能力,就要马上开始,坚持思考的习惯。

(1)每天至少为自己找一个思考的主题,让自己的大脑保持活跃。思考主题可以涉及各个方面:工作中的实际困难;对自己未来的计划;在书中看到的某种理论,都可以成为思考的内容。对于一时难以想清楚的问题,要坚持不懈地思考,直到得出自己满意的答案。

(2)随机选取思考题目,提高对思考的兴趣。在上班途中仔细观察周围,发现有趣的信息就记录下来,让自己的思绪围绕信息自由发散,或许会从头脑中冒出些有意思的想法。记下这些想法,说不定有一天会派上大用场。有一次,我在公交车上看到有些老人用随身携带的“S 钩”来挂重物,就想到学校教室中课桌的抽屉很狭小,可以将课桌或座椅的侧面装上一根金属条,学生用“S 钩”将书包挂在桌椅侧面,取用方便。

(3)付诸行动。有了好的想法,尽量快速付诸行动,让思考的成果鼓励自己继续思考。搬运工诺贝尔发现炸药硝化甘油流到沙子上后,就想“硝化甘油是炸药,那么被它浸湿的沙子会不会爆炸呢?”于是他把沙子拿到一个安全的地方用力敲砸,结果并未发生爆炸,再用火靠近沙子,沙子爆炸了。如果没有将想法变成行动,诺贝尔可能一辈子都不会发明安全炸药。

【最重要的日子】 一个青年去寻访住在深山里的智者,向他请教一些人生问题。“请问大师,在人的一生中哪一天最重要? 是生日还是死日? 是初恋开始的那一天,还是事业成功的那一天?”青年问。“都不是,生命中最重要的是今天。”智者不假思索地答道。“为什么?”青年甚为好奇,“今天发生了什么惊天动地的大事吗?”“今天什么事也没有发生。”“那今天重要是不是因为我来请教您?”“即使今天你没有来这里,今天仍然很重要,因为今天是我们拥有的唯一财富。昨天不论多么值得回忆和怀念,它都像沉船一样沉入海底了;明天不论多么辉煌,它都还没有到来;而今天不论多么平常、多么暗淡,它都在我们手里,由我们支配。”

青年还想问,智者收住了话头说:“在谈论今天的重要性时,我们已经浪费了我们的‘今天’,我们拥有的‘今天’已经减少了许多。”

对我们每个人来说,今天都是我们唯一的资本,也是我们唯一的机会。那么,现在我们最应该做的就是:忘记昨天,忘记明天,牢牢地把握住今天。

追根究底 很多时候,人们把好奇心与求知欲混为一谈。需要强调的是,好奇心只是思考的“引子”,有些人会出于一时的好奇而去寻找答案,得到答案后,好奇心又开始转向另一个方向了。只有当好奇心上升为求知欲的时候,一个人才能进行真正的思考。求知欲具有一种“追根究底”的性质,不满足于一个浅显的答案,而是要竭力探索未知之境,发掘事物最深层的奥秘。

我在大学时养成了这样的习惯:对不甚明了的事,一定要彻底弄清楚才罢休,对自己犹豫不定的想法,也一定要作出判断和选择,才结束连续的思考。总是不间断地思考一个问题,即使在睡眠中,潜意识也会继续思考,因为节省了间隔思考需要回忆的时间,这种方式大大提高了思考的效率。这种方式让我在后来的工作中受益匪浅,至今我还保留着这种思考习惯。

追根究底的思考可能让人感到疲倦,于是有人将希望寄托于灵感的降临。也许是因为人们过多地渲染了灵感的神奇,我们看到的“科学家的发明故事”,几乎都描述了顿悟是如何在瞬间启发了科学家。但是,灵感只会光顾勤奋的人,就像我们常说的“机会只留给有准备的人”。门捷列夫的日思夜想换来了梦的启迪,与其说是灵感的闪现,不如说是潜意识的思考在睡梦中结出了硕果。

【探幽画鹤】 日本古代著名画师狩野探幽,有一次受一个寺院所托在拉门上作画。由于心情欠佳,探幽好几天都没有动笔。一天晚上,小和尚慌慌张张地跑到寺院住持那里报告:“探幽先生疯了!”住持赶到探幽房外向里面窥视,只见探幽在房中把身体靠近拉门,忽而扭曲身体,忽而单脚站立,一会儿又躺下,做出各种动作。住持认定探幽因作不出画而精神错乱了,心里一边遗憾,一边回到自己的房间。

没料到,第二天探幽在拉门上画出一幅《卧鹤图》,其笔势之潇洒绝妙,绝非一般画师所能比。原来探幽每晚摆出各种姿势体会鹤的动态,然后加以提炼入画。就这样,最后探幽在门上画了 25 只栩栩如生的鹤。

消除心理障碍 释迦牟尼被尊称为“佛陀”,就是“智慧无碍的人”。只有消除了心理障碍,才能让思路畅通无阻,在创意思维的世界里,不应存在“圣牛”(不可怀疑的事物)。我们的心理定势主要表现为几种心理:盲目崇拜权威;固执己见;习惯成自然,所有这些心理都具备一个共同的特点——拒绝接受新想法。

懒于思考的人最欢迎权威,因为他们要做的就是听从,服从权威的做法十分安全,如果对了,那么他们就是正确思想的捍卫者,如果错了,那么责任在于权威,与自己无关。而一个积极的思考者,既要勇于挑战社会普遍成见,更要破除自己的思维定势。

(1)敢于怀疑。欧洲中世纪持续了1000多年,其间没有出现任何伟大的发明和创见。很难想象这么漫长的历史进程中没有天才出现过,只有一种解释可能是合理的,那就是——强大的宗教力量使人们失去了怀疑的能力,也就失去了创造的动力。洛克威尔说:“真知灼见,首先来自多思善疑。”“庄周梦蝶”是庄子最经典的哲思,对生命真实性的疑惑直接成就了一次深刻的哲学思考。

罗素在其《怀疑主义的价值》一文中阐明了一种温和的怀疑主义:“我主张的怀疑主义总起来有下列三点:①当专家们意见一致时,与其相反的意见依旧具有不确定性;②当专家们意见不一致时,非专家的人不能认为哪一种意见具有确定性;③当所有专家都认为一种肯定的意见缺乏充分的理由时,一般人很可能暂时不做出他的判断。”[①]

创意思维需要的怀疑主义不是批判主义,而是作为思考的动力,真正的思考绝不仅仅停留在怀疑上,认真求证才是开始。

(2)改变自己。以开放的心态看待世界,可以避免让自己的思想变得狭隘,改变自己是一个人不断进步最重要的标志。日本的茶室门楣极低,常人都要弯腰才能进入,这样设计的用意十分含蓄,进入茶室,要保持自谦的态度,放下架子,静心悟道。改变自己需要极大的勇气,大多数人不愿意承认自己的想法改变了,因为那意味着承认自己之前错了,但是一些伟大的学者在晚年发表文章,声明自己的观点与年轻时相比有所改变,他们是真正的思想者。

许多“不可逾越的规则”和“必须如此”的规定,都是我们自己设定的心理障碍。例如:为了防止孩子沉迷于上网,我们就应该想方设法阻止,甚至在家中不安装网线。但我认识一位特立独行的家长,她反其道而行之,每天下班就坐在电脑前上网玩游戏,一副沉迷其中的表情。她的孩子远远地看着电脑屏幕,觉得游戏并没有什么特别吸引力,当她故意招呼孩子与她一起玩儿的时候,孩子极其反感地拒绝了,转身去做自己的功课。

改变可能会带来冒险,但也可能让你进入一个新的境界。

---

① 《罗素文集·第二卷》靳建国等译.内蒙古人民出版社,1997.2.

【输给规则的冠军】 如果你必须与人打架,你会选择一位普通人,还是一位空手道冠军?相信大多数人会选择普通人。因为大家很清楚,空手道冠军是专家,他们的门路与招数都有名堂方能成为冠军,而且与选手对战的经验更是丰富。

美国有一则新闻报道:在高速公路上有两辆车发生轻微的擦撞,两位驾驶员一言不和,就在道路边打起来,这两位驾驶员,一位是普通人,另一位则是知名的空手道冠军。交手不到数分钟就有了结果——空手道冠军输了。这样的结果隔天登上了美国头版新闻。

报社的记者在标题上注记了空手道冠军输的原因:"空手道冠军有一个习惯,就是不打头部,腰部以下也不可以打。"可是普通人没有规则意识,因此,没有受到制度与规定的束缚,直直的一拳就击在空手道冠军的鼻梁上,让冠军就此倒地不起……

【不对称的武器】 RPG 火箭筒是 50 多年前发明的一种步兵反坦克武器,其特点是重量轻、射程近、价格低、精度差、结构简单、容易操作和便于携带等,在当今信息化加精确制导的现代化战争环境下,被认为是一种价格低廉的劣质武器。然而在 2011 年 8 月 7 日,阿富汗塔利班游击队正是利用这种武器击落了美国海豹突击队乘坐的 CH－47"支奴干"直升机,被媒体誉为"塔利班武装的创举",同时也造成了 9·11 恐怖袭击之后,美军在阿富汗战争 10 年反恐战争当中最惨痛的单次伤亡。

保持童心 大多数成年人都羡慕孩子的生活,因为他们是那么的无忧无虑,开心快活。初为父母的人总会惊讶于孩子快乐的易得,一粒糖果、几块积木、一个拥抱,都会让他们欢笑不已。幼儿把整个世界,每个新认识的人或新接触的东西都当成一次学习的机会。当一个陌生人走进房间时,他总是想知道这个人是谁,愿不愿意跟他一起玩;看到一个新东西,总是把这个东西反反复复地揣摩,想弄清楚这个东西可以用来做什么。我们常常会被孩子有趣的想法逗笑,在成年人看来,孩子对世界的解读特别简单,并且似乎也有一定的道理,有时甚至能启迪我们的思考,改变我们看待事物的角度。

(1)感受简单的快乐。一位父亲在自己的博客中写道:"当我和我三岁的儿子游泳时,他张开手臂、紧闭双眼,就好像在享受缕缕清风吹过自己鬓角的感觉。他笑了,那是一种纯粹满足的笑,一种只能在孩子脸上看到的笑。我决定跟他一起下水游,像他那样的去享受生活,用和他一样的姿态去感受。我听到了阵阵风声,还有拍击水面带来的美好旋律。这一刻,我感受到了完全的自由,还有就是能够分享的快乐!"

当一位母亲为院子里堆满落叶而烦恼时,她的孩子却在厚厚的落叶上漫步,仔细地听着落叶破碎的声音,带着幸福的微笑。落叶对于这位母亲来说是需要清扫的垃圾,但对于孩子来讲,却是大自然给予的奇妙礼物,那窸窸窣窣的声音就是秋天的音符。

(2)看到已有的收获。一个网店店主带着女儿去邮局发货,只有区区 7 份订单,离心里所希望的份数差很远。女儿高兴地给订单点了数,然后把它们投到邮箱里。"妈妈! 现在又有 7 个人喜欢你卖的东西了!"

成年人常常为没有达到某些目标而遗憾,却忘了已经实现的另一些目标。自我实现并不意味着一定要达到最初的理想,只要朝着目标努力,在努力的过程中就已经享受到了其中的乐趣,为已有的收获而庆祝,就能让自己更快乐。

(3)不介意别人的眼光。5 岁的丹丹喜欢跳绳。不管是在什么时候什么地方,度假、聚会,还是去商店购物,她都要旁若无人地跳两下,从不介意别人投来的惊讶的目光。当别人问她为什么这样做的时候,她说"这会让我感到快乐! 要不跳跳绳我会疯掉的。"

介意别人的看法令我们束手束脚。为什么随着年纪的增长,我们的安全感却越来越差呢? 事实上,介意别人怎么看自己,是因为我们太爱自己,觉得自己重要,才会认为所有人都在关注自己。希望自己在他人心中完美,实质上是自我观念过强的一种表象。

(4)允许自己犯错。所有的学习都基于不断地尝试新事物,犯错,修正行为,继续尝试,重复这一过程直至获得理想的结果。在儿童时代,这种不断改正错误的学习方式再正常不过,但是当我们长大成人,对自己的要求就变得苛刻起来。我们会对自己的错误懊恼不已,对自己难以原谅,觉得在人前抬不起头来,没有面子。

在许多新事物面前,我们都无法一次做对,害怕会犯错,因此不敢尝试,当然也就无法进步。人不会因为犯错而降低智商,停滞不前才会使我们无知。

第三节　多样化思考

对于思维,现代教育强调的都是逻辑,学校教学和考试的题目所给出的信息都是充分和明确的,学生只需使用逻辑推理得出答案即可。即使某项重大突破来自偶然的机遇,人们也要赋予偶然一个必然的逻辑解释,否则就觉得不那么理直气壮。逻辑推理是一种非常有效的思维方式,但是逻辑的起点只有一个,并且必须假设是正确的。有时更好的感知可以减少我们对逻辑的需要,我们所说的“必然”往往是建立在缺乏想象力和缺乏信息的基础上,逻辑只有在规则世界才能发挥最大效力,如一张纸只有两面。但如果是一张极厚的纸呢?那么它的厚度形成的是不是四个面呢?多样化思考,则是推翻“显而易见”的逻辑最有效的办法。

多样化包括很多方面,感知方式的多样、思维方式的多样、知识领域的多样、文化观念的多样等,都是创意思维的源泉。而这种种多样化,往往是融合在一起,同时作用的。

他山之石　当我们遇到具体问题时,往往将问题进行就近归类,也就是将之归为最显而易见的类别,然后沿着解决此类问题的常规思路寻找答案。归类不失为一种能够快速解决问题的好办法,但如果只有一种归类,就会将思考局限在一个相对狭窄的范围内。古语说:“他山之石,可以攻玉。”借用多个领域的知识,引入一些原本并未被划入思考范围的因素,有时能起到“他山之石”的作用。

同一领域内不同学科之间互相借鉴支持,共同推动科学进展的例子非常之多。开普勒在发现行星运行规律的过程中,曾经在假设轨道是圆形和椭圆形之间犹豫不定,最后,几何学的背景知识使他坚定了对椭圆形轨道假设的信心。根据几何学原理,从椭圆上任何一点到其两焦点的距离是不变的,这使他摈弃了行星等速运动的成见,用“面速度”替换了“线速度”概念。著名的化学家门捷列夫,因制定了元素周期表而对化学研究的发展起到无法替代的作用,他不仅仅懂化学,还对物理、气象等科学领域有所涉及,这些知识帮助他制定出元素周期表。

各种文学艺术形式之间的联姻更是不胜枚举。“奥地利音乐大师古斯塔夫·马勒最重要的作品《大地之歌》竟然使用了翻译成德文的七首中国唐诗作为素材，将李白、王维、孟浩然和钱起浓郁的诗情画意转化为最优美、最深沉的音乐形象。在不同的艺术形式之间，不同的文化情怀之间建立起心心相印的通感状态。”[①]“十月革命”后，俄国构成主义艺术吸收了立体派拼贴技法，进一步发展了对物体结构的分解，直接影响了同时代的其他艺术，爱森斯坦的“蒙太奇理论”就是在构成主义的启发下形成的，可以理解为对电影镜头等各种电影元素使用拼贴手法。

跨度较大的领域间也存在合作的可能性。1949 年，信息学者 C. 香农和 W. 韦弗用电子通信过程的模式，阐释了人类信息传播的过程。电子信息在传递过程中，因受到噪声的干扰，可能会产生某些衰减或失真，两位科学家将噪声的概念导入了人类信息传播过程的模式中，认为人类的传播不是在封闭的真空中进行的，因此，传播过程内外的各种障碍因素会形成对传播内容的干扰。

【弹簧代替电动机】 柯尼卡相机最早开发镜头的自动调焦功能时，很为其驱动问题伤脑筋。因为提到“自动”，人们很自然地想到电动机驱动，开发部门就请电气专家负责解决，但是电动机体积大，不太可能装入小型相机。一次，一位机械专业的专家参加了电气专家的讨论会，他的一句话让大家眼前一亮：“只是为了调整镜头，根本用不着电动机，用弹簧不就够了吗？”

于是，大家摆脱了“驱动自动装置一定要用电动机”的思维定势，开始思考如何用小小的弹簧片移动镜头，最终制造出小型自动聚焦相机。

【为征兵而开发的游戏】 《美国陆军》是美国一款下载量最大的网络游戏，但它的开发商却不是人们熟知的游戏软件开发公司，而是美国政府。10 多年前，美国西点军校教授向五角大楼提出建议，开发一款网络游戏来进行征兵。这款游戏以训练基础作战能力为主，以伊拉克和阿富汗战争为背景，其间会介绍美国陆军的方方面面。游戏玩家可以登录美国陆军征兵网站获取账号，后者会根据其在游戏中的表现进行评估，以推断玩家是否符合征兵

---

① 《导演艺术观念》游飞. 北京大学出版社 2011. 12.

条件。该游戏在推出5年后，就吸引了900万人加入，据统计，西点军校1/5的新生入学前都玩过该游戏。

【我们之外的世界】 俄罗斯的乌德族，有一种独特而又古朴的烹调方法：由一个妇女用嘴嚼鱼，另一个妇女用嘴嚼鲜果，嚼烂后，两人均把嚼碎的食物吐到同一个碗内，然后添入适量海豹油混合均匀即成。这道菜是当地最昂贵的名肴，只有招待贵客时才会制作，以示他们对客人的尊敬。在马达加斯加岛上，每隔一段时间，人们就会举办“翻尸节”(famadihana)，将亲人的遗体挖出共舞。舞蹈结束后，人们用手指隔着裹尸布描摹死去亲人的轮廓，告诉孩子们这个人有多么重要，这样的仪式在马达加斯加中部高原上很常见。

也许你觉得有些人的生活方式难以想象，简直是不可思议！事实上，很多人生活在我们的世界之外，每个人都按照自己的信仰理解生活，表达自己。世界上大多数所谓的奇闻轶事，都是当地人非常自然的生活方式，只是我们不熟悉罢了，奇闻轶事这个词本身不仅体现了我们生活的局限性，对陌生事物的惊奇和不解，也显示了我们思维的局限性。

我们在观察事物的时候，习惯用头脑中已经存在的思维系统对事物进行解读。如果我们用唯物主义的观点看待世界，就会认为唯心主义或宗教很可笑，怎么可能有上帝呢？因为在我们的观念体系中他们是不存在的。如果我们用对立的观念来看世界，就将一天分为黑夜和白天。如果有机会体验那些与自己有异的生活方式，或许我们也会使用他们的方式思考，如果每个人都能尝试用别人的方式看待问题，或许这个世界上的冲突会大大减少。每当有人问我有什么梦想的时候，我总是毫不犹豫地回答：环游世界。

每一种陌生的文化，都是我们之外的另一个世界。与一个不同的世界沟通，在不同的文化中浸润，与不同的人交往，看一看其他地方的人是怎样生活的，是一件极为有趣的事。世界的联结使我们的价值选择趋向多元，当我们看到意大利人懒洋洋的幸福生活，也许就不再把美国式的奋斗视为唯一的人生模式了。站在世界各地，可以帮我们从更多角度审视这个世界，通过理解不同的文化，我们的思维将更富于弹性，有时候，改变自己以适应不同环境，就是生命的一种智慧。

【为什么不能?】 两女一男三个中国大学毕业生，第一次去非洲出差，因为转机，需要在法兰克福过上一夜。旅馆前台查了一下，只有一个三人间。

“不、不、不!”三个人一起摇头,年龄相仿的几个单身男女,怎么好住一个房间?他们觉得德国人思维不正常:“我们需要一个双人间和一个单人间。”

“对不起,只有一个三人间。”看他们为难,前台认真地追问道:“我可以知道你们是什么关系吗?你们中间有夫妻吗?”“没有。”“那么有同性恋吗?”三个人愣了两秒钟,又一起使劲摇头:“没有,没有。”“那么你们为什么不能住一个三人间呢?”几个人互相对视了半天,为什么不能住一间呢?从来没有人想过这个问题,好像就是不能住一间,可是到底为什么呢?最后难抵困意的几个人还是住了那个三人间。

在欧洲的不少青年旅馆,各人租床,整个宿舍不分男女一起过夜,对当地人来讲,就像我们一起在火车卧铺车厢里过夜一样并不稀奇。如果不是在欧洲,可能这几个年轻人一辈子也不会想到自己会做这种“越轨”的事。

【湘味西餐】 你听说过“臭豆腐扒南非墨鱼”这道菜吗?用橄榄油和剁椒浇汁的“法国白酒煮鳕鱼”呢?这些都是“咖啡之翼”西餐厅的招牌菜。咖啡之翼的女老板将长沙特产臭豆腐、剁椒配上西餐,用老干妈辣酱配料制作日本菜“豆豉辣椒鱿鱼筒”,充满新意,湘味西餐也使得商家做出了自己品牌的味道。

【大鲵的智慧】 有一种“鱼”,能够捉到天上飞的鸟,它生在巴西的丛林中,属于大鲵的一个变种。大鲵是一种两栖动物,俗称“娃娃鱼”,喜食蚯蚓、鱼虾、青蛙和各种水生昆虫,它是怎样捉到天上的飞鸟的呢?2009 年 7 月,巴西动物考察学家威尔罕亲眼目睹了大鲵捕食飞鸟的一幕。

那是一个骄阳如火的中午,威尔罕在树下乘凉。突然,他看见一只大鲵在小溪中喝水。喝饱了水后,大鲵不回洞中,却爬到一棵树的枝丫上。大鲵抓牢树枝,迎着烈日,张开大嘴……不可思议的一幕出现了:只见大鲵将肚子里的水缓缓喷射出来,竟形成了一股喷泉。接着,大鲵就保持着这种姿势一动不动,似在等待着什么。

这时,一只鸟儿飞来了,是一只口渴难耐的“椰子鸟”。由于密林深不可测,在密林中找到水源很困难,而“长”在树上的“清泉”却很显眼。当“椰子鸟”如痴如醉地饮着“清泉”时,大鲵大嘴一合,那只鸟儿就进入了它的肚腹。原来,由于干旱,密林中的水资源渐渐枯竭,大鲵的食物也日渐匮乏。出于求生的本能,它将目光转向了天空的飞鸟。

第四节　独立思考

爱因斯坦曾经说过:“学会独立思考和独立判断比获得知识更重要。不下决心培养思考习惯的人,便失去了生活的最大乐趣。发展独立思考和独立判断的一般能力,应当始终放在首位,而不应当把获得专业知识放在首位。”若无独立思考,人如何证明自己的存在,人如何成为一个真正意义上的人而不同于鹦鹉或木偶?人与人之间是那么相似,没有独立的思想,将只有人群而没有人。

在这个信息爆炸的年代,要做到独立思考并非易事,独立思考的本质,是判断和选择。然而人类在作出判断和选择时,大多依靠比较,而较少根据事物的内在价值。“但具有一种绝对的个性则意味着意志的这样一种特点,主体根据它把自己束缚在一定的实践原则之上,而这些原则是他通过自己的理性独立地为自己所规定的。尽管这些基本原则有时也可能是错误的和有缺点的,但一般而论,根据坚定的原则行事(而不像蝇营狗苟之徒一下子跳到这里,一下子跳到那里),这种意志的公式本身就具有一种值得珍视和值得赞叹之处;因为它往往也是罕见的。”①

如果你身边有一个非常善于创意思维的人,那么可能会造成两种结果:要么你的思维也变得更富于创造力;要么你完全依赖他拿主意。为什么不会是他也变得跟你一样呢?因为经过思考得到的结论很难被动摇,因此,擅长独立思考的人更难被他人所影响,他们喜欢享受思考的乐趣。

承担责任　独立意味着自己承担责任。实验发现,汽车安装了防抱死系统的驾驶员,出车祸的概率更高,因为他们有一种依赖心理,认为自己的安全受到了某种保护,因此驾驶汽车时就不那么小心谨慎了。当人们对一个棘手的问题难以决断的时候,敢于说出自己见解的那个人,一定是冒着极大的风险,因为他要对自己的言论负责。如果他的见解最终被证明有助于解决问题,那么他当然能够得到称赞,如果事实相反,那么他就要承担指责。

---

① 《实用人类学》(德)伊曼努尔·康德,邓晓芒译,上海世纪出版集团,2005.218.

许多人正是由于害怕承担指责而逃避独立思考的，躲在人群中能够获得最大的安全感。

在农业经济时代，集体作业是最高效的生产方式，因此在东方文化中，个体的最大功用就是融于群体之中，所谓“一荣俱荣，一损俱损”，个人作为成员，不需要独立地去想或做什么，只要按照所处群体的利益推动运转就可以了。几千年延续不变的生产方式，使人们更加注重人与人之间的关系，逐级负责的意识渗透到社会文化的各个方面。

我们经常能在媒体上看到一些对某些青少年犯罪现象反思的文章，最常见的标题就是：“是谁造成他的无知？”“是谁把他推向疯狂？”等带有谴责性的字句，无论是否能指出具体原因，通常情况下，文章的结论都是——父母的不负责任、社会制度的不健全、学校的教育方式有问题……当然，这种反思角度可以促进社会各方面的改革，但对于培养人们独立思考的意识却并无太多益处。最需要对事件负责的，是当事者本人。

独立的意志是在实践中建立起来的，是对自己经历的一种感悟和总结，也是对自己的一种担当。与学生谈及学习的目的时，我最怕听到的回答就是“为了让父母高兴”，每次听到这种充满牺牲精神的回答，我都觉得特别可悲。如果一个人将寻求真理的学习都当作博得他人满意的方式，怎么能期望他有自己独立的思考呢？

【你就学去吧】 加拿大一所小学的课堂上，史蒂文斯先生发给每位学生一本数学书。发完书后，他回到教室前面，看着他们。学生们也睁大了眼看着他。“你们还在等什么？学去吧！”史蒂文斯先生说。教室后排一个胆大的学生问出了一个学生们共同的问题：“史蒂文斯先生，您不是要教我们吗？”史蒂文斯先生回答：“你们都是聪明的孩子，打开书，看看里面的内容。如果你们遇到任何困难或难解决的问题，那就举手，我会帮你们解答。”

史蒂文斯先生非常信守诺言，他帮助每一个同学解决在学习上遇到的问题。每当有同学遇到了一个问题，他就让班里所有的同学都停下来，给大家讲清这个问题。他的这个教学方法让学生们感到不适应，可确实非常有效，不少学生用一年时间就学完了两年半的数学课内容。

【禅师的忠告】 曾有人请教河北赵县柏林禅寺的明海禅师，说自己难以专注于一件事，甚至看电视都会不停换台。明海禅师告诉他，应该修炼“关电视法门”。禅师说，其实我自己也在修炼，有时独处，需要手拿一本书来读才能静心，那么我就要修炼到放下这本书，不需要这本书。

所谓“法门”，不妨这样理解，修炼的是一个独立于数据洪流信息巨浪之外的、自足的心灵。太多的时候，我们都是和外界的资讯在一起，很容易裹挟在洪水中，遮蔽本质，迷失自我。如此，“和自己在一起”，便成了一种修炼。

拒绝预设陷阱 1892年，德国逻辑学家弗雷格在其《意义与参照》一文中提出预设的概念。简要地说，预设就是预先设定一个确定无疑的前提，即进行逻辑推理的起点，是线性思维的重要保证，也是我们思维中最难规避的思维陷阱。每个人思考时都在自己的价值观框架内，价值观就是我们看待世界的预设观念，这是很自然的，也是形成个人观点的必备基础，恰当的预设是我们思考和交流的重要保障。但是有些预设会限定人的思维方向，无论作为信息的接受者还是发布者，我们都应该尽量避免落入预设的陷阱。

在商品营销中，经常能够看到预设观念的引导作用，我曾经在一个旅游区见到一种经典的营销方式。一条以销售茶叶为特色的商业街，从街头至街尾有十几家商铺，顾客总是喜欢在其中三家最大的店铺之间进行比较，不厌其烦地进行性价比，最后选择一家购买。在这个选择的过程中，顾客脑海中预设的观点有这么几条：①比较大的店铺实力也比较强，茶叶品质更有保障。②三家大的店铺肯定不是一个老板的。③三家大的店铺肯定是互相竞争的关系，需要比较各自的优势。④每一家的茶叶都有差别。而真实情况是：这条街上的三家大店铺都是属于一个经营者的，他正是利用了顾客的心理预设，采取了化整为零的经营方式，满足了顾客比较、挑选的心理需要，同时保证了三家店的客源。

预设通常都隐藏在精巧的表达中，给人十分肯定的感觉，但有些经不起推敲。语用学对于预设作出了概括：主观性、合适性、共知性、隐蔽性、可撤销性。我们可以根据这些特性，来判断哪些语言和观点属于预设。生活中常见的预设有以下几种类型：

(1)空间预设，将空间按照特定功能划分，带给人强烈的秩序感，这种秩序感带来安全感，因此多数人乐于接受。有些人将学校预设为学习的场所，虽然获得知识的渠道非常多,他们仍然坚持到学校去进修,坐在教室里,才有学习的感觉。这一预设限定了我们学习的自由,本该随处可做的事情,却被自己规定在一个特定的空间内。

(2)存在预设,假定所表述的结论是一种不容置疑的客观存在。用肯定的句式说出来的话,通常都有这种预设,如"一生该去的50个地方"。这种句式对于依赖心理较强的人具有强大的吸引力,因为在这种预设下不需要判断,只要照做就好了。

(3)观念预设,规定一个共同的价值观,同时含蓄地屏蔽掉其他不同观念。如中国家长常对孩子说的——"做个听话的好孩子",将"听话"与"好孩子"对等起来,隐含的观念就是"不听话就不是好孩子"。家长的话都对吗?这种预设的观念根本不允许这样的质疑存在,更别提讨论了。

台湾知名作家董桥在一次电视访谈节目中,谈及自己与腌咸菜小贩讨论《红楼梦》的经历,当他初次听到小贩说喜欢读红楼梦时,觉得有些不理解,觉得贩夫走卒怎么也会喜欢高雅的文学作品呢?后来转念一想,自己这种观念预设是不对的,于是放下架子与小贩们一起探讨。其实,包括对《红楼梦》的解读,也因为评论界对其预设为"高雅的"而成为高不可攀的文学代表,但其基本性质仍然是通俗小说,本就是老百姓喜欢读的。

(4)角色预设,将某个人或某个人群定位于一种特定的身份,而消解其身份的个体性、多重性和可变性。如"高学历的人应该更有修养",事实上"高学历"与"修养"并没有一定的逻辑关系,许多家庭暴力的施暴者都受过高等教育。一个人的修养与其人生观、价值观和心理素质关联更紧密,而以获得高收入和物质享受为动机争取高学历的人,是很难有良好修养的。

无论哪一种预设陷阱,其作用都是省略思考过程,对事物进行简化判断,让人们与独立思考背道而驰。要规避思维的预设陷井,我们可以利用一些更开放的句式,来有意纠正绝对化的表述方法,如:……是一回事儿,而……是另外一回事儿;……可是,这并不意味着……;……可能还有另外一种解释;……其实很可能与……根本就没有任何关系。

【答非所问】 一位来自美国西部的旅行者,驱车在华盛顿行驶,车水马龙的交通搞得他迷路了。他把车停在路边,向一位政治家模样的过路人打听:“先生,请问国务院在哪一边?”“完全有希望”,这位先生答道:“在我们这一边。”政治家满脑子考虑的都是“政治立场”。

【特别面试】 小刘接到一家投资公司的面试通知,到公司后,秘书却告诉他:“老板原计划亲自给你当考官的,但临时有事,让你打电话联系他。”小刘马上掏出手机,话筒里清晰地传出柔和的女声:“对不起,您拨打的电话已欠费停机。”小刘以为按错了号码,又小心地重拨一遍,听到的还是那句话。一整天,他不停地拨打这个号码,每次都以失望告终。

小刘愤怒了,第二天一早就赶到公司,大声质问秘书:“老板呢? 我要见他。”“请你稍等一会儿,等参加面试的人都到齐了,他马上接待你们。”秘书从容不迫地答道。不一会儿,又来了两个同样面带愠色的应聘者,大家遭遇都一样。

老板来了:“非常遗憾,你们没有一人通过这次面试。”三个人同时叫起来:“可是,你给我们的手机号码根本无法打通呀。”老板露出微笑:“谁说没有办法? 其实很简单,只要你们花上10元,给这部手机充值,不就可以打通了吗?”老板接着补充道:“作为一家投资公司的员工,没有敏锐的投资意识和准确的投资眼光,何来可观的收益?”

辨别和选择 我们很容易被淹没在浩如烟海的信息中,面对各种“知识”,如果一味地“像海绵一样吸收”,我们可能会被质量并不好的水源充满,看起来很饱满,实则毫无价值。面对庞杂的信息,我们需要对其作出评价,然后有选择地吸收。

日本大地震后,中国出现了抢购食盐的现象,伪养生理论推高了绿豆的价格,凡此种种的盲从背后,既有从众心理在作怪,也有一知半解造成的误读。对于信息内容真伪的判断,完全可以通过查阅资料或实验的方式来判断。一些电视节目,如《流言终结者》和《生活实验室》都是用实验来检验流传在大众之间的一些说法。

但只有一部分信息能够通过用实验来检验,大量言之凿凿的论断,听起来似乎都是那么无可辩驳地可信。因此,要辨别和选择有价值的信息,还需要通过对表述方法加以分析,对看到和听到的观点进行甄别,免得被众多互相矛盾的观点搞得无所适从,失去客观判断,这就需要借助于辩证逻辑思

维。常见的误导信息通常存在以下几种错误:

(1)归因不完全。事物的因果关联是多样的,如果一个论断认为贪吃导致肥胖,可能你会觉得非常正确,接受这种观点的人会选择节食减肥。但事实上发胖的原因可能是遗传、营养不均衡、内分泌失调、消化功能紊乱、运动量不足,或者由以上原因共同造成。

统计学家曾对决定美国总统成功当选的影响因素进行分析,发现是否当选的决定因素并非人们一贯以为的执政方针和竞选资金,家庭出身、年龄甚至是总统的长相起到了更关键的作用。非线性的思维方式揭示了事物发展的难以预测性,一些细微的变化都有可能导致结果面目全非。

(2)表述用语非客观。我们的思维会受到某些表述形式的引导。激情洋溢的修饰语、生动有趣的画面、低沉严肃的语调,都有可能让我们在感觉上更倾向于相信这些表述的内容。我们可以在各种辩论中,听到大量具倾向性的用语,能够调动听众情绪,烘托发言内容,使其更富感染力。但是情绪往往是主观的,当你看到一种观点中充斥着大量褒义或贬义的用词,就该冷静下来,仔细分析一下这种观点是否失之偏颇。

(3)偷换概念。信用卡的持卡人经常会接收到一些优惠信息,声称持卡人如申请分期付款购买某个商品,将得到免利息的待遇。但当持卡人开始付款后就会发现,虽然免了利息,但是手续费并没有免去,所付出的总额可能比一次性付款高出不少。

以 12 期分期付款购买一部售价 2000 元的手机为例,手续费为每个月 0.72%,12 期手续费总额为:$2000 \times 0.72\% \times 12 = 172.80$ 元,总计购买费用为 2172.80 元。

(4)推理谬误。推理谬误有很多形式,在此只举几例加以说明,更全面的论述可以在有关逻辑学的专论中找到。

①循环推理,将需要论证的结论当做开始论证的前提。如:我总是对的,因为我从来不犯错误。循环陈述比较简短时,容易发现错误,但面对长篇大论的循环陈述,人们常常会忘记论证是从哪里开始的,因此也就很难发现其中的逻辑错误。

②以偏赅全,将偶然事件作为规律性情况。在两性对抗中经常犯这种错误,如“男人都是花心大萝卜”或“女人是爱慕虚荣的动物”。如果有人在

某个彩票站购买的彩票中了大奖，就会有大量的彩民将幸运看做该彩票站的常态，而专程来此购买彩票。

③无限引申，看似环环相扣的严密推理，但其基础是想象力。并非所有想象力都是有益的，过度夸大的联想就像一篇辞藻华丽的骈文，只能当做文学作品来欣赏，不能当做事实来接受。一年级的小学生逃学去游乐场，就不能无限引申，推测他长大后会违法乱纪。

【好心误事】 有位工程师，经常在黄昏时分到一家面包店，每次都是只买一个最便宜的剩面包。卖面包的姑娘很善良，看到这位工程师衣着简朴，少言寡语，猜测他是个穷学生，一定是因为买不起柔软的黄油面包，才会特地在黄昏来买粗糙的、干巴巴的剩面包。姑娘动了恻隐之心，决定暗中帮助这个可怜的小伙子。

这天黄昏，工程师又一次来到面包店，买了一个剩面包走了。没想到第二天一早，工程师就跑到店里对姑娘大发脾气，原来他买的剩面包是用来擦掉图纸上炭笔绘制的草图，可是姑娘出于好心，在面包中夹了一块黄油……

【真正的好画】 一位意大利写实派的名画家画了一幅叫《丰收》的油画，引起了轰动，画面上是一位老农抓着一把丰收的麦穗。一位年轻画家慕名而来，当他看到那幅画时，很不屑地说："这种画我也能画出来，而且画得比他更逼真。"大家都不以为然。于是，年轻人回去后就照着这幅画重新画了一幅。画好之后，他又来到名画家门外，还特意请来一位德高望重的老画师来评论谁画得好，谁才是真正的好画家。

在花园里，两幅画摆到了一起，等待着老画师的评判。就在老画师准备上前欣赏的时候，花园的树上忽然落下一群麻雀，它们居然飞到年轻画家的画板边争相用嘴去啄画中的麦穗，却没有鸟靠近名画家的画作。所有人都震惊了，年轻画家暗自得意：连飞鸟都来啄画中的麦穗，哪里还需要画师来评判呢？名画家只是微微一笑，转身走开了。

年轻画家问老画师："先生，您可以给出一个公正的评价了吧？"老画师笑着说："年轻人，你输了。"众人都十分不解，老画师接着说："麻雀之所以选择你的画，是因为你画的人还不够逼真！而另一幅画里中的人和麦穗都很逼真，所以没有一只鸟敢靠近。"

第四章　找到创意思维的起点

在前面的章节中，我们已经探讨了关于创意思维的含义，分析了进行创意思维的种种障碍，也掌握了一些建立创意思维路径的方法，但我们可能还是会感到无所适从，对于并不习惯这种思维方式的人来说，那些伟大的科学发现、神奇的发明创造、充满想象力的艺术创作，以及无数令人匪夷所思的奇思妙想，都是那么的遥远，似乎我们永远也找不到这些创意的头绪。创意真的如此难以捉摸吗？我们如何能找到创意思维的源头呢？可以肯定的是，每一个看似天马行空的创意成果都是有其思维起点的，并且可能不只有一个起点。

人类进行一切活动的根本动机是满足需求，不同层次和不同类型的需求。不是所有的事情都能一帆风顺，人们的需求似乎也看不到尽头，中国有句俗话："人生不如意事，十之八九。"人们为了满足"需求之路"的无限延伸，要不断地清除开所遇到的障碍。可以说，人类所有的行为都是围绕着"解决问题"和"满足需求"来进行的，换言之，人们总是为了满足某种欲望去解决某个问题，这也许是人类社会发展的最原始动力，也是思维的原始动力。认识到这一点，我们在面对具体情况时，就能够理解事物的深层意义，更好地把握思考的方向，在经济生产活动的领域内，这一认识尤为重要——一件成功的产品，必然能解决某个问题，或是能满足人的某种需求，如果两者兼备，那么就必定会有市场。

我们的思维经常受到各种表象的迷惑，世界看起来是那么的复杂，变化无常。每一个具体问题都有诸多因素需要考虑，有时候对其中的一个因素都会感到难以判断，更不用说各种因素交织在一起，更是难以看清事物的本来面目。那么我们该从何处着手呢？从人的需求出发，人性就是我们思维的起点；从解决问题出发，事物的基本原理就是思维的起点。

从单向的“解决”出发，就像为 $1+1=?$ 找出答案，从“满足”出发，是要考虑 $2=?+?$，很显然，这会令你想到更多答案。从“解决”和“满足”两方面考虑，给出两个不同的，但有关联的出发点，一方面，可以避免单向性的思维方式；另一方面，也能将漫无目的思路拉回到要解决的目标问题上来。针对不同的情况，我们可以选择某一个出发点，更多的时候，我们需要同时从两方面考虑。

满足和解决 基于对人类活动原动力的认识，我们可以用“满足”或“解决”作为寻找思维起点的出发点，这也许能够帮助我们从不同角度考虑事物，在“山重水复疑无路”的状况下，发现“柳暗花明又一村”，找到创意思维的起点。

以 ipad 为例，苹果公司开始推出这一产品时，业内人士并不看好，认为此类产品没有什么实际的使用价值，既不能达到电脑的性能，也不能当作电话。但乔布斯认为，当人们使用了一件商品之后，才知道自己需要它。其实，对乔布斯的话，应该理解为他深谙人性的深层需求心理，ipad 的开发，正是从“满足”的出发点考虑，而非简单地“解决”已出现的表面问题。

通过深入分析，苹果公司明确了目标消费者（时尚青年）最强烈的心理需求，考虑产品与需求的对应，列出满足需求的条件，以及相应要解决的问题。青年阶段处于“自然人”向“社会人”的转变中，对情感与归属、尊重、自我实现的需求最强，希望被自己所处的社会承认，体现为强烈的表现欲，通过各种方式向他人表达自己的观点，强调自己与众不同。明确定了目标消费者的心理需求，就可以进一步明确产品需要具备哪些特点，如时尚、个性、有活力、积极乐观，在实现这些概念的过程中，再以“解决”的角度思考实际设计问题。最终，ipad 成为一件使用者传达自我价值观的道具。

【“流行美”和施乐】 “流行美”是近年来迅速发展的一个女性饰品品牌，它的成功并非因为商品的特性，而是营销模式的创新。在竞争激烈的饰品市场中，这一发饰品牌找到了一个独特的切入点，将自己介于美发与饰品销售之间，定位于“产品＋服务”，消费者只要购买该品牌的发饰，就可以得到永久性的免费编造发型服务，而且消费者还可以先体验后购买。

古代中国女性主要靠梳辫和盘发来改变发型，由于生活方式的巨大变化，现代生活中的中国女性基本上已经不再掌握这门古老的技艺，但对于发型美的审视，依然保有着对传统的向往。古装剧的长盛不衰也说明了国人对传统的审美乐此不疲，剧中女性人物变化多样的发型也令现代女性艳羡。“流行美”的营销模式极大地满足了女性的多重心理需求，理所当然地赢得了庞大的忠实顾客群。其产品不仅把时尚潮流最前端的世界著名水晶品牌“施华洛世奇”作为饰品材料，而且还使得联想投资乐于投资一千多万美元来“保障”这一模式。

营销模式是商业模式的重要手段和实现形式，是企业营销的竞争规则，是利润创造的价值逻辑。营销大师科特勒就认为，营销就是要为顾客创造价值。爱美是人类的天性，流行美的成功在于满足了女性目标消费者热爱美、希望展示美的心理。

无独有偶的是，多年前，知名复印机品牌“施乐”也采用了类似的营销模式。最初生产照相复印机时，客户不愿意一次性付费购买使用率不高的机器，机器的产量大大多于销售量，处境艰难的销售人员灵机一动，采用了一种全新的销售模式，他们直接向客户提供复印机，然后从客户使用机器复印的每一份复印件中获取提成。客户付出很少的费用使用先进的机器，在使用中体验到机器带来的益处，最终成为施乐的忠实客户。现在施乐仍然部分延续着这一销售模式，当初新颖的营销模式成为了该品牌的传统营销方式。

【车轮和黄灯】　很久以前，专家们就发现，在美洲大陆，玛雅人、阿兹台克人和托尔克人都有不少发明，唯独没有车轮。对这种现象，专家们有两种解释：一种是美洲大陆原本没有马，没有拉车的牲畜，所以没人会研究车轮。另一种说法是美洲拥有大量河流，用河流运输更为经济有效。但英国剑桥大学的德·波诺教授认为，那里的人们满足于他们所拥有的东西和生活，因此没人需要车轮，自然也没人去考虑发明车轮。

20世纪30年代，就职于美国通用电气公司的中国留学生胡汝鼎下班回家，在十字路口看到绿灯亮起后，便匆匆穿过街道，突然一辆左转弯的汽车从他身旁疾驰而过，差一点把他撞倒。他回到住处仍然心有余悸，并对这种情况产生了极大的不满。这种不满情绪使他心绪难平，总想着如何用一种简单可行的办法杜绝此类危险的发生。经过反复琢磨，他终于想出在红绿灯中间加上一个黄灯，用它来表示车辆转弯，提醒横穿街道的行人。这个想法得到纽约交通管理部门的认可，并相继为各个国家所采用。

如果说“满足”是人们进行创造的根本动机和目的，那么“不满”就是更迫切、更及时的创造动机。有一种观点认为，中国古代科技发展停滞的原因之一，是人口较多，能够满足农业生产的需要，因此没有形成对机械工具的需求，自然也不会去发明什么辅助生产的工具。

第一节　需求起点——人性

古人不见今时月，今月曾经照古人。

——李白《把酒问月》

有关“人性”的讨论几乎从未间断过，不同文化、不同学科对于“人性”都有自己的解释。人性就是人的本性，是人既定的、先天固有的以及后天习得的较为成型的本能和性质。人类天然具有动物本能，也就是自然属性的一面，同时，人又是社会化的，必然也具有社会属性的一面，要探讨人性，就不能将人性的两个属性割裂开来。人类社会经过了几千年的发展，其间生产方式、生活形态、思维方式等都发生了巨大的变化，但人性几乎没有改变，只是不同时代的表现形式有所区别罢了。

历史上，东方文化对于人性有几种主要观点——孔子说：“食色性也。”孟子提出“人之初，性本善”。荀子则把人性限定为人的自然属性：“饥而欲食，寒而欲暖，劳而欲息，好利而恶害，是人之所生而有也，是无待而然者也，是禹、桀之所同也。”认为“性本恶”，同时将仁义礼智信归结为“伪”，属于人的社会属性而非“人性”。战国时期的世硕则认为人生本来就有善恶两种属性，至于哪方面得到发展，要看后天的教育效果（王充《论衡·本性篇》）。唐代李翱在《复性书》中提出“人之性皆善，而情者性之邪也。”将性与情分开来看。西方文化中，对人性的定义也存在着分歧——培根认为“人不过是自然的仆役和翻译员”；笛卡尔坚持“人的本性在于理性”；费尔巴哈提出：“人的本性在于理性、爱、意志力。只有社会的人才是人”。

现代关于人性的观点更加全面，既承认人的自然属性，也重视人的社会属性。

(1)人类的自然属性主要是指人的肉体部分及其本能，包括先天固有的内驱力、心理倾向性和某些近似“条件反射”的行为模式，这些自然属性是从原始人类那里继承来的动物本能，具有刻板、定向等特征。人的本能主要表现为：感官欲望、自私（任性、懒惰、嫉妒、贪婪、虚荣）、趋利避害、合群、防卫（生理调节、恐惧、逃避、偏爱熟悉而畏怯陌生）。

(2)人类的社会属性主要表现在人的超生物性（有意识，能控制、调节自己的行动，主动改造自然）、开放性（利他性或有限自利）和创造性。

休谟认为“人性所有的福利共有三种：一是我们内心的满意；二是我们身体的外表的优点；三是对我们凭勤劳和幸运而获得的所有物的享用。”[①]休谟所说的福利基本概括了人们物质和心理“需求”的几种主要类型，从以生产文化为特征的原始社会到以消费文化为特征的现代社会，人们的需求并没有本质上的变化。

马斯洛对人类的需求进行了更加细致精确的分类，并将之划分为五个层次，并认为人们的需求层次是由低至高产生的，但事实真的如此简单吗？

实际生活中，不同的需求层次可能互相叠加，人们做一件事，可能同时具备多个心理动机，满足自己多层面的需求。例如，一个人请异性到高级餐厅就餐，也许同时满足了各个层次的需求：生理需求（通过进食维持生命）、安全需求（与其他顾客同时进餐，得到属于某个社会阶层的归属感）、情感需求（获得异性的好感，找寻配偶）、尊重需求（受到恭敬的招待，获得他人的尊重）、自我实现需求（因为能够支付昂贵的就餐费用获得成就感，实现自己选择进餐方式的自由）。

有时候，不同需求之间会产生矛盾，例如，在极端饥饿的情况下，却必须面对美餐与自尊的选择，多数人不会按照由低至高的需求层次来满足自己，获得尊重的需求也许比生存更加强烈。因为人们会根据自己的价值观对所有的事物依重要程度进行排序。当价值较低的事物与价值较高的事物发生冲突时，人们会选择价值较高的事物而牺牲价值较低的。

---

① 《人性论》(英)休谟，关文运译，商务印书馆，1994.528

没有人能拔着自己的头发离开地面，在思考的过程中，必须充分考虑人性因素。可行的思维成果一定是符合人性的，也许还会适度地利用人性的弱点来满足人性中积极的、"非恶"的需求。创意思维方式带有一种自嘲式的幽默特质，或许也可以算作人类对自己反思的一种方式吧。

不同角度的人性论 关于人性的论断，概括起来大致有三种：性善论，性恶论，人情论。以绝对的善或恶来定性每一个具体的人显然是行不通的，因为大多数人都同时具有善念和恶念，在不同的情境下，会作出"时善时恶"的行为。简单地说，人性其实就是人类的共性，是每个人身上都具有的特征。从实践意义上来说，人情论提出"人是趋利避害的"观点是我们可以观察得到的，因此更具有说服力。

在实践的基础上，不同历史时期，不同学科门类对人性的观察都有自己独特的视角。古代中世纪的奴隶社会，奴隶主将奴隶看作"会说话的机器"和他们的私有财产，因此有了"工具人"的概念。现代经济学、管理学、心理学以及社会学专家提出了"经济人"、"社会人"、"复杂人"等人性假设观点，从不同的角度来解释人的行为趋向，并对人的行为趋向进行预测和应对。

①经济人，又称"理性经济人"。最早由亚当·斯密在《国富论》一书中提出，他认为人是有理性的，追求自身利益最大化的，工作就是为了取得经济报酬。② 社会人。1933 年，哈佛大学著名学者梅约在《工业文明中人的问题》一书中介绍了他指导的"霍桑试验"，并提出了社会人的概念。指出人是社会人，人的积极性不仅受到物质条件影响，还受到社会和心理因素影响。生产效率高低主要取决于人与人之间的关系。③自我实现人。由马斯洛提出，认为人们需要利用和开发自己的才能，获得自身的发展与成熟，自我实现是工作的最大动力，挑战性的任务能够激发工作热情。④复杂人。美国学者沙因综合了以上三种观点，认为人的需要和潜在愿望是多样且变化的，随着年龄、社会角色、生活境遇和人际关系的不断变化而改变。

总的来说，人性的自然属性包括生理层面的求生欲和心理层面的安全欲以及智力方面的求知欲。在生理层面，人类总是趋乐避苦，追求感官享乐。群体内的合作与群体间的竞争是人类实现求生欲的基本行为方式；在心理层面，人们希望获得安全、尊重与爱，好斗与自夸是人类实现安全欲的基本行为方式。人性的社会属性可以概括为求同欲和成功欲。人们既希望被社会接受,成为社会的一部分,又希望自己能够赢得荣誉,获得他人的称赞与羡慕。

【信封上的透明窗】 打字员吉雅朗长期干着枯燥乏味的工作——把收信人的姓名和地址分别打印在信纸和信封上,这份毫无创造力的工作令他十分厌倦,一心希望能有所改变。有一天他突然冒出一个念头:在信纸上打印好收信人的信息后,在信封上对应的位置上剪出一个洞,或者贴上一张透明的纸,让人能直接看到收信人的姓名和地址。

以"经济人"的角度思考,节省能源消耗、节省对时间或空间的占用都不失为解决问题的切入点。

趋利避害 趋利避害是人的本性,其根本出发点是求生避死。人总是趋向于对自己生存有利的方面,而总是设法避免对自己生存不利的因素。对于一个人来说,生存利益以各种形式出现:权力、财产、金钱、名誉、知识、技能、美丽、健康、幸福等,权力可以使人支配其他人和物来为自己牟利,财产是人赖以生存的物质基础,金钱作为等价交换凭证可以购买生活所需,名誉可以使人得到尊重和经济利益,知识是人了解、利用事物的智力基础,技能让人更有效地改造事物为自己服务,美丽使人得到良好的精神享受,健康保证了人良好的身体生理机能,幸福是人对生活的满足感和快乐感。这些都是人类生存利益不同的表现形式,直接或间接为生存服务,拥有利益的多少反映了人掌握生存权利的大小。然而,并不是每一个体都以相同的标准来衡量一个事物"有利"或"有害",每个人对于事物"利害"的具体判断取决于他的价值观。同时,利害关系在一定条件下还可能发生逆向的转化,药物可以治疗疾病,但也可能带来危害人体的副作用。

趋利避害的本能在人们的思维活动中也起着决定性的作用。在接受外部信息的过程中,人们出于自我保护的本能,选择自己熟悉的,与自己价值观相符的信息,过滤掉陌生的、难以判断的信息。心理学家指出,人们惧怕不确定性的真正原因是惧怕蒙受损失。人们很容易淡忘幸福快乐的时光,但对于痛苦的记忆往往刻骨铭心,与收获带来的喜悦相比,损失带给人们的精神体验更加深刻而现实。因此,多数人倾向于保持现状,以避免新的尝试可能带来的损失。

但创意思维却从另一个角度出发，提醒我们考虑对趋利避害的另外一种诠释，即更高层次上的趋利避害，认识到最大的利益莫过于获得真理，最大的危险就是被蒙蔽，为此，选择对自己认识事物本质有益的认知对象，超越狭隘的个人局限无疑是明智之举。另外我们可以利用“风险平衡机制”，通过适当的方法规避风险，对可能的风险作出补偿。

【欲抑先扬】 加里·沙克是一个退休老人，在学校附近买了一间简陋的房子。住下的前几个星期还很安静，不久有三个年轻人开始在附近踢垃圾桶闹着玩。老人受不了这些噪声，出去跟年轻人谈判。“你们玩得真开心。”他说，“我喜欢看你们玩得这样高兴。如果你们每天都来踢垃圾桶，我将每天给你们每人一块钱。”

三个年轻人很高兴，更加卖力地表演“足下功夫”。不料三天后，老人忧愁地说：“通货膨胀减少了我的收入，从明天起，只能给你们每人五毛钱了。”年轻人显得不大开心，但还是接受了老人的条件。他们每天继续去踢垃圾桶。一周后，老人又对他们说：“最近没有收到养老金支票，对不起，每天只能给两毛了。”

“两毛钱？”一个年轻人脸色发青，“我们才不会为了区区两毛钱浪费宝贵的时间在这里表演呢，不干了！”从此以后，老人又过上了安静的日子。

最好的劝诫方式是让对方意识到他的行为使自己的利益受到损害，无论是管理还是谈判，说明自己与对方的利益一致都是高明之举。

自私 传统上，人们总是将“自私”归为贬义词，唯恐避之不及，因为人们提及这个词的时候，总是将它与“损人利己”画上等号。但是当代，人们对自私的理解采取了更客观的角度，并不再回避自己本性当中的自私心理。事实上，自私只是一种我们本能的心理动机，甚至可以说“人之初，性本私”，但是由自私动机引发的行为并不一定会损害他人的利益。

自私有三种情况：①同他人发生利益关系时，在不损害他人利益的前提下优先考虑自己的利益，应该说是出自天然本性的“本然自私”。②同他人的利益不矛盾时，自私的动机引发客观上利人利己的行为，这种行为非常明智地将自我利益与他人利益统一起来，可称为“开明自私”。③自己的利益同他人的利益相矛盾时，牺牲他人利益来维护自己的利益，属于“恶性自私”，这种自私将自我与他人对立起来，从长远看是一种短视的、愚蠢的行为，最终也会损害自身利益。

“纯粹自私论”认为，人类根据自身利益对别人的行为加以区分，损人利己的称为自私，贬低这种自私是因为他人的自私有可能会损害到自身利益；舍己为人的称为无私，称赞无私是因为他人的无私满足了自身或自身生活的社会需要。“利他者”的动机很可能是为了获得相应报酬，这报酬或是物质利益，或是某种荣誉。如果没有获得或少于预期的报酬，他的良好行为将消失或减少，如果获得了相应的报酬，良好行为才会将继续。因此，从主观意识、动机方面看，“利他者”也是自私的。虽然这种观点有些偏激，但对于绝大多数人来讲却不失为客观描述。不过我们也不可以偏赅全，的确有些“利他者”是从他人的角度考虑问题，而非为了获得任何形式的报酬，而是出自善良本性的自然而然的行为。

罗素指出：“开明的自私自利当然不是最崇高的动机。但是那些贬斥它的人常常有意无意地另换上一些比它坏得多的动机，例如，憎恨、妒忌、权力欲等。总的来讲，根源于洛克的倡导开明自利的学派，同借英雄品质与自我牺牲的名目鄙视开明自利的那些学派比起来，对增加人类的幸福多作了贡献，对增加人类的苦难少些作用。”①

无论如何，自私并不全然是负面的。个人生活质量的提高有赖于整体上社会的进步，个体与整体人类社会的利益具有长远的一致性，利益的一致性决定了自私动机可以达成利己利人的客观效果，只要人们凡事从长远利益考虑。当然考虑长远利益也是一种自私，而且是一种更大的自私，由此可见，人类只有用更大的自私才能战胜短视的自私。

我们在思考问题时，应该考虑的是如何明确个人利益与群体利益、社会利益的统一之处，从而引导人们偏私的方向，形成个人与群体的积极互动关系，避免利益价值对立，充分调动个体的主动性和积极性。

---

① 《西方哲学史·下卷》(英)罗素著，马元德译. 商务印书馆 1982. 204～205.

【贪婪的好人】 有一个农夫，得了一场大病，眼看着到了要播种的季节，却没有足够的体力将自家门前的土地翻土，十分着急。正在此时，一个远房亲戚前来探望他，听说了他的难处，就为他出了一个主意。亲戚告辞出门时，农夫领着他来到自家耕地前，很神秘地对着地里指指点点，亲戚又走到地里翻弄了几下，然后满面笑容地走了。第二天，村里传言四起，说农夫偶然在他的地里发现了几坛金子，过几天亲戚就会来帮他挖出来。

当天夜里，农夫就听到自己的地里有动静，掀开窗帘一看，几个邻居正在地里卖力地刨挖着，希望能找到金子。地里的土被翻得异常充分细致，自己发愁的事情一下子就解决了。如果没有贪婪的邻居，农夫的地恐怕真要荒废了，邻居因为自己的贪财和自私，反而帮了农夫，做了"好人"。

贪欲 贪欲起于私心，因为有了自我与他人的区分，希望自己获取更多利益的心理就是贪欲。人的贪欲不只包括对实际物质财富的渴望，还有对名誉的渴望，因此人们对贪欲经常冠以"名利心"之称。有一种观点认为，正是人类的贪欲推动了社会的发展，因为人们向往长寿，因此医药学发展极快，因为人们向往舒适的生活，才有了无数令生活更为美好的发明创造，这种观点将贪欲视为人类的天性，但是从历史上看，人类的贪欲并非天生就有，而是后天习得的，是对他人的模仿，而最初的占有欲是社会发展到一定阶段才有的产物。

杰出的美国人类学家摩尔根也是支持"生产力决定私有制"这一理论的。他在论述原始人的生活状态时指出："野蛮人所有的财产是微少不足道的。他们关于财产的价值、可欲性及其继承的观念是极其微弱的。粗糙的武器、纺织品、器具、衣服、燧石制的、石制的及骨制的工具以及个人的装饰品等，代表野蛮生活中的财产的主要项目。财产的占有欲在他们的心目中尚未形成，因为财产的本身几不存在。这种欲望，则在遥远以后的文明时代发展成为一种充沛的活力，"好得的贪欲"现今在人类的心灵中便成为如此一种支配的力量了。在野蛮时代，土地是为部落所共有，尚未成为一种财产的项目，而共同住宅则为居住者所共有。纯粹属于个人所有的物品，正随着发明的缓慢的进步而次第增加，强大的占有欲，亦正滋养着它初生的力量。”①

从这个意义上讲，当今高度发达的生产力催生了人们欲望的膨胀就毫不奇怪了，同时，强大的欲望也推动着科技的快速进步和生活条件的日益改善。原始社会的人们为争夺有限的食物发生冲突，仅仅缘于生存欲望的驱使算不得贪欲，当食物足够的时候，占有并存储更多的资源就应该看做是出于贪欲了。随着生产力与文化的发展，人类所贪图的内容不断改变。从更好的饮食、住房、工作环境，到私人健康顾问、豪华游艇、足够的休闲时间；从战胜敌人取得荣誉到消费名牌获得满足感；从佩戴贝壳项链到拥有钻石饰品，人们的贪欲始终没有离开感官享受和对名利的渴求。

感官享受不外乎“眼、耳、鼻、舌、身、意”，如果一件物品，能够看起来美观、听起来悦耳、闻起来诱人、尝起来美味、摸起来舒适、想起来愉快，那么它一定会成为人们的欲望标的物，即使它并不具备多少内在价值。如果一种服务能让被服务对象觉得有利可图或倍感荣耀，这种服务也会受到欢迎。

【懒人经济】 吃饭叫外卖，购物网上订。这种“网宅”消费方式促成了物流业，以及服务业的飞速发展。“无论你需要什么，即使你足不出户，都可以通过网络或者电话送到你眼前。”这就是被专家称为“网宅经济”的新型消费模式，不过，这只是“懒人经济”的一个组成部分。还有更多的智能“懒人用品”创造着更大的经济价值。

自动扫地机自己到处打转，头发、纸屑、灰尘全都被它搞定，而且碰到椅子腿、柜子角还会自动转向。电量不足时，还可以自动跑到充电器的接口处充电。把切好的肉、菜和专用调味料放进自动炒菜机，盖上锅盖等 3 分钟，没有油烟的烦恼，没有厨艺欠佳的担忧，一盘油光鲜亮的鱼香肉丝就炒好了。

【价值相对论】 世界上最珍贵的是什么？有人说是生命，有人说是时间，其实这两种回答的本质都是一样的，对个人来说，生命与时间是一体的。医学科技的进步不断延长着人类的寿命，有人甚至预言，不久的将来，人类

---

① 《古代社会 · 第三册》（美）摩尔根著，杨东莼，张粟原，冯汉骥译，商务印书馆 1971. 929 ~ 930.

可以活到200岁。我们不妨想象一下这种前景,果真如此,我们的生活还会与现在一样吗?我们现在所追求的一切还会如此重要吗?时间的价值会不会也因为过多而贬值呢?显然,对于一个只有80年寿命的人和一个能活200岁的人,1小时是有着不同价值的。

出于对长寿的向往,古代的人们也思考过生命与时间的价值关系。古希腊的神话与传说中有这样一个故事:太阳神阿波罗与凡人伊达斯争夺少女玛尔珀萨。在争执不下时,众神之王朱庇特裁决说:“让她来做抉择吧。”结果少女选择了凡人伊达斯。她知道,尽管仙界乐趣无穷,神仙们长生不老、永葆青春,但自己终会人老珠黄,不如和凡人白头偕老。在她看来,正是因为神仙拥有无限的时间,所以他们的爱情是贬值的。看来人们早就认识到,对于事物价值的判断,时间是重要的参照。

事实上,对于许多事物,人们不是仔细考量其客观价值,而是通过与一定的参照物比较来确定其价值的。俗语说:“得不到的总是最好的。”讲的就是这个道理。

【限量销售】 越来越多的品牌推出自己的“限量版”产品,从香水到汽车,都宣称某款产品全球限量发售,以此给消费者造成“物以稀为贵”的印象,激起消费者强烈的购买欲望。限量版仿佛是套在产品头上的光环,一下子变得高不可攀,可遇而不可求。限量越少,买到限量品的消费者心理满足感也越强。

“机会越少,价值越高”的稀缺原理对人们的行为造成全面的影响,商品因为短缺而在消费者心里升值了。在受到限制的环境下,人们更容易被激发起得到稀缺物的欲望,因而将“需要”变成“必须要”。

【养牛之道】 一个人到乡间旅行,看到一位老农把喂牛的草料铲到一间小茅屋的屋檐上,不免感到奇怪,于是就问道:“老公公,你为什么不把喂牛的草放在地上,让它吃?”老农说:“这种草草质不好,我要是放在地上它就不屑一顾;但是我放到让它勉强够得着的屋檐上,它会努力去吃,直到把全部草料吃个精光。”

第二节 解决起点——事物性质

《大学》开篇就提醒人们了解事物本质的重要性:“知止而后有定,定而后能静,静而后能安,安而后能虑,虑而后能得。物有本末,事有始终,知所先后,则近道矣。”大千世界的事物千姿百态,但却遵从着大自然基本的规律运行,从而形成一个运动却恒常的庞大系统。人类生活改变了,但大多数事情并没有改变:人们生活的中心仍然是事业和家庭;商业活动追求利润;各种竞赛用计分方式决定输赢;服装款式在未来与怀旧之间徘徊;总有些东西让人上瘾,不是烟草就是网络游戏。事物表象和它们的变化之多令人难以置信,然而这些变化的原则却是非常有限的。

事物的性质具有多重性,所遵循的原则也是多类型原则的统一。如一个物体同时具备物理形态和化学结构,它的变化也同时遵循物理规律和化学规律。我们可以借助不同学科的研究角度,来尽量多地了解一个事物的多个侧面,对一个事物进行多种角度的定义,有助于我们更加全面地认识世界,也为创意性地解决问题提供了前提条件。

定义与分类 如何定义一个事物体现了我们的认知模式,在一定程度上也引领着我们的判断方向。如果一个人将“创意”定义为“一些奇思怪想,不切实际的东西”,那么他就可能将创意活动与“冒险、不确定、不安全、可能失败、不实用”这类负面情绪联系起来。另一种情况是,我们将“创意”定义为“解决问题的新想法和带来新体验的经历”,就将“新鲜的、有趣的、富有活力的创造、充满惊喜”的正面情绪注入了大脑。对待事物的态度会以我们难以察觉的方式显现出来,定义与分类的方式是最直接的表态方式。

从某种意义上讲,我们如何思考事物,取决于我们如何对有关信息分类,分类是建立联系的一种方式。在考虑一件事时,我们会调出大脑中关于此事的相关信息,这种所谓“相关”就是根据分类标准来判定的。例如,新房子需要装修,通常我们会认为应该找装修公司的设计师来设计,请施工人员完成装修。在流行的社会分工标准下,装修房屋被定义为“专业的”技术,是属于“需要专业人员来处理”的一类事情。但是我们可以回想一下几十年前的情景，人们都是自己装饰房间，因为当时的经济条件有限，人们理所当然地将此定义为“一件家事”，归类于“应该自己和家人来完成”的事情。因此，我们对事物进行定义，是我们把握事物规律过程中最重要的环节。

一个事物可以从多个角度来看待，也就是可以有多个定义，我们必须把握其中最体现本质的一个或几个规律，评判标准就是——这个定义是否能将此事物与其他事物区分开来。在对事物定义时，要避免受个人情感影响，使用褒义或贬义的描述都是不客观的，无益于我们正确认识和理解事物。

与定义相区别的是，分类的概念更富于灵活性。定义的目的是区分，而分类是为了建立联系。在处理具体情况时，我们可以选择不同的定义来进行不同角度的归类，也就是从不同角度将信息联系起来，这也是进行创意思维的诀窍所在。

举例来说，关于苹果可以有多少种描述？我们可以马上列举出几个：苹果是一种水果；苹果是一种果实；苹果的味道是甜中带酸；苹果果肉硬度与细胞壁中的纤维含量和胶层内的果胶种类、数量，以及果肉细胞的膨压有关；苹果的颜色有红色、绿色或黄色，决定果实色泽的色素主要有叶绿素、胡萝卜素、花青素、黄酮素等，糖含量影响花青素形成，含糖量高的果实更红；苹果含有丰富的营养，促进乙酰胆碱的产生，这种物质是神经元细胞传递信息的化学物质之一……

下面列出的归类只是一部分，用来说明不同的归类所产生的联系结果：

含糖量高的果实更红→色彩与味道的关系→红色可传递一种甜蜜的感觉

颜色是红色、绿色或黄色→丰富的颜色→可作为理解色彩的道具

含多种果胶→一定条件下物质属性可变→可以根据症状选择食用方式：生果胶有润肠作用，煮熟后却可止泄。

乙酰胆碱促进神经元细胞传递信息→物质的化学属性→利用苹果提取物制作改善思维能力的药物。

基本原理　形式各异的具体方案能令我们感觉到丰富和有趣，因此各式各样的案例研究总是特别受欢迎，但是基本原理却可以让我们掌握事物

的规律，举一反三，创造出自己的方案。在任何一个领域，都可以发现某些基本原理，而不同领域的基本原理可以共同解释同一个事物，使我们对该事物的认识更加透彻。

假设你是一个毫无烹饪经验的年轻人，现在你要学习做饭，你会如何开始呢？就这个问题，我在约90名大学生中进行了调查，选择购买菜谱或在网络上搜寻菜谱的占80%，还有15%选择观看电视中的烹饪节目，另外还有5%选择向家长学习烹饪技术。那么还有比上述方式更简单的途径吗？我推荐你首先学习“烹饪原理”，即不同的烹饪方式是如何形成的？他们所遵循的食物搭配原则是什么？制定这些原则的依据又是什么？

下面我们以“东坡肉”为例，来对比一下菜谱与烹饪原理之间的区别（见表4.1）。

表4.1　菜谱与烹饪原理

菜谱	烹饪原理
五花肉2斤，切6~8块，肉块不要过小。	炖肉或煮肉时，肉内可溶于水的肌溶蛋白、肌酸、肌酐、嘌呤碱和少量氨基酸会被释放出来，这些含氮的浸出物越多，味道越浓……如果从肉内浸出过多，肉本身的香味自然减淡，所以肉块大些，肉内汁水出来少，味美。

高级西餐厅采用的真空低温烹饪法，缘起于20世纪70年代法国厨师试图减少鹅肝的重量和水分流失的初衷。这种烹饪方法的基本原理与东坡肉是一样的。通过最低限度地减少水分和重量的流失，保留食物的原味和香料的香味，保留食物的营养成分。

当你掌握了一个领域内的基本原理后，就可以在同一领域内进行运用，更可以将某一原理运用到其他领域，从而产生新的意义组合，形成新的见解或新的事物。

另一种最新流行的分子烹饪法，基本理念来自完全不同的领域，它的发起者并非职业厨师，而是物理学家和化学家。顾名思义，分子烹饪法是用科学的方式去理解食材分子的物理、化学特性，将食材分解到分子水平，并通过精确的加热或冷却，重构分子的排列方式，以改变食物的形态和口感，做出“精确”的美食。例如，酒看起来像冰沙，饮酒变成吃酒，吃下去口中还会喷烟;橄榄油变成像龙须糖般的细丝,放入锅中热炒也不变形。厨师们做菜也不是用锅,而是试管、折射器等原来只有在实验室才看到的器具。

世界是由最小的基本单位构成的,看起来越是简单的基本原理,可适用的范围越广。这种方法也是创意思维的关键,将事物分解成的思维单元越小,就越容易与其他思维单元相结合,构成新的想法。

【发现产品要素】 3M公司在考察砂纸用于平坦而光滑的表面时,发现传统的砂纸在显微镜下观看,有着非常不规则的形状。技术专家就想生产非常规则的、棱柱形状的平面可能是有用的,这样能够产生更可预测的平整工作。这种技术的基本要素就是——高度规则形状,并把其洁净地置于物体表面。有人认为,这些要素可以改变飞机机翼的空气流,减少燃料消耗,因此公司开始研究飞机的整流涂料。又有人建议,如果规则的棱柱形状是透明的,那么光线就可以穿过它到达更远的的距离,基于这个用途,公司开始研究可弯曲灯管。

【直升机除雪】 冬季,野外电线上的积雪难以去除,一个工程技术人员小组想找到安全有效的方法,但是一时无法打开思路,于是决定在周围随机寻找灵感。一名工程师从附近的商店买回一罐蜂蜜,他联想到,可以在每根电线杆上挂一罐蜂蜜来吸引熊,熊为了吃到蜂蜜去爬电线杆,电线上的积雪会随着晃动震落下来。根据振动原理,最后制订的方案是让直升飞机在电线上方盘旋,发动机产生的振动将积雪震落。

蜂蜜本来与直升机无关,但通过有趣的思考方式,却找到了可以利用的基本原理,就这样,找到甚至创造了看起来毫无关联的事物之间的联系。

【咏春拳的三角原理】 咏春拳离不开直线运动原理,并以拱形三角架构理念攻防,做到攻防不出架构,用劲也不出架构。这种上下立体式变化结构,可以在实战运动中始终保持一种平衡稳定作用。其好处在于,在实战时可以集中精神在指定的架构范围内运作,使攻防动作减少到最小最适度的有效范围。犹如一座立体式金字塔整体直线运动,双手进攻和身步又似一把锋利的尖刀,直出直人无懈可击,紧迫快打,所向必挫。动作角度变化从心法朝面追形:像指南针一样始终对着对方的中线,达到以静制动,来留去送,拳头开路甩手直冲。由此得知咏春"一出一入"打法,进攻路线应是直线运动的；而防守御力应以腰为轴弧线形用劲，并不出固定拱形三角架构。拱形具有消耗力和泄力的原理；从结构力学的观点，拱形是最经济传力的平面结构，也是最经济传力的空间结构，咏春拳的膀手是体现咏春拳拱形原理的最好体现。

【被中香炉】 “被中香炉”是古代贵族使用的盛香料熏被褥的球形小炉，最早记载见于西汉。这个铜制容器看起来很奇妙：无论香炉如何滚动，其中心位置的半球形炉体都能始终保持水平状态，丝毫不用担心火炭会倾覆。它的球形外壳和位于中心的半球形炉体之间有两层同心圆环（也有三层的）。炉体在径向两端各有短轴，支承在内环的两个径向孔内，能自由转动。用同样方式，内环支承在外环上，外环支承在球形外壳的内壁上。炉体、内环、外环和外壳内壁的支承轴线依次互相垂直。炉体由于重力作用，不论球壳如何滚转，炉口总是保持水平状态。其原理与现代陀螺仪中的万向支架相同。

西汉末（公元 1 世纪）巧工丁缓制作的“被中香炉”（也称银熏球）是世界上已知最早的常平支架。物理学知识告诉我们，要使一个具有一定重量的物体不倾斜翻倒，最佳的方法是采用支点悬挂。银薰球就是采用了这种方法，将香盂悬挂在两边各有一个轴孔的内持平环中，当内持平环呈水平位置时，香盂因自身重量，可以前后轻微晃动而不会左右倾斜翻倒。但仅用一个持平环是无法避免香盂向轴向方向倾斜翻倒的。为解决这一问题，必须在轴向再做一个较大的持平环，将悬挂香盂的内持平环悬挂在外持平环上，并使两环的轴孔正好垂直，轴心线的夹角为 90°。这样，内持平环能避免香盂前后方向倾斜；外持平环则能防止香盂（包括内持平环）左右倾斜。盂心随重心作用，始终与地面保持平行。

【钢筋混凝土】 法国园艺家莫尼埃想设计制作一种牢固坚实的花坛，虽然对设计一窍不通，但他对植物非常熟悉，盘根错节的植物根系与土壤牢牢地结合在一起，能够抵挡风雨茁壮成长。根据这个原理，他将陌生的花坛构造转换成自己熟悉的植物生长原理构造：土壤转换为水泥；植物根系转换为铁丝；土壤包裹根系转换为水泥包裹铁丝。这种制作工艺就是我们今天广泛使用的“钢筋混凝土”。

【寻找铜矿】 地质学家伍德沃德常年担负着找矿工作。当时找矿工作不仅要消耗大量的人力物力，而且即使通过探测方法发现有矿信息，有时也难以断定就是发现了真正意义上的矿藏。伍德沃德设想，能否根据地上生长的植物与地下土壤成分的密切关系来寻找矿藏呢？

1949年，他在赞比亚西部高原上进行地质调查，发现地上长着一种奇怪的小草，开着紫红色的花朵，非常茁壮。但是在另一些地方，同样是这种小草，长得却很细弱，开的花也缺乏紫的色彩，更像是红花。经过向植物学家请教，他得知这种小草名叫和氏罗勒。于是他决定分析一下两种颜色的和氏罗勒，研究一下它们生长的土壤有何不同。经过检测分析，伍德沃德发现两份土壤样本中都含有铜元素，铜元素越丰富，花朵长得越茂盛，铜元素越少，花朵越柔弱。伍德沃德决定用寻找和氏罗勒的方法来寻找铜矿，终于有一次，他发现了大片茂盛的和氏罗勒，经过地质勘察，果然地下是一个世界罕见的大铜矿。

事物都是互相联系的，发现规律就是发现事物之间的联系方式，用联系的方式来思考，不仅可以帮助人们找到埋在地下的矿藏，还可以帮我们发现这个世界的秘密。

第三节　提问与解决

在实际生活和工作中，人们做得最多的事就是“解决问题”，问题的性质和形态各异，解决问题的方式也不胜枚举。所谓问题，指“目标与现实之间存在的障碍（差距）”，目标是理想状态，解决问题就是设定目标，消除障碍的过程。[①]

有时候，我们会面临比较复杂的情况，在一件事中，有多个问题存在。依照线性的逻辑思维方式，我们通常会在遇到第一个问题时，马上着手寻找解决方案，然后依次解决先后出现的问题。举例来说，企业管理者经常需要处理加班的效率问题。有些公司已经形成了加班的惯例，公司的管理者认为，加班是努力工作的表现，在这种暗示下，加班的人数不断增加，公司要支

① 《解决问题的哲学》（日）川濑武志著，刘承元译. 广东经济出版社. 2007. 14.

付的加班费用也愈来愈庞大。终于,管理者决定削减加班费的开支。最初,公司将加班补贴减少了50%,但效果并不明显,于是公司干脆取消了加班补贴。这样一来,果然没有人愿意再加班了,员工们理直气壮地将工作的完成时间向后推迟,形成了拖沓的工作气氛,这样的企业在我们周围十分常见。其实,只要管理者换一种角度提出问题,这种两难的尴尬局面就可以避免了。

如果将问题换成"加班是否意味着工作努力?"就会得出两种截然相反的解释,一种观点是肯定的,另一种观点则认为加班意味着工作时间内的低效。既然肯定的方向不会减少加班,那么否定的观点或许会启发更实际的提问:"怎样提高员工上班时间的效率,不再需要加班?"如此一来,就不难获得更多解决方案,如:采用弹性工作制,完成任务的员工可以提前下班;充分利用网络的便捷,允许员工在家办公,这样可以节省上下班用在路上的时间,也为公司节约行政费用;制定绩效考核标准而非考勤考核标准。

重新定义问题 在解决具体问题的思考过程中,我们会很自然地设定一个目标,这个目标是根据你思考的角度以及描述问题的方式指向的某个方向。也就是说,提问的角度和方式决定了最终的解决方案。对问题进行定义和描述是非常关键的,一些最重要的目标可能隐藏在表面问题的后面,人们的思路会被模棱两可的词语和不准确的描述误导。甚至提问时所用的心态、情绪、语言、语气,都会以一种难以察觉的微妙方式界定你的思考范围,影响你的思考方向。为了更有效地解决问题,我们需要更多可供选择的方案,这就需要我们从多维的角度去提出问题,深化问题,抓住问题的根本性质。替换或者重新设计最初的提问,用不同的方式来设计问题,会戏剧性地影响你解决问题的效果。

定义问题之前,首先应该有技巧地观察,前文提到的对事物的视觉观察方法,同样可以用在对问题的观察上——退后观察全局、贴近观察细节、跳出局限观察、变换立场观察、多手段观察。更好的观察能够帮你找到问题的本质,更精确地定义问题,用问题指明思考方向,提高思考效率。

【选择什么专业】 一个学生准备出国留学,就如何选择专业征询我的建议,她列举了几个具有相似之处的专业,很犹豫地说自己难以决断,考虑到以后的工作规划,几个专业好像都很有用,但是只能选择一个。我给她一个再简单不过的建议:选择你无法自学的专业。

通常我们说"换个角度考虑问题",但很少说"换个角度提问",事实上问题的定义才是最重要的。我将学生的问题改为"如何能同时学习几个有用的专业?"答案只能是自学与上课相结合,沿着这一方向思考,比较几个专业自学的难度,就得出了上面的结论。在面对生活中的选择题时,我们会面临许多可选答案,但是题目却需要自己来拟定。

分解问题 最好的提问总是指向问题的根本所在。检验一个提问是否触及到问题的根本,可以针对这个提问去考虑后果:"如果我们解决了这个问题,情况会不会演变成另一种问题或衍生出新的问题呢?大多数问题的根本都来自几个方面,因此最好的提问往往是一组,多层次、多角度的提问可以帮我们更彻底地解决问题。

在工作中,经常有学生找我讨论职业的选择问题,有些学生对此非常迷茫,当我问他们想从事什么职业的时候,他们常常回答:"不确定,但是我肯定不会做设计师。"几乎每个人都对自己"不喜欢"的事情非常清楚,但对"喜欢"什么却并不十分明确,这种情况在选择伴侣时格外突出,多数人不知道自己想要什么样的伴侣,只是知道自己不喜欢哪类人。我给学生的建议是,将一个问题分解为一些与之相关的具体问题,可以分为两个层次来进行提问。

首先,用一组问题勾画出大致的轮廓,如:

"我想要什么样的生活方式?以工作为重心还是以家庭生活为重心?"

"我怎样看待自由?希望稳定还是不断有变化?"

"我想保持什么水平的经济状况?富裕的还是普通水平?"

"我想跟什么人交往?哪类人适合与我做朋友?"

"我喜欢做重复性的事还是愿意接受新的挑战?"

"我最擅长做什么?"

通过一组相对具体的问题,可以找出隐藏在其中的决定性因素,对上面一组问题的回答,可以描述出你理想职业的模糊轮廓,至于最后的答案,可能需要通过"排序"来找出。每个人在回答一组问题时,在心里都会下意识地进行排序,不假思索就能回答的,是最为肯定的,需要长时间考虑的,是最看重的,如果对每一个问题都要再三思考才能回答,那么就说明还没做好回答问题的准备,应该考虑重新设定问题。

在选择职业时,我们要考虑的关键因素有收入、工作性质、自己是否适应。在上面这个例子中,与职业选择关联度最高的有三个问题:我想保持什么水平的经济状况?我喜欢做重复性的事还是愿意接受新的挑战?我最擅长做什么?如何进行排序,取决于个人的价值观,人们会将优先考虑的问题排在第一位。

在面对选择时,排序的方法能帮人理清思绪,更理性地做出取舍。我们之所以难以抉择,是因为对自己内心的想法难以判断,不确定最想要的是什么,因为选择同时也意味着放弃,清晰的排序也许能让你改变最初的想法。理想中的完美工作似乎是不存在的,如果你选择工作时最先考虑收入、喜欢挑战和冒险、而你最擅长销售。那么假如有一份工作,可以提供高工资,但要求你做管理,这种工作对你毫无吸引力,你该如何决定?如果你经过仔细考虑决定放弃,那么说明你的内心更看重的是工作所能带来的乐趣而非收入,你要做的是调整最初的排序。第一层的问题为我们提供方向,但在具体解决问题的过程中,还需要进一步提问。

第二步,用更细化的提问找出解决问题的顺序,逐步迈向相对长远的目标,在对未来进行规划时,回答这一层次的问题是通向成功的必经之路。仍然以职业规划为例,当我们对未来职业有了明确定位之后,就如何达成目标需要提出更切实的问题:

这个职业要求从业者具备哪些素质?

我已经具备了全部素质吗?如果不是,我还需要补充什么?

我怎样补充尚不具备的素质?通过学习还是寻找实践机会?

学习有几种方式?通过网络还是培训机构,到学校上课或者找私人家教?

还有什么职业与这个理想职业接近,可以作为第二选择?

有什么职业,我目前的条件已经可以满足职位要求?

寻找关键点 有些提问方式会限制人们思考真正的问题,最具代表性的是考试中的选择题,即使不知道题目,通过分析出题人的心理,利用逻辑思维的排除法,也有可能得到正确答案。下面我们来看一道化学题的答案选项:a. 氯化亚铁 b. 硝酸镍 c. 硫酸铜 d. 氯化亚铜 e. 氯化亚汞。正确答案是 d. 氯化亚铜。推理过程是这样的:出题人一定不想答题人很容易发现答案,所以要用相似度高的答案迷惑答题人。观察所有选项,可以发现有三个选项相似度较高,都用"氯化亚"来说明后面金属的性质,那么如何分辨三者之中的唯一答案呢?很简单,b 和 c 两个选项中哪一个与这三个选项有相似之处呢?c. 硫酸铜,这是从"铜"的概念上加以混淆,由此可以推断出,d. 是唯一正确的答案。

回答选择题需要逻辑思维,但缺乏想象力,也许这能解释一种普遍的现象:高学历的人缺乏生活能力……我们在生活中遇到的问题各种各样,大多数并没有列出答案选项,对于纷繁的现实情况,正确的提问才能得到正确的答案。

是否提问越多越好呢?这要视具体情况而定,在没有明确目标时,多提问可以帮我们清理思绪,更全面地看待问题,在目标清晰的情况下,就需要迅速找到问题的关键,提高思考的效率。日本的江户时代,一位将军冒雨率队行进,由于雨太大,山上滚落的巨石挡住了道路,附近又没有岔路。大家用尽了所有的办法,都无法将石头搬走。有人献计,在石头旁边挖个大坑,石头自然会滚落坑中,将军依计行事,顺利通过。这个例子中的关键词不是"搬走石头"而是"使道路通畅"。中国古代"望梅止渴"的故事也体现了这种思维方式,如果只是思考"如何找到水源",是不会想到利用生理反射来缓解士兵口渴的,"怎样觉得不渴"才是想出这个办法的关键。

找到关键词并不容易,需要敏锐的洞察力来发现问题的本质,才能减少绕弯路。有一则伊索寓言生动地诠释了正确提问的重要性:伊索正在树下休息,一个外乡人走过来,向伊索打听进村的道路,伊索回答后,外乡人又问:"我要多久能走到?"伊索回答:"走!"行人以为自己没问清楚,又重复了一遍问题,伊索仍然回答:"走!"行人十分恼火,认为伊索是在耍笑他,很生气地继续上路了。刚走了几步,伊索在他身后说道:"你还要走半小时。"行人觉得奇怪,就回头问伊索:"为什么你刚才不肯告诉我呢?"伊索反问:"你不走,我不知道你走路的速度,怎么计算你需要的时间呢?"

【擦天窗与装台灯】 一家工厂车间的天窗玻璃脏了,原本采光很好的厂房变得很暗,工人们看不清楚五金配件,眼睛非常疲劳。但清洁费用相当可观,于是大家进行头脑风暴,希望能有更好的,更省钱的办法来清洁玻璃,大家提出了一些很有新意的想法:安装自动喷洗装置;用电动装置把窗框降下来再擦洗……

最后工厂却采纳了一个最没有新意的提议——在每位工人的工作台上安装台灯。原因很简单,装台灯的费用远远低于清洗天窗的费用,虽然最初的问题是"怎样能更省钱地清洁天窗",但是真正要解决的问题是"如何用省钱的方式让工人的作业环境更明亮"。

当我们要解决具体问题时,创新不一定是最佳解决方案,有时候古老的做法是最高效的解决方案,最简单的方法可以解决看似最复杂的问题,创意不等于创新,创新的方法不一定是最优方案,从根本上解决问题才是最好的办法。

【不致命的地雷】 在人们的印象里,战争中使用的所有武器,目的都是为了消灭敌人,即彻底杀死敌人。但是"二战"时期,有人在研究如何提高地雷杀伤力的时候,提出一个从未有人想到的方向,就是"炸死敌人,不如炸伤敌人",因为在实战中,一个战士受伤了,身边的战友通常会进行救助,后方还需要提供医疗,战争结束后,受过伤的退伍军人还长期需要国家救济。这样算下来,一个受伤的军人会消耗敌方更多人力、物力和财力。

这一想法从传统的思路中跳出来,后来成为现代战争的重要军事理论之一。

【防污还是防喷溅】 用辊子涂刷墙壁涂料时,涂料很容易溅出来弄脏眼镜片,怎样防止这种情况发生呢?最简单的办法就是在眼镜片上贴一层透明胶带,被弄脏后可以很方便地揭下来。这个办法很可行,也很经济。但是,这种办法只是解决了最先注意到的问题,辊子会不断喷溅出涂料才是根本问题,如果能让涂料不向外喷溅,不仅能保证眼镜的洁净,还能防止涂料喷溅到衣服上。

可以将透明胶带的功能转化一下,用硬质透明塑料片代替,安装在辊子的手柄上,用卡扣控制塑料片的滑动和固定,蘸取涂料时,将塑料片滑动至手柄末端,蘸好涂料后,再推至辊子上方锁死,起到遮挡作用。

简单即高效 人们有一种普遍心理,就是害怕过于简单的事物,似乎简单的事物无法填满心理上的某种空位,从而使人们有一种失落感,难以满足。或许复杂的事物让人觉得能够拥有的更多,解决复杂的问题能带来更强烈的成就感。但是人类生活之所以烦恼多,其原因之一就是因为人们往往将事情复杂化。现代人一边高唱“向往简单生活”,一边让自己陷入越来越复杂的生活方式中。

使复杂问题简单化,是一种基于提高效率的创意思维。很多人家里都有数个闲置的手机充电器,使用充电器的手机坏了,但是充电器一点问题都没有。长久以来,每一种型号的手机都配备一个只适合该手机使用的充电器,造成了大量的资源浪费。2009 年,国际电信联盟通过了“通用移动终端及其他 TCT 设备的电源适配器和充电器方案”,对手机充电器和手机侧接口进行了统一规定。标准化是最常见的一种简化方式。第一次工业革命时,依靠机床的发明,美国采用和推广了机器零部件的标准化生产,极大地促进了制造业的发展,直接推动了机器的普及,顺利地完成了工业革命。

曾经有一个读研的学生十分焦急地问我一个问题:“如何将一张 WORD 文件中的图片在图像文件中打开?”我自己也没有处理过这种情况,于是我告诉他:“你可以同时打开两个文件,尝试将图片直接拖过去。”结果就这么简单,问题解决了,此前他试过一些更复杂的操作,但从未想过可以用最简单的办法。老子说:“少则得,多则惑”。简单明了的问题更便于理清思路,指向性也更强,过于庞大的系统必然存在更多漏洞,管理成本也更高。另外,即使情况发生变化,对简单事物的改进成本也相对较低。一个多功能的集成装置,一旦其中的某个功能发生故障,就需要整体检修,而单一功能用品的物理性组合,既可以满足多功能的使用需求,也便于拆装检修。

要注意的是,简单化绝不等同于表面化,其实质是解决关键问题,忽略不影响主旨的干扰因素。乔布斯的一句话可以作为简化问题的注脚:“我真得为苹果所没有做的事情而骄傲——就像那些苹果已经做过的事情一样骄傲——因为从我回归后,它不再浪费资源了。”我们在生活中遇到的很多问题都被大量的多余信息所覆盖。简化问题的过程就是清除无用的信息,找出核心要素;简化解决方案就是用最低的成本达到目的。

【打开魔术盒】 很多年前一个无聊的冬日，我漫无目的地走进一家商场闲逛，智力玩具柜台前空无一人，我停下来摆弄着柜台上各种木制的和金属的智力玩具。一个看起来有些莫名其妙的木头盒子吸引了我的注意力，只是一个长方形的木质盒子，但是却看不到通常盒子都有的关键结构——盖子，这个盒子是做什么用的呢？我一边拿起它来左右端详，一边琢磨它的用途和用法。这时一个销售员走过来，笑眯眯地看着我，不无得意地说："打不开吧？你如果能打开，这个盒子就免费送给你了。"他这么一说，我的好奇心一下转变为好胜心，非打开不可。于是我看着那个异常完整的盒子开始用我的方式思考：看似最复杂的事物往往可以用最简单的方法解决。既然一定可以打开，就必定存在一种打开的方式，这个方式肯定不会损坏盒子，从外观看没有任何卡槽、钥匙孔之类的结构，那么可能不需要工具，剩下的就是改变盒子本身的状态这一条思路了，于是我拿起盒子摇晃、倒置、最后放在手上一拍，盒子应声开启！当然，既然谜底已经揭开，我自然也没兴趣拿走谜题了。但是这件事我一直记忆犹新，成为我日后解决问题的一种方式。

面对大量复杂问题时，可能有一小部分关键点具有不成比例的影响。不用处理复杂问题的所有方面，只需要寻找杠杆的支点，复杂性优势可能是某种感觉错误的情况。亚历山大用利剑劈开"戈尔迪之结"，就是著名的例子。另一种具有说服力的情况出现在"不对称战争"中，历史上以少胜多的战役，决策者往往是以这种认识为出发点考虑战略的。

【地图背后】 一天早上，一位贫困的牧师，为了转移哭闹不止的儿子的注意力，将一幅色彩缤纷的世界地图撕成许多细小的碎片，丢在地上，许诺说："小约翰，你如果能拼起这些碎片，我就带你出去玩。"牧师以为这件事会使约翰花费上午的大部分时间，但没有10分钟，小约翰便拼好了。牧师："孩子，你怎么拼得这么快？"小约翰很轻松地答道："在地图的另一面是一个人的照片，我把这个人的照片拼在一起，然后把它翻过来。我想，如果这个'人'是正确的，那么，这个'世界'也就是正确的。"

凡事应该探究"有没有更简单的解决之道"。在着手从事一件工作时，要先动脑，想想这件事情能不能用更简单的方法去做，而不是急急忙忙去动手，以致白白忙碌了半天，却解决不了任何问题。

【简单之道】 20世纪60年代,我国某企业进口一台设备。这台机器里有一个由100根弯管组成的密封部分。要弄清内部结构,就必须弄清其中每一根弯管各自的入口与出口,但是当时没有任何有关的图纸资料可以查阅,显然这是一件非常困难和麻烦的事。科技人员想尽了办法,甚至动用某些仪器探测机器的结构,但效果都不理想。后来,一名技工提出一个简单的方法,很快就将问题解决了。

技工所用的工具,只是两支粉笔和几支香烟。他的具体做法是:点燃香烟,吸上一口,然后对着一根管子往里喷。喷的时候,在这根管子的入口处写上"1"。这时,让另一个人站在管子的另一头,见烟从哪一根管子冒出来,便立即也写上"1"。照此方法,不到两个小时便把100根弯管的入口和出口全都弄清了。

在一些人的印象中,思维方法总是与复杂联系在一起的,以为解决问题的方式越复杂就越好,想得越多就越深刻,以致钻进"牛角尖"里无法出来。事实上,学会把问题简单化,才是一种大智慧。

【最纯净的溶液】 哥伦比亚大学的理论物理学家克劳斯·莱克纳和全球科技研究中心的工程师阿伦·莱特研究二氧化碳捕获装置,以减少空气中的二氧化碳,降低温室效应。他们用塑料作为原料,这种塑料早就被用于制造水软化剂,但从没有人想到利用它的天然特性来吸收二氧化碳。但他们还需要找到一种方法,使塑料可以释放出所捕获的二氧化碳分子,以便循环使用塑料,同时将释出的二氧化碳储存起来埋入地下。他们首先想到一种化学物质:碳酸钠,可以溶解这些塑料吸附的二氧化碳。但将二氧化碳从碳酸钠中萃取出来需要消耗大量的电能,那样就不得不利用火力电厂所产生的电能。如此一来,这个装置就失去了意义,于是他们决定尝试简化处理流程。

他们回到最初状态,决定采用最简单的方法,即将一个密闭钟罩挂接在二氧化碳检测器上,然后将吸附了二氧化碳的塑料在溶液中浸泡片刻,再放入钟罩里,测量罩子中二氧化碳的含量,如含量大幅上升则说明这种溶液可用。他们决定从最普通的水开始,结果发现这种最纯净的溶液完全可以达到要求。

考虑发展趋势　把握事物规律最重要的作用，在于预见未来，或者说预测事物的发展趋势。在人们的印象中，未来总是神秘的和难以预测的，人们对未来的态度大致分为两种，一种是渴望提前知道未来的样子，另一种是完全不去考虑，只活在当下。很显然，习惯于创意思维的人属于前者，即使只是出于好奇，他们也不会满足于了解当前的世界。

每年都会有各种机构发布各种趋势报告，我们也经常能在媒体上看到对人类未来生活的描述，主要内容几乎都是科技如何发达，以至于一切都是智能的，机器替代了传统的身体劳作和脑力劳作，人们只要想一下，一切就安排好了。环境保护机构的预测则充分激发起人们的恐惧心理，科学家指出，温室效应将导致地球上的冰雪融化，地球将会被水淹没。也许这些预测都是对的，有可能正是未来高科技的生活方式导致了地球未来的灾难，因为一切高科技都是依赖电来驱动的，而发电需要消耗资源排出二氧化碳，大量的二氧化碳排放导致地球升温，这两者有着必然的联系。如果人们考虑到这两个趋势之间的关系，也许愿意放慢发展的脚步，重新安排自己的生活方式。

在日常生活中，事物发展的趋势更加难以察觉。一件事的后续影响常常是隐性的、延时的、间接的，令人难以发觉。大多数人在处理事情时，只考虑短期后果，对于长远趋势则无暇顾及，或认为与己无关，因此不必理会。有一则寓言说明了这种现象：三个人比赛射箭。第一个射得太远了，围观的人们看不到箭，没有人喝彩；第二个射得太近了，人们立刻嘲笑他技术太差；第三个将箭射到站得最远的人脚下，大家纷纷叫好称赞。因此，当你预测的趋势被多数人批评时，别担心，或许这证明了你看得更远。

考虑趋势需要掌握事务的基本规律，更需要用符合逻辑的联想将事物联系起来。如果我说“改变论文评价标准可以促进环保”，你可能觉得莫名其妙，但是用考虑趋势的方法来看，这种联系并非无稽之谈。目前教育体系和社会评价体系，都将字数作为对论文水平的评价指标之一，字数多的论文更容易赢得较高评价。几乎所有的论文都需要打印出来，字数多的论文当然会消耗更多纸张，也意味着消耗更多木材。

【高明的医术】　魏文王问名医扁鹊说：“你们家兄弟三人，都精于医术，到底哪一位最好呢？”扁鹊答：“长兄最好，中兄次之，我最差。”文王再问：“那么为什么你最出名呢?”扁鹊答:“长兄治病,是治病于病情发作之前。由于一般人不知道他事先能铲除病因,所以他的名气无法传出去;中兄治病,是治病于病情初起时。一般人以为他只能治轻微的小病,所以他的名气只及本乡里。而我是治病于病情严重之时,一般人都看到我在经脉上穿针管放血、在皮肤上敷药等大手术,所以认为我的医术高明,名气因此响遍全国。”

事后控制不如事中控制,事中控制不如事前控制,可惜大多数人不能认识到这一点,等到错误的决策造成了重大的损失才寻求弥补。

【瓷器中的植物】 在“海捞瓷”的收藏界,有一批小型瓷器非常珍贵,由于保存十分完好,曾经一度被收藏家认为是仿品,从沉船中打捞上来的瓷器怎么会如此完好呢?原来古代的商人用了一种非常聪明的办法,可以说既防震又环保,足以令今天的包装设计师折服。

考古学家在一批被打捞起的瓷器中,发现了一个巨大的瓷坛,里面居然装着许多完好无损的小型瓷器,一些藤蔓植物缠绕着这些小型瓷器,瓷器之间的空隙被植物填满,因此得以完好地保存下来。起初人们以为这些植物是船只沉没后,海水中的植物在瓷坛中生长,但沉船时的震动为何没有对这些小型瓷器造成损坏呢?经过仔细清扫整理,考古学家们终于发现,在瓷坛底部残留着一些植物种子和泥土,原来坛中的藤蔓植物并不是沉船后生长的,而是货物起运前,运货人特意放进瓷坛中的,运货人将泥土和藤蔓植物的种子放入坛中,再放入小型瓷器,浇上水,藤蔓植物在生长过程中就将小型瓷器紧紧包裹起来了,不但在颠簸的海上不会互相碰撞,还经受住了沉船的巨大震动。

把握事物的发展趋势,不是靠大胆的猜测,而是基于我们经验的积累,更要靠对经验的灵活运用。

【产品上的回收标志】 垃圾分类一直是城市管理的难题,生活区内放置的分类垃圾桶形同虚设,人们不执行分类标准的原因之一,就是面对废弃物五花八门的材质,实在难以判断分类的标准。针对这一现实问题,英美实行了“垃圾分类实名制”,明令所有生产企业必须在产品上注明是否可回收,否则将受到严厉的处罚。

在问题源头考虑到其发展走向,可以帮助我们规避将来可能出现的问题。从生产开始考虑废弃后的处理,无疑是更环保,也更经济的做法。

第四节　找到最佳起点

创意思维的优势之一，是为我们解决问题提供大量切入点，但面对看起来都有发展前途的切入点，找到作为开始的最佳起点，并非轻而易举。可能我们找到的只是“最佳之一”，因为其他可能性始终存在。不过我们每次起程都只能从一个点出发，就像一架飞机无法从北京和巴黎同时起飞。虽然在前面的章节中，强调了人性和物性是创意思维最根本的缘起，但面对具体问题时，我们必须选择更接近的起点。

可口可乐曲线玲珑的瓶身已经成为该品牌的一部分，是1915年由设计师 Earl R. Dean 根据可可豆的形状设计的。被称为“可口可乐之父”的阿萨·坎德勒对可口可乐包装的设计提出了独特的要求：“瓶身不仅要外形别具一格，在黑暗中也能轻易辨认，就算摔成碎片也能一眼认出。”由于商标名中的 Coca 是可可树叶提炼成的香料，Cola 是从可可果中提炼出的成分，Earl R. Dean 希望以这两种成分的外形作为出发点，设计瓶身形状，但不知道它们长什么样，好不容易才在图书馆的《大英百科全书》中看到一幅可可豆豆荚的图片，并以豆荚的外形轮廓为素材，设计出了这个经典的瓶子造型，甚至还保留了可可豆豆荚筋脉的弧线。

阿萨·坎德勒的设计要求无疑是极富创意的，我们无法知道他如何想到“在黑暗中也能辨认”这一点，或许因为当时电灯不太普及，或者刚刚面世不久的白炽灯寿命较短，人们面对黑暗的时间比今天长，但他的这一要求为我们提供了一种考虑问题的思路，即为解决方案设置一些非常规条件，来引导思考方向。当然，与此类似的方法还有很多。

调整变量　许多时候，人们要解决的问题不是创造一个全新的事物，而是对旧事物进行改造。所谓改造，可以理解为“部分地变化”，也就是保持一个事物属性中的常量，改变其他变量，这是“控制实验”中经常使用的方法。常量是决定事物本质的因素，不会改变，变量可以调整，令事物呈现出不同的面貌。举例来说，“水杯”的常量是“装水的容器”，其他诸如材质、形状、体积、颜色等，都属于变量，每一种变量都可以作为改造的方向。不只是器物可以使用这种方式来理解,其他类别的事情也同样适用。比如,“上班”的常量是用工作换取报酬,至于上班的方式、具体的工作内容、与他人的合作方式等,则属于变量(见表4.2)。

有时候,我们认为出人意料的创新,其初衷只是在人们习以为常的状态上稍作改变,为了做到这些小小的变化,人们发明了新的技术和方法。

表4.2　调整变量形成的创新

	常量	被调整的变量	形成的创新点
废厂房	大空间	用途→不再用于生产	艺术工厂,用于创作或展示
手表	计时	图案设计→采用名家作品	SWATCH 手表,成为一种装饰品
房子	居住空间	建造材料→纸代替砖石	在地震中安全的纸房子
自行车	骑行	存放方式→折叠	折叠自行车,节省存放空间
打印机	输出	耗材→物品制造材料替代碳粉	立体打印机,可输出实际物品

【卷起来的花瓶】　家里的玻璃或陶瓷花瓶是个尴尬的物件,插花的时候,总要小心翼翼地拿到水龙头下接水,用过后清洗也很不方便,没有花的时候,摆在那里总觉得干巴巴的,收起来又占地方。也许某位设计师也体验到这种尴尬,于是一款貌似塑料袋的花瓶诞生了。与一般塑料袋不同的是,这款花瓶有一个底面,如此一来,在注入水后,塑料袋就被撑开,不用的时候,则可以轻松地卷起来收纳。

寻找对立面　在我们的价值判断系统中,总有些概念是“相互对立”的,比如大与小、新与旧、高与低、敏锐与迟钝、遮蔽与透明、敌人与朋友。古老的易学告诉我们,每一个事物都具有两面性,并且可能互相转化。一个事物的存在是由它本身,以及隐性的对立因素两部分构成的,两者在一定条件下会互相转化,人们常说的“变劣势为优势”,就是这个道理。

我们的思维定势常常本能地坚守既有概念,尽量避免使用与之对立的因素,其实,采用对立的概念能够带给人们全新的思考方向。人们对许多新颖的事物感到惊奇,是因为它们的想法来自常规观念的“对立面”。“二战”后期,苏军要在夜里向德军发起进攻,可是那天晚上的星星偏偏特别明亮,大部队出击很难做到不被敌人察觉。苏军元帅朱可夫思索许久,命令将全军 140 台探照灯都集中起来,同时射向德军阵地,极强的光线使德军士兵无法睁开眼睛,苏军顺利攻破德军防线。

【最省钱的解决方案】　几年前,当“星座计划”(目的是重返月球)还没有被奥巴马取消时,NASA 的科学家们发现,该计划中研发的主力运载火箭“战神一号”存在着一个巨大的缺陷,甚至有可能使整个计划破灭。这个缺陷并不是发动机故障或是电脑死机,而是看似无关紧要的振动问题。按照设计,在“战神一号”发射的最后阶段,其固体助推模块会燃尽脱落,这会导致整个火箭产生产生剧烈的振动,导致驾驶舱中的宇航员们根本无法看清楚操作台显示屏上的数字。后果就是——宇航员们看不到数字,他们就无法工作,他们无法工作,计划就要报废。

NASA 的人为因素研究中心和技术部对该问题的严重程度进行了细致的评估工作。实验的第一步是制作一个只能以垂直方向振动的椅子,因为在火箭发射过程中,驾驶舱中的椅子也同样是以垂直方向振动,而不会左右摇晃。然后要让椅子的振动频率与火箭的模拟振动频率相同,这个频率大约为 12 赫兹。工程师们还考虑到,随着“战神一号”的加速,这种振动会相应增强。“战神一号”运载火箭的最大加速度可以达到 4 倍重力加速度,同样也会使振动加速度增加 0.7 倍重力加速度。然后他们发现,在 0.7 倍重力加速度的振动测试下,即便是显示屏上最大的数字也无法看清了。

就在此时,振动实验室的科学家们想出了一个绝妙的点子:只要将显示器的画面频闪频率调到与振动频率相同不就行了吗? 于是他们用几美元买了一些电路板,连接屏幕,调节频率到 12 赫兹,方案奏效! 为了椅子的振动和屏幕的频闪完全同步,让宇航员能完美阅读屏幕上的内容,工程师们又进行了一些改进,他们在那把椅子上安装了一些加速器,终于使屏幕显示完美可见,整个改造花费只有区区几美元。①

【最受欢迎的奖项】　2012 年 1 月 11 日晚,成都某贸易公司年会的抽奖环节正在热闹地进行着,随着 300 元、500 元,甚至千元现金大奖的出炉,现

① 资料摘自果壳网 guokr. com.

场已是一片沸腾。轮到员工毛梦云抽奖了。她从抽奖箱里拿出一个红包，抽出来一看，却只有一张纸条，上面写着“迟到券，凭此券迟到半小时以内可以免罚，奖券所规定的次数，有效期：2012 年 2 月 1 日至 2012 年 12 月 30 日”。这是一个什么奖？一询问，才知道用这个券迟到可以免罚，她大喜过望，直呼这是最好的奖品。“这张通行证对我来说太有用了，给钱都不换。”

迟到本是与惩罚联系在一起的，但是经过转换，竟成为一种最好的奖励。

【原石钻戒】 提到钻戒，人们马上会想到昂贵的价格，以及复杂的加工工序，高超的切割工艺是钻石饰品价值的重要组成部分，钻石之美与光芒四射的特性联系在一起。甚至曾经有一首流行歌曲的歌词是：“钻石钻石亮晶晶，好像天上的一颗星。”但是却有一位设计师反其道而行，省去切割打磨的加工程序，将钻石的原石直接镶嵌在戒指托上，做成了别具一格的原石钻戒，并声称象征“爱情原貌”，令人耳目一新。

颠覆传统价值观，需要独到的眼光、打破常规的勇气和说服他人的技巧。

角色扮演 人最难消除的思维障碍源于对“自我”的界定，由于立场的固定，人们很难摆脱一些固有的价值观和思维模式，为自己换一个身份，也许会带来全新的感受，打破自己的思维壁垒。我们在思考问题时，可以借想象力来做“角色扮演”的游戏，改变自己的视野，进行换位思考。

(1)有足够的经济能力，考虑不计成本的方案，有些看似不可避免的困难后期完全可以解决。

(2)扮演一无所有的人，摆脱害怕失去的心理，排除因考虑维护既得利益而产生的顾虑。

(3)扮演外国人或外星人，让自己置身事外，从外部看待具体问题，借用他文化来审视。

(4)扮演孩子，以单纯的眼光观察，帮助你发现最简单的解决方案。

一位中国画家出国后，苦于文化差异和审美差异，作品一直不被西方观众接受，渐渐地生活出现了困难。一个偶然的机会，他发现当地人都喜欢在家里挂几幅画作为装饰，人们买画不是为了收藏，而是为了美化居室环境。

苦思冥想后，画家开始丢掉自己长期以来的自我定位，不再将自己看作一名曲高和寡的艺术家，而是将自己看作一名美化生活的设计师，他开始翻看家居设计杂志，研究居室的装修风格与什么样的绘画风格相配，最终改变了艰难的处境，打开了一个新的局面。

【重新发现】　富翁穆拉·纳斯鲁汀有一幢漂亮的房子，但他厌倦了，就像所有的人一样。房子是否漂亮是无关紧要的，一个人每天都住在同一幢房子里，他就会厌倦。于是他叫来了一个房地产代理人，告诉他："我想把房子卖了，我已经厌烦了，房子已经变成了地狱。"

第二天，在早报上，房地产代理人为他刊登了一则精美的广告。

穆拉·纳斯鲁汀一遍又一遍地读，然后他给代理人打电话："等等，我不想卖了。广告里所说的那套房子正是我一生中一直梦寐以求的，我一直寻找的就是这样的房子。"

当你对周围司空见惯的环境产生反感的情绪时，不妨换个角度去观察它，也许你会发现原来熟悉的地方，也有风景。换个身份观察，换个角度思考，常常有意料不到的收获。

制造偶然　并不是所有的成功都来自长期的工作，总是有些偶然的机遇为我们带来意外的惊喜。反过来说，我们也可以主动制造偶然，给我们的思考一点惊喜，或许就能打开一扇从未存在过的门。其实所有"偶然"发生的事情都是一种必然，但是我们的发现具有偶然性。因此制造偶然不是不可能的，其方式也很简单，就是经常接触不熟悉的事物，给自己提供"偶然"的机会。

一次，我推荐一名学生到北京湖广会馆实习，这名学生觉得没有兴趣，因为湖广会馆是以演出京剧和戏曲为主，她觉得对自己没有吸引力，我问她是否听过京剧，觉得不喜欢，她回答说自己从未听过，只是印象中不是年轻人喜欢的艺术形式，节奏慢，肯定很沉闷。于是我建议她去试一下，至少要接触一下再做判断。几个月后，这名学生兴冲冲地拿着她为湖广会馆设计的礼品来给我看，告诉我京剧其实很好看，非常有意思，她从京剧中汲取不少设计灵感。

如果你绞尽脑汁也找不到突破点，可以试着去做一些从未做过的事情，甚至是无厘头的事情，比如随意翻开一本书，闭着眼睛指出一个字，然后从这个字开始进行发散思考；或者向任一方向走出 100 步，将第一眼看到的东西作为思索的起点，让大脑在完全没有主动操控的情况下开始思考，避免一下落入惯性思维的禁锢。

当然，要有所收获，就必须有所准备，同样的现象，只有独具慧眼的人才能发现其中蕴涵的潜力，这种慧眼就是创意的思维方式。人类历史上一些重大发明和发现简直是上天送来的礼物，只要是个有心人，就能意识到偶然事件的价值。

【望远镜的发明】 1607 年，在荷兰一个名叫密特尔堡的小镇上，住着一位名为利比斯赫的眼镜制造工匠。他的三个顽皮的孩子经常拿着他磨坏的镜片当玩具。有一天，孩子们拿着磨坏的镜片正在玩耍，其中一个孩子偶然将两块镜片一前一后相隔一段距离重叠起来，猛然间，他发现通过这两块镜片能将远处的景物"拉"到眼前，看得十分清楚。他兴奋地将这一发现告诉了父亲。利比斯赫听了之后，用同样的方法果然看清了远处的景物。

兴奋之余，他仔细查看了这两块镜片，原来是一块老花镜片和一块近视镜片。只要老花镜片在前，近视镜片在后，再适当调整两块镜片之间的距离，就可以拉近远处的景物，看得更加清楚。于是，利比斯赫将两块镜片插到一个长度为 30 厘米圆筒的两端，其中一块可以移动。这样，世界上第一台望远镜就制造成功了。

【忆苦饭的收获】 20 世纪 60 年代，某骑兵分队到青藏高原西部途中，误入"醉马滩"，因见一种"野菠菜"（学名山莨菪）鲜嫩可爱，除马食外，连队还特意采来做了顿"忆苦饭"，不想马匹醉倒，人入冰湖跳舞。后经化验，得知此草含高强度兴奋剂。

因这次发现，医药界用这种野菜中提取的药物制成了抗休克针剂，取名"654"，现名"654－2"，可抗重度休克症，在战地救护中作用巨大。

【冰棒的诞生】 你可能想不到，风靡整个儿童世界的冰棒，纯属一次偶然所得。1905 年的一天，仅 11 岁的小男孩法兰克·爱波森将汽水粉倒进开水里，这是当时孩童最喜欢喝的饮料，因为马上跑去找小伙伴踢球，将这杯饮料连同搅拌的汤匙，一起遗留在室外。当夜的气温突然降至零度以下。第二天一早，法兰罗起来时，发现汽水已变成一支硬邦邦的冰棒。于是，他带到学校去展示给同学们看。可是，冰棒并没有马上引起世人的注意。

直到 1923 年，有一天，法兰克忽然想起少年时代意外制成的那支冰棒。于是他动了生意头脑，开始调制各种果汁，制成冰棒出售，没想到大受欢迎。

第五章　创意思维的应用

在人们的固有观念中，创意思维只适用于科技发明或发现，以及与艺术有关的创作领域。事实上，从农耕工具到流水线生产；从图腾符号到品牌标志；从结绳记事到数码影像，人类社会的每一个文明成果，都可以说是由创意思维推动的，创意思维催生新的观念、新的事物，为人类带来新的生活方式，生活中的创意思维几乎是无处不在的，它有时表现为一种可视的实践成果，有时则提出一种考虑和解决问题的方法，指出一个实践的方向。

从历史上看，人类社会可以简单地划分为两种不同时期，即战争时期与和平时期。战争时期，人们的一切实践活动以军事需要为中心；和平时期，社会的重心则转向经济活动。无论是战争时期还是和平时期，创意思维的作用都不可小觑，创意思维是支撑科技发明的根本性思维方式，没有突破性的创意思维和实践，就不可能产生诸多的科学发明和科学发现，而许多科技成果最初都是应用在军事领域的，一些技术在和平时期转为民用，甚至有些军事思想也被其他领域借鉴引用，成为经济领域理论的一部分。另一方面，一些原本不是为战争研发的科技成果，以及某些经济手段，却意外地在战场上发挥了关键作用。

本章以军事领域和经济领域为基本划分，通过对不同领域中典型案例的研究，探讨创意思维在人类实践活动中的应用。

第一节　军事领域

从某种意义上来说，人类社会的发展史也可以被称为一部战争史。无论是原始社会部落间的互相征战，还是一个国家内部的斗争和政权更迭，无不借助战争的手段。人类生产技术的每一次进步，总是首先用来制造战争所需的装备，并直接影响到战争的胜负，从而间接地促进了社会变革，改变了社会结构和人们的生活方式。英国著名学者贝尔纳曾经说过："自古以来，改进战争技术一直比改善和平生活更需要科学。"

在经历了无数场战争之后，出现了一些军事思想家，他们深入研究战争的各个方面，总结出战争的目的、胜败的原因，并提出战争取胜之道，涉及作战的部队组织、战术的运用、计谋的使用，形成系统的军事理论，在武器水平基本持平的情况下，完善的军事理论是赢得战争的决定性因素。因此，在科技水平没有代差的战争中，军事理论的重要性更加凸显。

然而，无论是总结军事理论，还是研发武器装备，最终成果无不闪现着创意思维的灵光。只有思维方式灵活的军事家，才能在作战中审时度势，洞察敌人心理，做到"出其不意，攻其不备"，取得战争的胜利。也只有不拘一格的思维方式，能够让常人熟视无睹的事物，成为武器发明者灵感的源泉，甚至能将与战争毫无关联的东西作为有效武器，发挥巨大威力。

军事理论 比起武器装备，众多的战争理论更为人们所熟知。也许人类好斗的本能使得我们以竞争的心态看待一切活动，因此在和平时期，人们将商业活动称为"商战"，一些著名的兵书战策也被现代商人列为必读书目。人们能够借用战争理论来指导日常活动，主要原因在于其所蕴涵的思维方式，高明的战争理论来自于高明的思维方式，其中不乏灵活多变的创意思维方式。《孙子兵法》无疑是世界上最具代表性的军事著作，这部 2400 多年前的军事著作，在 1991 年的海湾战争中却成为美军指挥官的必备读物。

《孙子兵法》中的许多军事思想影响极其深远，至今仍是许多国家应对战争的重要指南。孙武将战争取胜因素归纳为"道、天、地、将、法"，将帅素质规定为"智、信、仁、勇、严"，将胜利的最高境界定义为"不战而屈人之兵"。其中"知己知彼，百战不殆"的著名论断，"水无常形，兵无常势"的精妙见解，"出其不意，攻其不备"的谋略思想，以及对计与战、力与智、利与害、全与破、数与胜、奇与正、形与隐、虚与实、动与静、迂与直、势与能等范畴的深刻分析，被无数古今中外兵家名将奉为座右铭。

虽然《孙子兵法》十三篇，从不同方面论述了在战争取胜的原则和方法，但可以大致概括为战争的客观物质条件、将士的主观心理条件、根据具体情况制定战术、利用外部环境或特定手段打击敌人,其根本出发点不外乎洞察“人性”与“物性”,思考如何将“人性”和“物性”为我所用。

《孙子兵法·行军篇》:“杖而立者,饥也;汲役先饮者,渴也;见利而不进者,劳也。鸟集者,虚也;夜呼者,恐也;军扰者,将不重也;旌旗动者,乱也;吏怒者,倦也;粟马肉食,军无悬缻,不返其舍者,穷寇也。”如此详细的描述,不难看出孙武对敌军观察的细致入微,并且能够从表面现象分析敌军的心理状态,从而采取有针对性的战术。

另外,孙武也强调了思考问题时应对基本元素进行多样化组合,不拘泥于单一的思维方式,而是综合运用多种思维方式。《孙子兵法·势篇》中写道:“声不过五,五声不变,不可胜听也;色不过五,五色之变,不可胜观也;味不过五,五味之变,不可胜尝也。战势不过奇正,奇正之变,不可胜穷也。奇正相生,如循环之无端,孰能穷之?”

1999年,中国两位空军军官——乔良和王湘穗出版了他们合作的《超限战》,得到国内外军事评论家的一致肯定,还被美国的军事院校指定为军事读物。这本书提出了一个崭新的概念,即超限战。他们认为,对一个地区的金融攻击,与恐怖袭击、邪教组织的反社会活动在某种意义上都属于战争,是现代战争一种新的雏形,是一种超越实力局限和制约的战争方式。作者在该书的法文版自序中特别解释了书名:“超限并不等于无限。而只是扩大了的‘有限’,即超出某一领域、某一方向的固有界限,在更多的领域和方向上组合机会和手段,以实现既定的目标。这就是我们为‘超限组合战’下的定义。”

从作者对“超限”的释义,不难看出对创意思维方式的应用,事实上,该书正是用创意性的思维方式来理解和思考“战争”这一课题。美国一位军事评论家将《超限战》的观点概括为“战争的胜利将取决于把武器、战略和不同的战场富于创意的组合”。

(1)是对“战争”的重新定义,拓展了对战争思考的方向。现代战争的概念不再局限于“用武力手段强迫敌方接受自己的意志”,而是“用一切手段,包括武力和非武力、军事和非军事、杀伤和非杀伤的手段,强迫敌方接受自己的利益”。从二战结束后的美苏冷战,到前苏联、南斯拉夫解体;从美国某些政治势力干预造成中海油收购优尼科失败,到美国国务卿公开要求叙利亚总统下台，现代社会中军事暴力相对减少的同时，政治暴力、经济暴力、技术暴力相应地增多。

超限战理论对现代和未来战争的定义，确定了其对战略和战法的基本思路，充分说明了“设计问题”的重要性。

(2)从战争构成因素的各个侧面进行发散，进行多样化思考。在新定义的引领下，将现代战争与传统战争的概念进行比较，对战争的不同侧面进行发散思维，深入探讨多样化的战争形式。如发生地点，从战场扩散到非战场；战争形式从军事行动，衍生出准军事或非军事性行动；参战人员可以是职业军人，也可以是以平民或专家为主体的新生战力。

通过对战争各个组成部分的发散，将庞大的“战争”问题分解为多个小问题，分别寻找解决方案，最后形成一个动态的现代战争思维系统。

(3)充分借鉴吸收已有的军事理论，以及多学科的思想知识。超限战在概念上是一个新的提法，但其战法的具体使用古已有之，现代战争中也屡有应用。书中许多论点脱胎于《孙子兵法》和其他战争理论，台湾退役将领甚至将《超限战》称为毛泽东思想“人民战争”的现代版。

作者借用“田忌赛马”的智慧来说明超限战的一个重要思路——错位思维，即不对称博弈；用“蜂虿有毒”的原理作为弱国小国对付强国大国的原则；用美学上“黄金分割”的非均衡性揭示战争力量配比的规律，归纳打击敌军的最佳着力点；用物理学上“熵”的概念解释世界同时走向无序和有序的趋势——一方面很无奈地沿着熵的客观规律走向无序，一方面又在不断地制定秩序和法律。

任何新事物中都包含着前人的成果，除了吸取本领域的先期成果，借用他山之石，在其他领域与本领域的交叉处寻找灵感，是创意思维活动中必不可少的、最具启发性的方式。

(4)从不同的切入角度，对战争构成元素进行多层次的拆分与组合。作者认为兵器、手段、阵法以及谋略的组合，都局限于军事领域内，要想赢得今天或明天的战争，必须“组合”你所掌握的全部战争资源和战争手段。

①从战争的规模和与其对应的战法这两方面切入，将战争划分为四个层级，每一级作战规模的台阶上都有与之相应的作战方法：大战—战策、战争—战略、战役—战艺、战斗—战术。而从现实情况来看，并不是哪一级的

手段才能解决对应级的问题。对此,超限战提出“超台阶组合”的原理,即把战策、战略、战艺、战术任意对接,如用某种非军事行动的战略手段,去配合一次战斗任务的完成;或用某种战术性手段,去实现战策级的目标。无论是四两拨千斤,还是用牛刀杀鸡,只要操作得好,都是可行的。

②从战争形态和打击手段的角度切入,将战争类型分为军事类、非军事类,和超军事类。具体战争形态分解为原子战、游击战、太空战、外交战、心理战、媒体战、金融战等 24 种形态,对这 24 种形态进行任意组合,即可形成全新的作战方式,用作者的话说,就是“我们只须摇动加法的万花筒,就能组合出幻化无穷的战法花样来。”

③从选择战场的角度切入,将地理意义上的作战区域发展为“超国家组合”、“超领域组合”。如果将信息领域、金融领域、贸易领域、舆论领域同样视为战场,将不同领域内对敌人的打击作为整体战争的一部分,有意识地将看似不相干的领域进行组合,使不同领域内的“战果”形成互动的有机联系,也许能以最低的成本换来最高的回报,获得事半功倍的效果。

④从作战武器和手段的角度切入,提出技术手段的“超手段组合”。可以从任何角度、任何层面把任何事物都作为手段来理解。军事演习、武力封锁是当然的军事手段;经济援助、文化渗透、利用联合国决议也可视为准军事手段。材料技术、空间技术、生物工程技术可直接运用于武器制造;数学也能用于测算弹道、爆炸当量等武器改良;甚至哲学和艺术的方法也是支撑军事智慧以及军事行动的有力手段。

⑤从作战单位的角度切入,作战人员与武器技术手段的多样化组合也能带来出人意料的效果。传统战争中,“人 - 机”组合是最小的作战单元,其作用一般不会超出人员和武器的攻击范围,如将黑客作为网络战的作战人员,将破解技术当作武器,那么 1 名黑客 +1 只调制解调器,给敌方造成的毁损几乎不亚于一场战争。

由国家出面伪造别国货币,扰乱敌方经济的做法至少已经有 200 多年的历史。美国独立战争期间,英王乔治三世曾下令伪造“大陆票”以破坏殖民地经济。法国大革命期间,英国故伎重演,伪造了大量法国教会地产券。拿破仑也曾如法炮制大量伪造别国货币,1806 年他下令没收奥地利维也纳国家银行的印钞原版,在巴黎和意大利等地印刷质量非常好的 5 盾,8 盾,10

盾,25盾奥地利钞票,然后用这些钞票在奥地利购买物资。德国在二战中也曾大量伪造英镑,像著名的“伯恩哈德钞票”几乎能够以假乱真。事实上,二战时期伪造别国货币的并不止德国,前苏联,英国,美国都曾经印刷过大量的别国货币,既包括敌国货币也包括被占领国家货币,如捷克克朗,荷兰盾,法国和比利时法郎。

【轰炸机差距】 20世纪50年代,美国几乎没有任何渠道获取前苏联轰炸机的情报,对其战略轰炸机或重型轰炸机的装备情况一无所知。1955年7月,美苏法英日内瓦首脑会谈前夕,正值苏联空军纪念日,苏联军方邀请了美国空军官员观看飞行表演。美国武官看到了28架新型重型轰炸机从头顶飞过,于是断定美国的轰炸机战略远远落后于苏联,作出所谓“轰炸机差距”的结论,建议美国政府增加相关的军费预算。

其实苏联空军的轰炸机并没有那么多,美国武官是被苏军的“障眼法”欺骗了,他们看到的28架轰炸机,只是几架反复飞过检阅台的轰炸机。

【电影大战】 早在一战时期,好莱坞环球影业创始人卡尔·莱默尔想方设法让好莱坞与威尔逊总统结缘,他持续不断的努力最终使好莱坞获得了关注,威尔逊总统认识到了好莱坞电影对国民的影响力。在威尔逊总统任期内,建立了国会公共信息委员会。该机构的宗旨明确:“通过电影推广美国的文化和价值观。”当时好莱坞电影出口的审查条件是:“出口的电影中必须含有20%的教育内容,所有不利于美国的正面形象及其价值观传播的电影都严禁出口。”这一规则到二战后变得更加苛刻,欧洲各国院线在购买美国的普通电影时,必须附带一定比例的含有“教育内容”的影片。如此,到一战结束时,“好莱坞的电影已经成为美国新建立的全球实力的一大文化延伸”。① 二战时,美国战争情报局也专门设置了电影处,与好莱坞的制片厂进行合作并行使督促监督的职能。

冷战期间,美国政府让好莱坞在思想领域为全球性的“马歇尔计划”做出贡献。以好莱坞电影为载体,对德国、意大利及其他国家开展思想意识的

---

① 《软实力:好莱坞电影、流行乐、电视和快餐的全球统治》(加)马修·弗雷泽著,刘满贵等译.新华出版社2006.33

清洗战,法国、英国、意大利、日本等国家为得到美国的经济援助被迫开放了本国的电影市场,美国政府和好莱坞成功实现了“将赚取利润与反法西斯和反共的政治意图同时实施”的目标。①。

从冷战到9·11之后,好莱坞一直都在配合政府的政治需求,进行意识形态领域的反恐战。在《波斯王子:时之刃》、《300勇士》、《魔戒》、《全面围攻》、《夺宝奇兵》等新老电影中,好莱坞几乎将伊斯兰文化与恐怖主义画上等号,而电影上演时的国际政治局势也总是非常微妙。《300勇士》上映时,适逢美国政界展开是否对伊朗发动攻击的争论,电影内容是斯巴达国王列奥尼达斯率领300勇士与波斯在温泉关大战。当时就有美国媒体打趣:“为了责任、荣誉和辉煌,如果把电影中的长矛大刀换成M16和装甲车,《300勇士》就是一场军事动员电影。”

说起电影的宣传效用,比好莱坞大片影响更大的是德国纳粹出资拍摄的纪录片《意志的胜利》。1934年,德国著名女导演莱尼·里芬斯塔尔受希特勒的邀请拍摄了该片,影片用极其出色的电影语言记录了纳粹在纽伦堡召开的第三帝国代表大会,通过巧妙的镜头视角和调度,把一个疯狂的政治狂人希特勒塑造成全民的救星;把一支杀机四伏的野蛮军队塑造成国家的卫士;将游行、集会、呐喊、举手等处理成恢弘的史诗,纳粹主义思想在她壮观画面的演绎下,变成了一种令人陶醉的视觉幻想曲。这部影片被称为“最具权威性的宣传电影”。

【乐队也是部队】 1939年3月15日,经过一夜激烈炮火洗礼的布拉格街头,突然间响起雄壮美妙的音乐声,市民们的紧张情绪顿时消失,都好奇地跑到街头看热闹。只见一支数百人组成的军乐队,一会演奏民歌,一会演奏流行歌曲,迷人的音乐掩盖了战争的气氛,使许多人竟然忘掉了在他们面前演奏的是侵略者,是法西斯军队,反抗的情绪大大减轻。在这支军乐队后面就是装甲部队,等人们醒悟过来时,布拉格的所有街头都已被德国军队占领。

1940年4月9日,德国军队同时入侵挪威和丹麦,使用了相同的把戏。德军进入奥斯陆和哥本哈根时,一支德军音乐队吹吹打打,演奏甜蜜的华尔

---

① 《不宣而战:好莱坞VS.全世界》(英)戴维·普特南,李欣等译.中国电影出版社2001.198.

兹舞曲和流行的美国小调，动听的音乐回荡在整个城市，好像在举行盛大的音乐会。市民们忘掉战争，忘记痛苦，纷纷走出家门看热闹，许多人还跟着音乐跳起舞来。可是正当人们为美妙的音乐叫好、迷醉时，几艘德国登陆舰驶进了港口，打开舱门，坦克和装甲车冲上岸，接着步兵、炮兵也从容地上了岸，很快军队在音乐声中包围了整座城市。

武器装备　近代战争冷兵器被枪炮取代，现代战争中，枪炮又被各种无形的武器所取代，基因武器可造成病毒难以遏制地扩散、繁殖，使敌人迅速丧失战斗力；微波射频武器能发出强电磁干扰使敌方雷达与通信陷入混乱；利用全息投影技术制造的视幻觉武器，则可利用敌人的宗教信仰或文化习俗，从心理上骚扰、恫吓和瓦解敌人。武器装备在科学技术的支持下，已经从对人肢体的直接消灭，扩展到了对人体各种感官和功能上的摧毁。

但仅仅从技术上对武器进行改良是远远不够的，从武器的攻击目标、操作方式、使用环境、制造材料、制造和维修成本等多种角度来设计，同时考虑武器与战术的最佳配合，将武器与战争的其他因素统筹运用，才能不被武器的传统概念所束缚，利用一切可支配资源，研发出最有效的武器装备。历史的经验表明，技术尖端的精良武器不一定比人们临时发明的“怪异武器”更有实效，一些看似与武器无关的装备，其作用也不可小觑。

【迷彩服】　在某种意义上，迷彩服的出现颠覆了人们对军服的定义。古代战争往往采用面对面直接对阵的形式，因此军服往往选用比较醒目的颜色，可使军容鲜明，容易区分敌我，而且使用红色的较多。因为可以掩盖血迹，减少己方士兵的恐慌情绪。现代军队中的各个兵种已经根据所处环境的色彩，开发出不同色调的迷彩服 。

1899 年，英军入侵南非，与当地的荷兰人后裔“布尔人”进行了持续 3 年的“英布战争”。布尔人与英军力量悬殊，双方兵力对比约为 1:5。但布尔人发现，英军穿红色军服，在南非的森林和热带草原的绿色中格外醒目，极易暴露。布尔人从中受到启发，立即将自己的服装和枪炮改为草绿色，便于在密草丛林中隐藏，常常神不知鬼不觉地靠近英军，突然发动袭击，打得英军措手不及，而英军却难以发现对方目标。这场战争虽然最终还是英军取得了胜利，但英军伤亡达 9 万多人，远远超过了布尔人军队的伤亡人数。

这场战争使欧洲各国认识到在现代战场上人员伪装的重要性，纷纷将鲜艳的军服颜色改为绿色或黄色，以达到隐蔽的目的。第一次世界大战以后，各种光学侦察器材的出现，使穿着单一颜色军服的士兵很难藏身于多种颜色的背景环境中。

1929 年，意大利研制出世界上最早的迷彩服，它有棕，黄，绿和黄褐 4 种颜色。1943 年，德国为部分士兵配发了 3 色迷彩军服，这种迷彩服遍布形状不规则的 3 种色块。一方面，这些色块可歪曲人体的线条轮廓；另一方面，其中部分色块颜色与背景色近似，部分斑块又与背景色差别明显，从视觉效果上分割了人体外形，从而达到伪装变形的效果。德军的迷彩服在实战中收到了很好的效果，后来各国军队纷纷仿效，并对迷彩的颜色和色块的形状和排列方式进行研究改进。

20 世纪 60 年代以后新研制的迷彩服采用合成化学纤维制成，不仅在防可见光侦察方面比原先的棉布材料优越，而且由于在色彩染料中掺进了特殊的化学物质，使迷彩服的红外光反射能力与周围景物的反射能力大体相似，因而具有了一定的防红外光侦察的伪装效果。如今，迷彩图案已不仅仅在士兵的军服和钢盔上使用，各种军用车辆、大炮、飞机等军用器材和装备上也普遍涂上了迷彩，起到了很好的保护作用。

【仿真武器】 仿真武器是指从外观、形状和一些基本性能方面模仿真正武器而制作的模型或“山寨版武器”，其根本目的是通过隐真示假来迷惑、欺骗对手。仿真武器在现代战争中具有极其重要的作用，概括起来讲主要有：一是真假目标混杂，能降低真目标被毁伤概率；二是吸引敌人的注意力和火力，使其丧失战机，陷入被动；三是欺骗和威慑敌人，使其无法判断我方的真实实力和部署。

1940 年秋，意大利发动了旨在控制地中海的非洲战役。意军元帅格拉齐亚尼将军指挥 20 万大军进入埃及。当时，英军驻中东总司令韦维尔将军只有一支 3 万多人的军队和一个不完整的坦克师。面对兵力悬殊的情况，韦维尔突发奇想，打造了一支“橡皮部队”，实施疑兵之计。

橡皮坦克充足气体后可担任“巡逻”任务，放掉气体后装进板球袋里携带方便；“野炮”可以装进饼干盒内；两吨型橡皮载重卡车放掉气体后还没有弹药箱大。英军让阿拉伯人领着成群的骆驼在沙漠里行动，骆驼身后拖上耙形装置，走动便会掀起漫天灰尘，从空中观察就像移动中的庞大的坦克纵队。意大利飞机在高空拍摄到的情景使格拉齐亚尼相信，在他的右翼有一支强大的英军坦克、大炮部队，同时，韦维尔传出假情报说英军增援部队正在途中。

采用“橡皮部队”迷惑敌人的同时，韦维尔秘密地调动部队发起突袭。虽然意军处于绝对优势，但因为先入为主，格拉齐亚尼坚持认为英军兵力强大。因此，在英军的进攻面前意军全面退却，致使韦维尔的军队前进了1000千米，一举突入利比亚，英军俘敌13万人，缴获坦克400辆、大炮1300门。经此一役，意大利在非洲的军队彻底垮台。就这样，韦维尔凭借一支“橡皮部队”打败了意大利庞大的非洲军团。

纵观世界各国军事历史，类似手段自古便有。在著名的阿拉曼战役中，英军曾巧妙地利用木头坦克模型骗过了德军，使德军作出了错误的判断，导致防线布置失误。2011年延坪岛第二次炮击事件后，媒体曝光朝鲜在其海岸线部署了大量的仿真武器。正是这些“鱼龙混杂的武器”让美韩军队颇费心机悉心琢磨，并且采取了大量的备战方式应对，消耗了不少资源。

【香烟炮弹】　故事发生在1917年，英国军队跟土耳其军队在西奈沙漠地区作战。战争时间拖长了，双方物资供应都极其困难，尤其是守在战壕里的士兵，生活单调，都盼望着有香烟解愁，连树叶枯草也拿来当卷烟吸了。为了突破土耳其防线，英国想尽办法，弄来了一些烟，加工成12万包含有大量鸦片的香烟，然后用飞机投放到土耳其军队的阵地上去。

土耳其士兵一见到香烟，口水就流了出来，烟瘾发作，互相争抢香烟，贪婪地猛吸不止，待到土耳其士兵们过足了“烟瘾”，英国集中1.2万名士兵，开始向土耳其阵地进攻，在猛烈炮火的掩护下冲了上去。而那些吸食了过量鸦片中毒的土耳其士兵，都在坑道里呼呼大睡，软绵绵地缩成一团，完全丧失了抵抗能力，都成了英军的俘虏。英军就这样轻而易举地突破了土耳其防线，打破了长期僵持的局面。

【气球燃烧弹】　1942年，美国军队遭受过珍珠港打击后，逐渐恢复元气并开始反击，美国轰炸机群飞临日本东京，对东京进行轰炸。日本人挨了炸，纷纷要求日军对美国进行报复，许多人强烈要求日本政府派军舰飞机去攻击美国本土。但日本参谋部清楚地知道，军舰飞机要到美国本土去攻击，非常困难，牺牲会很大，不可能成功。终于有人想出一个巧妙的办法，他们发现每年在日本高空，有股强劲的气流从日本刮向美国，于是想方设法利用这股气流来偷击美国本土。

一些气球专家提出制造一批气球燃烧弹，利用气流把燃烧弹飘向美国的谷场和森林。日本军方很快采纳了这个妙计，制造了大批气球燃烧弹。按照气球专家们的精确计算，这些氢气球被放到12000米的高空，在强大气流的推动下，以每小时400千米的速度飘过太平洋，到达美国内陆的森林地区，然后由自动控制装置投下燃烧弹，就会使着弹区域成为一片火海。

日本军方的复仇计划1944年正式开始实施。每天从日本国土上，放出数十只带着燃烧弹的气球，飘过太平洋向美国本上而去。美国的沿海雷达很快发现了这批奇怪的气球，马上组织一批飞机拦截，使这些气球在海上爆炸。可是气球不断而来，有个气球飘至提尼安岛上空，岛上的防空部队拉响警报，用高射机枪把气球击毁，使燃烧弹落在海里。岛上的美国将军惊出一身冷汗，因为美国刚研制出的那两颗原子弹就藏在这个岛上，一旦燃烧弹落到原子弹上，后果将不堪设想。

【斯通纳积木式组合枪】 1966年美国一次武器展览会上，出现了一种积木式组合枪，同样的零件，经过不同的组合，可以变成自动步枪、冲锋枪、轻机枪、机枪等6种不同的枪，使用同样的子弹。发明者是美国一位名叫斯通纳的工程师，因此这种枪被取名为斯通纳枪族。

组合枪的发明灵感来自孩子的积木。有一天斯通纳到幼儿园接孩子，忽然被孩子玩积木的情景迷住了：孩子们运用方块积木，有的堆成高楼大厦、有的搭成大桥，有的组合成火车、汽车。同样几块小方木，在孩子们手里，变化无穷。从此，斯通纳也买了积木，一有空就跟孩子一起玩积木。斯通纳想到，积木块虽然就那么几种简单形状，但却能搭积成式样繁多的器具，枪不也可以用一种基本部件为基础，换用不同枪管、枪托等部件，和搭积木一样，组成不同枪种吗？经过努力，1963年他终于试制成功了这种积木式组合枪。

【履带式拖拉机】 第一次世界大战期间，英国的工程师们想设计一种新的战争机器，它必须能够突破铁丝网、承受敌人的炮火，还必须灵活到能够穿越沟壑纵横的战场。他们最终从美国拖拉机身上获得了这种装甲巨兽的灵感，更准确地说灵感来自1904年由本杰明·霍尔特发明的履带式拖拉机。

从19世纪80年代开始，霍尔特的公司——位于加州斯托克顿——就开始生产大型的蒸汽动力谷物收割机。为了让这种重型机器能够行驶在泥泞多坡的农田里，霍尔特命令他的机械师将驱动轮换成了“履带板”。

后来，霍尔特试图将他的发明卖给美国和欧洲政府，用于在前线运输炮弹和物资。亲眼目睹过拖拉机行驶的人中有一位是英军工程兵团中将E·D·斯文顿的朋友。他在1914年给斯文顿写了一封信，描绘了一种“美国机器，具有魔鬼一样的攀爬能力。”不到1年后，斯文顿设计出了可以穿越战壕的坦克。1916年9月15日，在索姆河战役中，坦克首次登场。

历史学家雷诺德·维克说，“第一辆军用坦克没有一个美国零件，然而，1904年11月，斯托克顿出现的技术革命证实了，凭借履带重型机器也可以在崎岖的土地上畅通无阻。”

【蝙蝠炸弹】 蝙蝠炸弹着实令人惊奇。其原理很简单：将燃烧弹装置安在墨西哥游离尾蝠身上，降低炸弹内部温度以保证它不会在运输过程中爆炸，然后向敌城释放这种蝙蝠，它们会栖息在敌城的基础设施中。在一个特定的时间，所有的蝙蝠都会爆炸，烧毁整个城市。

【“派克力特”材料】 二战结束前夕，金属紧缺，美国的工程师曾经试图用一种冰和木浆（将木屑冻入冰块，使冰块空前坚硬）的混合物“派克力特”材料制造航空母舰。“派克力特”的厚度足够抵挡敌军火力，同时也易于修补，它能够最低限度地使用自然资源制造大型船只，从而大大降低制造费用，增加舰船数量。然而，这种船还没造出来，二战就结束了。

【潮汐预测机】 1944年，盟军计划入侵欧洲时碰到一个难题：应该在海水涨潮还是落潮时登陆诺曼底？支持涨潮登陆的一派认为，上岸后，士兵暴露在敌军火力下的时间更短。然而，德国将军隆美尔花了几个月时间监督海滩障碍物和陷阱的修建，试图以此挫败盟军登陆，他称这些障碍物为“魔鬼花园”。在涨潮时，魔鬼花园将被淹没在水下，几乎完全不可见；落潮时则会暴露无遗。

最终，军事策划者认为，登陆最好选择在一个清晨潮水低，但潮水慢慢上涨的日子。这样一来，登陆艇就能避开德军障碍物，工程师们有时间清理掉障碍物，为之后的登陆做准备。除此之外，盟军还希望在登陆的前夜有足够的月光，协助飞行员投放伞兵。于是，盟军请教气象学家和其他专家计算出一个潮水和月光条件都最理想的日子。这些专家中包括英国数学家阿瑟·托马斯·多德森。这位英国数学家建造了世界上最精确的潮汐预测机——用以减少船只入港时搁浅的危险。多德森的机器基本上是一台原始计算机，用几十个滑轮进行计算。多德森计算出了诺曼底登陆的几个理想时间段——其中就包括1944年6月5~7日。最终盟军选择了6月6日。

【燧石火花的联想】 在16世纪初的德国纽伦堡，有一位很有名气的钟表师，他的名字叫约翰·吉夫斯，他不仅会制造出造型别致的手表，对各种枪械也有浓厚的兴趣，亲手制作过不少小巧玲珑的火绳手枪。但他对火绳枪的点火装置非常不满意，因为火绳受雨和风的影响太大，他想改善这种点火方式。

有一天，他的家里来了一位客人。吉夫斯客气地请他抽烟。这位客人点火时，拿出的不是当时流行的火柴，而是燧石。当燧石"啪"的一声闪出了火花时，瞬间激发了吉夫斯的灵感。他想，如果把钟表上的钢轮和燧石结合在一起，让它们产生火花，不就可以替代枪上的火绳了吗？这个灵感使他非常激动。吉夫斯送走客人，立即把自己关在制作间里，不久便制作出世界上第一支轮式燧石枪。

【舵轮与转轮手枪】 第一支转轮手枪是美国人柯尔特1835年发明的。当时柯尔特年仅21岁。柯尔特从小是个手枪迷。他的父亲给他买来了各式各样的手枪。小柯尔特总要把每一种枪拆开，以探究其内部的奥妙。

1830年柯尔特经好望角到英国和印度旅行。在船上，16岁的柯尔特一时好奇走进了驾驶舱。他看到了大副手中转动的舵轮，突然产生了灵感。他从舵转的转动原理联想到改进燧发转轮手枪的圆筒式弹仓。他想发明一支也能这样转动的手枪。柯尔特急忙赶回自己住的船舱，模仿舵轮的结构，绘制出了一种全新的转轮手枪图纸，并急不可待地用木头雕出了击发式转轮手枪的模型。

1834年，柯尔特做出了可以发射的样枪。他设计的转轮手枪，弹仓是一个带有弹巢的转轮，能绕轴旋转，射击时，每个弹巢依次与枪管相吻合，转轮上可装5发子弹，枪管口径为9毫米，采用当时最先进的撞击式枪机、击发火帽和线膛枪管。柯尔特被人们称为"当之无愧的转轮手枪之父"。

第二节 经济领域

人们通过生产商品或提供服务来进行经济活动。工业革命前，人们以手工制作的方式生产物品，然后自己拿到市场或通过商人销售，换取货币来购买自己所需要的物品，或通过为他人提供某种服务换取报酬，购买自己所需物品或服务。虽然今天的生产经济运行模式已经不再如此简单，但正是这种简单的程序，蕴涵了生产经济活动主要环节，即生产（制作物品或提供服务）、销售、购买、使用。复杂的程序不过是对核心环节的改进和扩容，今天，一件全新的产品从生产者手中到使用者手中，会经过一个看起来更为复杂的过程：市场调查——产品创意——产品开发——测试——投入生产——销售——消费者购买。

全球化、大规模生产的方式降低了生产成本，提高了产能，市场上充斥着大量各种类型的商品，商品的相对过剩造成了激烈的市场竞争。在新技术推广比较缓慢的时期，先进的技术是生产活动中的制胜法宝。一项新的技术有可能推动形成新的制造工艺，制造出新的产品或衍生出新的服务，以及与之相应的新的生产组织方式和消费方式，甚至彻底改变人们的生活方式。但是在生产技术水平的差异日趋缩小的今天，当企业想生产一个新产品时，往往会发现市场上已经在销售着类似的东西了。

对于产品或服务，我们可以分别从人性和物性两个角度考虑：人们使用产品或服务的根本目的是满足需求，产品的最根本性质是人工制造的（作为商品的服务与产品在本质上是相同的，为表述简练，下文一律用“产品”表示“产品或服务”）。

制造需求与满足 从语言结构上将“制造产品”与“满足需求”两个词语进行拆分，得到4个有意义的词：“制造”、“产品”、“满足”、“需求”，对这4个词进行重组，可以得到一组新的词语：“制造需求”、“制造满足”、“需求产品”、“满足产品”、“需求制造”、“满足制造”、“产品需求”、“产品满足”、“需求满足”、“产品制造”。从中不难发现，“制造需求”和“制造满足”可以给我们一个启发，即“制造产品就是制造需求，制造满足”。

“需求产品”、“满足产品”这两个词也可以用于对产品进行分类，人们生存所需的必需品是有限的，但获得心理满足的需求是无限的。凯恩斯把人类的欲望分为“需要”和“欲求”两种——一种是人们在任何情况下都会感到必不可缺的绝对需要，另一种是相对意义上的，即能使我们超过他人，感到优越自尊的那一类需求。

根据这种分类，在产品创意和开发阶段，我们就应该明确地将产品定义为“生存或生活必需品”或“提供心理满足感的产品”，这一定义能为以后产品的设计思路、销售方式提供清晰的方向。一部定义为“老年人应急必备”的手机，可能着重于降低环境噪声、提高声音质量、键盘拨打方便等技术研发，一部定义为“时尚品味标签”的手机，则应该更侧重于提高上网速度、提供更多娱乐方式、外形设计引人注目。

即便是对于自己的需求，多数人也是缺乏想象力的，就像描述未来的恋人，许多人并不知道自己想要什么样的恋人，直到遇见那个人。想制造出能够满足消费者需求的产品，就需要深刻理解人性，简单来说，能够让人省时省力、感觉有趣、增加自信、有成就感、觉得被爱，这样的产品获得成功的概率较大，总之，要给消费者提供一个购买的理由。

【Zeo 睡眠教练】 杰森·唐纳休还是布朗大学的学生时，经常和同学一起熬夜，醒来后常觉得昏昏沉沉，头晕眼花，因此他们希望能找到改善睡眠的办法。在这个过程中几个年轻人发现因睡眠不足而痛苦的大有人在，有20%的美国人每晚睡眠时间不足6个小时，而成年人合适的睡眠时间是7~9个小时。如果睡眠时间长期不足，人就会变得头脑不清，心情烦躁，工作学习效率降低，甚至健康也会受到影响。

他们从中发现了商机：如果可以衡量睡眠质量，就能控制睡眠。提供专业睡眠测试的医院很少，测试者需要睡在实验室里，付很多钱，头上贴满电线和传感器，单是将所有监控仪和线路连接好就要45分钟。另外，如何戴着繁复的线路入梦也是一个大问题。于是，经过5年的研究和近1400万美元的投入，3个刚毕业的学生设计了一个Zeo睡眠教练。

Zeo睡眠教练包括一条柔软的束发带和一个闹钟，发带上装有用来监测脑波的传感器，就像一个显示数字的电子表。你可以在睡觉前戴上发带，它会一整夜测量你的脑电波，然后无线传输进摆在你床头柜上的闹钟里。闹钟能实时显示你的睡眠状态：比如你是醒着或是处在浅睡、深度睡眠、快速眼动睡眠状态。醒来后，你把束带和闹钟连接，屏幕上就会出现你的睡眠曲线，更可以精确到每5分钟内你的睡眠状态，比如“2:54REM（快速眼动睡眠）”，“0:35deep（深度睡眠）”。如果你愿意，闹钟能在你处于轻度睡眠的时候叫醒你，避免你从深度睡眠中醒来时昏昏沉沉的感觉。

Zeo会把你的睡眠记录储存起来，随后你可以把它上传到MyZeo.com网站。那里将为你的睡眠评分，分数被称为“睡商”（ZQ）。通过测试，Zeo还会为你提供改善睡眠的建议，如不要在睡觉前锻炼或睡前不要吃东西。除此之外，Zeo还推出了手机版应用软件，睡前戴上头带，开启手机内追踪睡眠的软件，束带将会收集你的脑电波并通过蓝牙将数据传到手机内进行分析，醒来后，你就能很清楚地知道自己的睡眠状况。

【树洞网】　许多人小时候都听过一个故事，讲的是一个理发师知道国王长着驴耳朵，因为不敢对别人说出这个秘密，就找到一棵大树，对着树洞说出了这个秘密，心理获得了轻松。这个故事有许多类似的版本，但万变不离其宗，树洞在满足人们倾诉欲望的同时，保证了秘密的安全。电影《2046》中男主人公在柬埔寨对树洞倾诉秘密的镜头，处理得浪漫而感伤，带有一丝神秘气息，让观众心有所动，似乎找到了一种新的情感倾诉方式。

因为洞察到人们的需求，树洞网的建设者提出了“让最小的声音也有人聆听”，强调了这个网络社交平台的独特理念。在这里，不论你说了什么，都不会有无聊的谩骂，不会有人因此对你有负面评价，大家会像朋友一样去关心每一个洞友。同时强调分享心情，让所有人都能成为别人的聆听者，让每个人都可以找到倾诉的对象，营造出独特的树洞氛围。

在信息传播日趋便捷的时代，人们却越来越重视保护隐私，几乎每个人都有自己不愿与人分享的秘密，但倾诉是人类的天性，人们在保守秘密的同时又渴望着相对安全的倾诉。在城市中生活的人们连接触树木的机会都很少，更不可能拥有属于自己的树洞，树洞网可以说是应运而生，用虚拟手法达到了现实生活中难以实现的目标。

调整变量制造差异　产品表面上的多样化与根本上的同质化相伴而

生,同类产品的使用功能、技术参数、质量水平都十分接近,消费者只能根据产品外形、包装、价格,甚至广告代言人来辨别不同的品牌。在供过于求的市场环境下,消费者对商品的需求也由单一的功能满足,向多层面的体验和心理满足过渡。进入互联网时代后,由于信息传递的便捷与顺畅,新技术的发展普及速度前所未有地提高。许多大企业发现,以往体现在生产环节的技术优势正在慢慢消失,而从前起辅助作用的产品外观设计、宣传推广、销售方式、使用体验、售后服务等环节,正转化为产品成功的关键要素。

越来越多的企业认识到,要适应飞速发展的经济环境,必须以动态的思维方式来考虑问题,以更独特的产品或服务摆脱同质化的束缚;以更具吸引力的广告活动打动消费者;以更具竞争性的营销模式和服务模式赢得市场。面对同质化严重的竞争环境,要使产品脱颖而出,"制造差异"无疑是成功的首要条件,而同类产品的构成元素很接近,要制造根本性的差异很困难。运用创意思维方式,以新的角度对产品的基本构成元素进行分解与组合,"制造差异"之道并非无迹可循,就现实情况来讲,制造产品的差异性并不需要彻底颠覆,产品或服务的与众不同,往往是通过某一个环节或某一点的独到之处实现的。

制造差异的方法千差万别,归根结底就是保持常量,挖掘变量的可塑性。生产经济活动的根本目的是获取利润,其常量就是生产、销售、购买、使用,至于构成这几个关键环节的一切因素,都可以视为变量(见表5.1)。

表5.1 整体生产经济活动中的常量与变量

常量	变量
生产	生产方式 生产人员 生产地点 生产周期 生产管理 产品性质 产品形态
销售	销售方式 销售人员 销售渠道 销售环境 推广方式
购买	目标消费者 购买动机 付款方式 购买渠道 购买体验
使用	使用者 使用动机 使用方式 使用情境 使用体验 使用效果

不同层次的变量又可分解为多个构成因素,如生产环节变量中的产品形态,又可分解为多个层面:外轮廓形状、体积和重量、外观的色彩、材料的质感、静态或动态呈现出的不同形态;使用环节变量中的使用情境,可分解

为使用产品的场合、使用产品的时机、使用产品的自然条件和人工条件。其中一个因素的改变就可能引起上一层级的变量调整，将多个变量或因素组合起来考虑，或许会引发新的思路，带来更大的调整，差异就是这样制造出来的。

洗衣液保留了清洗衣物的核心功能，即产品的常量，改变了传统洗衣粉的产品形态，即产品的变量。由于产品形态这一因素的改变，产品的包装方式、运输方式、销售终端的摆放方式都相应地改变了，作为一种新型产品，它的目标消费者也从“家庭主妇”转向“对生活品质要求较高的女性”，产品在推广中的诉求从“洁净”转为“专业、不伤衣物”。日本格列佛公司开发了“网络二手车经销系统”，改变了传统二手车交易的交易渠道和交易方式；奢侈品将消费者的购买动机从“使用功能”转化为“炫耀身份”；“无重力瑜伽”用悬于空中的纺织物兜住练习者，令练习者不再需要咬牙支撑身体，可以做出更多高难动作，获得全新的练习感受。

凡此种种，都是通过某一变量的改变来制造差异的。需要注意的是，调整变量一定要将“满足需求”或“解决问题”作为出发点，充分发挥已有优势，准确定位适合调整的变量。户外服装制造商可能会发现，登山爱好者需要在任何气温下都能加热的炉具，但这个发现不能直接用于自己的产品，因为炉具与服装属于完全不同的领域，那么这个发现就没有用武之地了吗？当然不是。在销售环节，户外服装制造商可以与专业的炉具制造商建立销售联盟，或在广告中诉求服装对环境的高度适应性，或面料调节体温的性能。

通过分析大量案例，我归纳出几条调整变量的基本思路：

(1)引入新技术或新概念。人类的每一项新发明、新技术都会经历从发明到扩散的过程，起初新技术只是应用于孕育出该技术的领域，随后被广泛运用于其他领域，最后融入各个传统行业，成为传统的一部分。因此，新技术与传统产业的联姻是迟早要发生的，而能够前瞻性地预见，并最先将新技术融入自己运行体系的传统行业，就能够在未来的竞争中抢占先机，赢得竞争优势。

2012 年 3 月，荷兰航空在少量航线推出“相遇 & 同坐”服务，成为第一家将社交网络整合到航班预定流程中的航空公司。乘客可以把 Facebook 或 LinkedIn 的资料关联到航班预定流程中，便于其他乘客知道谁和自己乘坐同一航班。乘客在起飞前90天到48小时内，可以通过管理“我的预定”来选择座位，与乘坐同一航班的乘客联系，有相同背景和兴趣的乘客坐在一起，使得旅程更加愉快有趣。

开通新航线、购买新飞机，或升级飞机设施，是航空公司经常用来吸引乘客的方式，显然荷航更加聪明，“相遇 & 同坐”服务几乎不需要经济成本，却更加容易得到乘客的青睐。成功的服务只要知道两件事：消费者需要什么，满足消费者需要的最佳手段。荷航的新服务来自对乘客的精准洞察，包括对乘客的实际需求、心理偏好、行为习惯的了解，以及对网络资源的有效选择和利用。

【智能面料】 据2004年德国《世界报》报道，英国赫特福德郡大学创新中心的研究者和伦敦的D3OLab公司合作，研制出一种特殊衣料，这种名为D3O的材料平时轻而柔软，但受到撞击时，会在1/1000秒内变硬，减缓撞击力，而且撞击力越强，反应越快，并随后立刻变软，不限制穿着人员的行动。这种材料由在高速运动时会彼此钩在一起的柔韧分子链构成，其原理有点像汽车在潮湿的沙地上行驶的情况——慢速行驶时车轮会下陷，但车速很快时，沙粒就会粘在一起，车轮便不会下陷了。

一些知名运动用品生产商嗅觉极其灵敏，已经用这种智能衣料制成护膝、运动头盔、滑雪服等，将运动服“有利于运动”的核心价值，改写为“保护运动员”。

(2)传统元素与新兴行业结合。人类似乎天生就具备一种“怀旧情结”，每隔几年，就会有那么一次怀旧情绪的蔓延：时装设计师推出怀旧主题的衣帽；音乐人主打怀旧风格的歌曲；电视也会播出过去曾经流行的影视剧，以满足人们的怀旧心理。这种追忆过去时光的情感是人类文明传承的体现，与生命、死亡、爱情一样，是人类永恒的话题。随着时代的发展，传统不可能完全保留或重新回到现实生活中，但传统中的某些元素却能够融于现代生活方式，为现代生活带来一些特别的感觉。

汽车大王亨利·福特发明了“流水线”，环形传送带将汽车零件传送至装配工人的工位，大大缩短了每道工序的制作时间。“流水线”的灵感来自芝加哥的罐头食品工厂，罐头厂用一台空中吊车沿着一排屠夫吊运菜牛躯体。福特发明的汽车装配线要同时适合高矮不同的人；运行速度要配合每道工序所需时间；每道工序应相隔多远；一条装配线上需安置多少人……经过精确计算的流水线将汽车底盘的装配时间从 18 小时 28 分钟缩短到 1 小时 33 分钟。自此，工业化大生产进入了一个新阶段，直到今天，流水线还是效率最高的生产方式之一，汽车制造业更是流水线的天下。

但是对于少数豪华车来说，手工制造却始终是立足之本。成功的关键在于手工制造的豪华车把制造过程以艺术化的方式变成增值的制造方式，并且竭尽所能维持这样的制造方式。英国的布里斯托尔是世界上最后一家"独立汽车制造商"，该公司根据每位客户的需要来生产汽车。对于很多车主来说，布里斯托尔汽车就像是一套量身定做的西服，顾客可以自己挑选汽车地毯的颜色和座椅的形状。为保持独特的传统风格，该公司没有与任何经销商合作，而是直接和顾客打交道。在伦敦的唯一样车陈列室至今还保持着 50 年前开张时的老样子——木质的办公室，褪色的英国国旗以及 20 世纪 60 年代的旧家具，在那儿找不到电脑的踪影。每一位客户的信息记录都保存在地下室的一个档案柜里。

【手绘"壁纸"】 壁纸作为一种室内装饰材料，一直都是以印刷的方式批量制作的，但如今一些厂家推出了完全手绘的"壁纸"，准确地说，应该叫作"壁绢"，这种壁纸全部采用了中国画的材料、工具、技法，由画工手工绘制，满足了部分消费人群对家居环境文化意蕴的追求。

手绘"壁纸"将传统中国工笔画中的核心图形提取出来，作为基本的单元图形，用连续图案的设计手法将其排列为整体画面，使整体效果既保留了中国画的意境，又富于现代感和装饰性，与机器印刷的壁纸形成强烈的差异。

(3) 核心元素极致化，辅助元素多元化。一件产品必须有它独特的核心价值，能够体现核心价值的构成部分，就是其核心元素。以爱马仕丝巾为例，"优雅的生活方式"是该品牌的核心价值，这一核心价值需要在产品上有所体现。高质量的丝绸材质、优雅美丽的图案、高档的销售场所，都能体现这一核心价值，但却很难与同类产品相区隔，任何一个品牌在以上几方面都可以做到同样的程度。通过观察整个生产销售流程可以分析出，纺织品最能区别于他人的就是制作工艺，以及品牌自己独有的历史背景。结论是：制作工艺和经典主题可以作为产品的核心元素，不断推出的繁复图案、层次细腻的色彩和偶尔出现的新规格是其辅助元素。

自 1937 年诞生以来，爱马仕丝巾的制作工艺就从未改变过。从设计到制作完成，必须经过严谨的 7 道工序：明确主题概念、图案定稿、图案刻画、颜色分析及造网、颜色组合、印刷着色、润饰加工、手工收边、品质检查与包装，这一过程需要长达两年的时间。虽然现代印刷技术早已能够做到电脑分色和图案直喷，但爱马仕仍然坚持用手工画版，丝网印刷。因为爱马仕深知，传统的手工制作工艺是其品牌的核心价值所在，如果改变制作工艺，就等于抽去了支撑品牌的梁柱。

爱马仕将核心元素做到了极致：爱马仕集团旗下的 Gandit 图版雕刻公司承担着制版工作。制版师沿用古老的方法，用中国毛笔和油墨在透明纸上原样描画出每种相同颜色的细节。一种颜色就是一张透明纸。如果一条丝巾有 40 种不同颜色，那就需要描画 40 张透明纸。雕刻一块普通方巾需要花 500 ~ 600 个小时，但复杂的图样也有可能花去 2200 个小时。

在用来配制色彩的“颜料厨房”里，到处都是平底锅、刮铲、搅拌器以及秤称。爱马仕的工艺师们通过对水、天然树胶和色素进行精巧配量，在 40 种母颜色基础上发展出 74000 种有区别的色调。绵毛红，纤细黑，极光蓝，中性灰，信风蓝，甲苯黄…… 每种色调都有对应的编号，整个过程庞大繁杂。

由于爱马仕是以马具设计起家的，为了更好地体现品牌中“传统”的价值，爱马仕还将一批经典主题作为一种延续传统的符号，每年的发布会都会推出经典主题的变奏，以马具图案为设计主题的“华丽的疆辔”就属于经典主题之一，历年来不定期推出新的配色或局部图案的排列变化。

与制作工艺的保守相反，爱马仕在图案设计上却心态开放并乐于创新，可以说将辅助元素的多元化也做到了极致。一年两季发表新款式，内容包括该年年度主题、丝巾设计部门每季发布的新作，以及经典主题的变奏。令人难以置信的是，爱马仕每季都推出 12 种新款，却没有自己的设计团队，因为他们相信每个人都可以设计，与他们合作的独立设计师来自世界各地，开放的合作方式保持了设计风格的多样化,不同文化元素都有机会在图案设计中体现,多元文化元素得到世界各地消费者的认同,也成就了品牌独特的产品特质。

【百度搜索引擎】 百度是全球最大的中文搜索引擎,也是全球第三大搜索引擎,创立于2000年,其发展模式就是采用了核心元素——搜索功能极致化,辅助元素——搜索内容、搜索方式、搜索引擎的使用者等诸多元素多元化,成功地延伸了产品线,成为中国最大的互联网服务企业。百度将旗下产品类型划分为:搜索服务、导航服务、社区服务、游戏娱乐、移动服务、站长服务、软件工具等,不难看出,百度对产品的分类不是以技术类型为划分标准的,而是完全以用户需求为划分标准的,产品的开发也随着用户需求的变化而变化。

百度对资源的分类灵活,紧跟时尚潮流,并进行了逐级细分:根据信息格式分为网页、视频、MP3、图片、文档、软件;根据搜索使用者分为老年搜索、盲道;根据资料的种类分为工具性的词典、百科、文库、地图、法律、翻译、搜藏、国学,以及经验性的知道、新知、经验、身边;根据用户兴趣分为新闻、影音、游戏、旅游;并进一步将搜索内容专题化,专门开设了专利搜索、博客搜索、教育网站搜索。此外,在充分开发搜索功能的基础上,推出自己的浏览器、软件、网购平台及支付工具等,扩大经营范围,同时推出一系列适用于手机的百度使用工具,不失时机地培养用户的使用习惯。

(4)置换核心元素,重新定义产品概念。将看似完全不相干的领域结合在一起,用其他领域的元素置换本领域内的传统观念或做法,制造令人耳目一新的差异化。

智能手机已经不仅是通话工具,而是集上网、聊天、观看视频、游戏于一身的"玩具";"书吧"是图书馆与咖啡屋的结合体;英国话剧《39级台阶》,用喜剧手法演绎了这部希区柯克的经典悬疑剧,并借用了类似皮影戏的方式,制造出变化多端的背景;春秋航空公司将航班视为"一个特定的营销空间",以低票价吸引乘客,通过在航班上进行商品促销获取利润;书店引入"超市销售原理"诱发消费者的购买欲——首先从视觉进攻入手,书籍封面赏心悦目,成功概率大概为40% ~50%;其次是可随意触摸,可以把成功率提高到70% ~ 80%;畅销书摆放在书店门口的醒目位置,相当于超市内的推荐产品专柜。

【杂乱无章的店铺】 商店在摆放货品时,通常都会以整洁、分类清晰、易于寻找商品为原则,然而也有人反其道而行之。日本最大的连锁折扣商场唐吉坷德,前身是一家“夜间商店”。除了打破常规在夜间经营外,经营者发现,一些人希望在寻找有个性、有趣味的商品过程中获得一种心理享受,于是干脆将货品杂乱无章地堆在一起,顾客每次翻找都像第一次,总有新鲜感。为了保持这种吸引力,店主故意将货品摆放得满当而无序,热带雨林式的店内布置成为特色。

【优衣库】 优衣库是知名休闲服装品牌专卖店,该品牌的创始人最初的创意就是“以快餐店形式经营服装”。全球连锁的快餐店都是既有自己的核心产品,也有根据当地口味开发的产品,但服务、价格、店面装修环境基本保持一致,让顾客产生一种熟悉的信赖感,在异地不知如何选择进餐地点时,觉得选择熟悉的快餐店有品质保证,在熟悉的环境中进餐也感觉自在。优衣库借鉴了麦当劳的经营理念和质量管理模式,对全球各分店采用统一价格和服务标准;麦当劳的核心产品是汉堡包,优衣库也推出高领衫作为自己的核心产品;顾客在快餐店自己点餐,优衣库也让顾客自由挑选,售货员不主动询问顾客需求。

既然当代经济活动核心是“消费者”,那么在整个生产经济活动中,我们的思维就应该放弃按部就班的时间线索,从最具有突破性的环节开始思考差异化问题,可以优先考虑产品的使用环节,然后向前追溯至购买环节、销售环节,最后根据上述环节中发现的消费者需求,以及有可能形成的差异,来指导生产环节的执行。当然也可以从销售环节或其他环节开始,但任何起点都应加入“消费者需求”这一考虑要素,再有趣的差异性也必须符合“满足要求”的性质,不能被消费者接受的差异性只体现个人兴趣,可以视为一种创作,却不具备经济价值。

使用环节 主要指消费者在使用产品的过程中获得的体验,包括使用的舒适性、便捷性、愉悦感、满足感等物质体验和心理体验。产品的使用者、使用动机、使用方式、使用情境、使用体验、使用效果，其中任何一个元素的改变，都能为整个产品带来差异性。归根结底，使用环节的差异，就是让消费者在使用过程中得到与众不同的感受，获得在其他同类产品那里得不到的满足。

（1）针对产品的使用者制造差异，是通过消费者细分，将产品的销售目标锁定于某个特定人群。例如，“初元”营养液，专门针对手术后人群，将消费人群锁定为探望病人的亲友；“全天候”麦克风将“喜欢在浴室唱歌”的人群作为目标消费者；太阳能热水器将使用者划定为偏僻，用电不便的山村居民。

（2）针对产品的使用动机制造差异，是通过产品的某种特性，赋予使用者特殊的使用方式或心理感受，使其产生有别于常的使用动机。以餐馆为例，一般情况下，顾客到餐馆就餐是为了吃饭，但有些餐馆为顾客提供一些特别的体验，顾客去就餐是为了感受某种气氛，如顾客在黑暗中就餐的“鲸鱼肚”餐厅；用无线电遥控上菜的“飞碟餐厅”；提供洗衣服务的“洗衣餐厅”；充满仿生电子生物的“热带雨林动物餐厅”。

（3）针对产品使用方式制造差异，让人在觉得有趣的同时，改变对产品的原有定义，甚至改变生活方式。如“幻响”音箱改变了以往音箱单一的使用方式——将产品放在不同材质的接触面上，会发生不同的音色；拉杆箱改变了人们携带行李的方式；电子书改变了阅读方式，也改变了出版方式；压感笔、触摸屏改变了使用电脑的方式；指纹锁改变了人们开锁的方式。

独特的胶囊咖啡机，因为其特定的使用方式，购买咖啡机的顾客无法使用其他品牌的咖啡，只能重复购买厂家出品的不同口味的咖啡胶囊，差异化的使用方式不仅带给使用者全新的使用体验，更带来长久稳定的市场份额。

（4）针对产品的使用情境制造差异，需要极其敏锐的观察力，发现人们在特殊情境下的需求。“隐形面膜”改变了使用产品的时机，使其更适合忙碌的上班族；野外作业需要应急充电器；饲养宠物者出差时需要“自动宠物喂食机”；打包封箱专用的中心透明的胶带，都是针对特定情境的需要设计出来的。

（5）使用体验是一种心理感受，前面几个元素中，具备了任何一个差异性的产品，都有可能造成体验的差异，至于使用效果的差异，就要靠硬指标来实现了。在难分伯仲的同类产品中，如果其他元素的差异潜力已经被挖掘得很彻底了，那么就只有提高实际使用效果来形成区隔了，换句话说，就是在相对“同质”的基础上制造“量”和“度”的差异。如品种更多、材料更新、制造更精细、清洗更方便、速度更快、体积更小、容量更大、外观更吸引人等。

【可抛式马桶刷】 马桶刷是再常见不过的日用品，大多数产品都采用可清洗的塑料刷头，但是用过一段时间后，刷柄虽然完好无损，刷头就会变形，并且堆积起一些难以清除的污垢。为了避免细菌繁殖，就需要更换一个新的刷子，造成很大浪费。过去也有厂家推出一些可以更换刷头的产品，但是更换刷头时需要用手进行拆装，没有人愿意用手接触那些污垢，因此这种产品也没有推广起来。

3M思高充分洞察到消费者的使用心理，将产品开发的重点放在“不必用手接触即可更换”，推出了一种“可抛式马桶刷”，其最大的亮点在于更换刷头时，没有沿用固定的思维模式——“拆下刷头”，而是另辟蹊径，采用了思高自己独特的纤维刷头，更换时用操作刷柄的方式撕裂刷头纤维，令旧刷头轻松脱落，完全避免了与手的接触。虽然在技术上只是小小的改进，但消费者的使用感受得到极大改善，心理上获得愉快轻松的感觉。

【十字绣与数字油画】 很多女性十分喜爱刺绣工艺，但快节奏的现代生活很难让人静下心来，用大量时间一针一线地绣出一件成品。十字绣将传统刺绣简单化，普及化，作为一种时尚休闲方式，已经风行了数年，许多喜爱刺绣艺术，却又没有耐性的女性选择相对简单易学的十字绣，来体验传统手工艺的魅力。

数字油画又名数码画，发明于20世纪50年代的美国，曾风靡法国、德国、意大利等国，是一种艺术DIY。将世界油画大师的作品进行分色处理后，以线条加数字组成填色区的方式制作成画稿，即使没有任何绘画基础的绘制者，只要在标有号码的填色区内填上标有相应号码的颜料，就可以轻松地完成一幅手绘画作。

上述两种产品都是“体验消费品”，产品的核心价值在于消费的使用体验，消费者既无须接受艰苦的刺绣或绘画技法训练，又能够在制作过程中享受到刺绣或绘画的乐趣，技巧简单易掌握、效果接近某种艺术形式的原型，使消费者的“创作欲”获得了满足。

购买环节 购买环节的基本组成要素包括目标消费者、购买动机、付款方式、购买渠道、购买体验。其中目标消费者、购买动机的差异化策略，与使用环节的使用者、使用动机的制造差异之方法相似，需要注意的是，消费者与使用者并不一定是同一个人，因此制造差异的具体策略与实施也有所区别。购买环节与销售环节紧密相关，这一环节制造出的差异，直接决定了销售环节的差异化策略。

(1)目标消费者与购买动机可以放在一起考虑。不论是个体消费者，还是团体消费者，消费者购买一种产品的动机均可分为三种：自己使用、赠与他人、再次销售。也就是说，具备三种动机之一的人，就可以作为产品的目标消费者。了解人们的购买动机后，一些再平常不过的东西，经过创意思考并准确定位，也能变为一种商品，通过对消费者的分析，与工薪阶层无缘的奢侈品也通过改头换面来争取更大的市场。

随着人们生活水平的提高和社会交往的增多，送礼成为人们购物的重要动机之一，对礼品的选择也越来越难：既要有新意，又要有寓意。旧报纸作为新闻的载体已经失去了价值，但有人却发现了它的另一种价值：日期，时间的不可逆性赋予旧报纸一种符号特征，一份报纸就是一个被定格的日期，发生在当天的事不可逆转，因此报纸就有了一定的历史意味。每个人都不可能在出生当天阅读报纸，但一份出生日的报纸，却可以在若干年后成为一件别出心裁的生日礼物。

一些消费品纷纷推出“珍藏版”，将本属于使用范畴的商品转化为收藏品，在产品的使用功能上附加了保值功能，扩大了消费群，同时提高了消费者的忠诚度；也有些实用性的产品，经过设计上的改进和包装，能够让消费者当作礼品赠送给他人；一些高档品牌推出“平价版”，用低价满足更多消费者购买名牌的欲望。

(2)付款方式和购买渠道息息相关，在互联网时代，这两个因素有时会对产品的成功起到决定性作用。新的付款方式层出不穷，更令多的购买渠道正在塑造着新的商业模式。折扣商场、网店、团购、折扣返利网、电话预订等五花八门的购买渠道只是个开始，日益普及的二维码、亚马逊开发的“增强现实”软件，都能够让我们更方便地购物，预付费服务、第三方支付工具、货到付款都是现阶段的付款手段，而未来更流行的可能是移动支付，手机越发成为我们不可或缺的随身工具。

(3)购买体验可能来自任何一个元素的改变，但最具创意的肯定不是付款方式或产品本身的改变，而是令消费者在购买过程中获得满足的心理感受。

卡地亚的很多门店里永远准备着新鲜的玫瑰和醇美的香槟，品牌公关认为：“谁也无法预料一场浪漫的求婚仪式会在买到婚戒的那一刻就翩然降临，若是恰逢这一时刻，我们能应景地拿出鲜花和香槟，让在场的人一同分享爱情喜悦，这完美的瞬间定会让人永生难忘。”脚踏红毯的明星式购物；手拿鸡尾酒的派对式购物；解放双足的赤脚购物等形式，同样创造了独特的购物体验。

无论多么昂贵的奢侈品，用一段时间也就腻了，多数大牌商品的忠实消费者都不可能购买所有款式。一些商家提供奢侈品出租，消费者用大大低于购买价格的金钱，购买为期一个月的使用权，这样就可以频繁更换款式，满足消费者“喜新厌旧”的心理。法国一家超市的创意更有趣，购物的单身男女可以使用紫色购物筐，在购物过程中发现心仪的对象，可以主动攀谈，超市还设立了专门的收银台和酒吧，以增加单身男女的接触机会。

【信用卡的诞生】 第一张信用卡的诞生完全是一次意外的产物，1950年一个叫麦克纳马拉的美国人在纽约曼哈顿的梅杰·卡班烤肉店请自己的妻子吃饭，结账时却发现忘了带钱包，结果妻子帮她付了账。尴尬之余，他开始动脑筋，试图寻找一种就餐时不用立即支付现金的方法。不久麦克纳马拉和他的律师发明了一种“赊账卡”——他们把它称为“就餐者俱乐部会员卡”。麦克纳马拉说服了这家烤肉店接受了他的发明，在结账时出示这种由本人签名的卡片，在菜单上签名，然后由“就餐者俱乐部”每月统一结账。第一批200张信用卡大部分发放给了麦克纳马拉的朋友和亲戚。麦克纳马拉用自己的信用为这些小卡片担保。

随着曼哈顿的餐馆陆续接受这种卡片所提供的延期付款，使用信用卡消费在20世纪50年代的美国逐渐成为了一种时尚。发行信用卡的组织和信用卡的持有人迅速增加,在麦克纳马拉发行第一张信用卡的1年后,超过4万名美国人持有信用卡,而接受信用卡的商家也达到了330家。1951年,富兰克林国民银行发行了第一张可以循环付款的信用卡。这种信用卡始终向持有者提供一定的信用额度。这种信用额度的妙处在于,持有者只要在一定期限内还清超过这个额度的欠款,就可以获得新的信用授权,而不必每次都单独申请。这样人们就可以总是超前消费了。

乍看起来,信用卡不过是人们早已熟悉的赊购赊销的翻版而已,但其实不然,在信用卡诞生之前,赊购赊销的前提是卖主必须认识并且了解买主,这就决定了信用交易在陌生人之间无法进行。何谓信用?说白了就是“欠债要还”。可是对于一个陌生人,你凭什么相信他会欠债还钱呢?信用卡要解决的就是这个问题。在使用信用卡的交易中,只要证明信用卡本身是有效的,顾客的签名是真实的就够了,掌握顾客的信用记录是发卡组织的事,店主完全不必费神去了解。交易实际上是在商家和发卡组织之间进行的,是向发卡组织赊账,而不是向顾客本人提供赊账,而顾客与发卡组织之间的关系则与商家无关。

这样,尽管一桩交易变成了两个互不相干的过程,但是交易的效率和交易的范围却大大提高了。交易的每一方都获得了好处,商家卖出了商品,同时能保证月底收回货款;顾客获得了商品,却不必马上支付现金,也不必为支票户头有可能透支而心惊胆战;而发卡组织则能收到会费、商家提供的折扣以及向客户提供消费贷款的利息。信用卡将传统的商业信用和银行信用以标准化的“小卡片”融合在了一起,从而大大加快了生产与消费的节奏。信用卡的出现大大改变了现代商业和金融的运转方式。

【消费提醒信用卡】 不少人都有冲动消费的经历,因为省略了将现钞递给销售员的过程,用信用卡消费时,很多人有一种“没花钱”的错觉,等看到账单才清醒过来,后悔自己没有计划地消费。针对这种情况,英国研制了一种“消费提醒信用卡”,它可以累计月刷卡消费记录,每次刷卡消费它都会自动将新的信用卡欠费金额记录在卡面上,持卡人可以自己设定一个月的消费额度,当月消费累计控制在设定额度之内时,卡片的背面是蓝色的,当消费超过预设额度的时候,卡片的背面便会由蓝变红,提醒持卡人注意。

信用卡的数字信息除了在刷卡的时候直接与 POS 机沟通以外,每月还会及时通过无线网络与银行通信,进行还款金额核对,更新数据,保证数字的正确性,其工作能量则来源于卡片上的太阳能板。这种更加直观的消费记录方式应该可以在督促我们理性消费方面起到一定作用。

销售环节,销售的概念早已不再局限于将商品卖给顾客的瞬间行为,而是广告宣传、公关活动、增值服务、售后服务等多重手段的组合。过去企业是先制造出一个产品,然后再想办法将产品卖出去,现在这个程序反转过来了,企业在生产之前要先考虑销售所需的要素,然后再开始制造能够卖出去的产品。这一环节涉及的因素最为复杂,包括销售方式、销售人员、销售渠道、销售环境和推广方式,每一个因素又有着多个侧面。成功的营销就是在适当的时间、适当的地点、用适当的方式,以适当的价格将产品卖给适当的对象。

(1)销售方式可分为产品层面和流通层面,在任何一个层面制造差异都能收到效果。产品的形状、色彩、气味、质感、哪怕是包装方式的改变都会作用于销售效果,流通层面与销售渠道更存在着多层面的重叠和交叉。

老北京炸酱面馆采用体验营销的手法,在店内营造出浓浓的旧京风情:店堂内的陈设一律按照民国时期布置,店员的打扮和接待方式也如此,迎接客人时的问候语"来啦您呐"和为客人掸去灰尘的动作也一如老北京的风俗。同样是吃面,许多顾客就是冲这不一样的销售方式来这家店就餐,在产品很难制造差异的情况下,就需要在流通层面寻找突破口。

吉列剃须刀则致力于在产品和流通两个层面同时制造出差异,该品牌采用了套装和单独刀片销售相结合的营销方式,培养消费者的使用习惯,将销售重点放在易损耗的刀片上,造成持久的多次消费,从而使市场占有率更加稳固。这种分别出售基本工具和可替换配件的方式,俨然已经成为一种经典的销售模式,也被其他产品所采用。

波士顿的一家商店,采用"梯子价格"销售商品,这种销售方式很可能来自"荷兰式拍卖"。商品只标出价格、上架时间和售完为止,其具体做法是:前 12 天按全价销售,从第 13 天到第 24 天降价 25%;第 25 天到第 30 天降价 75%;第 31 天到第 36 天,如仍未售出,则送慈善机构。之所以敢采用此法，原因是他掌握了消费者的心理：“我今天不买，明天就会被他人买走，还是先下手为强。”事实上，许多商品往往未经降价就被顾客买走了。

（2）销售人员的差异，既包括人员年龄、性别、相貌特征等自然条件的差别，也包括经培训设计形成的语言、肢体语言、表情、态度、服装、服务方式等工作方式的差别。

日本一家出租汽车公司，要求司机在顾客上车的时候主动问候，并对乘客表示感谢，这一小小的举动成为公司的品牌形象；旅行社门店专门雇用兼职大学生，彬彬有礼的谈吐和清新的学生气质让消费者更放心；不断推荐产品的销售员会招致顾客的厌烦，一些服装店采取“不呼唤不主动服务”的方式。

通常化妆品公司在选择销售人员时，喜欢任用漂亮的年轻女性，暗示自己的产品效果好，但有些品牌经过调查发现，顾客并不愿意从漂亮的销售员那里购买化妆品，反而是相貌一般，服务周到的销售员能卖出更多产品，因为相貌太漂亮的销售员会使顾客产生自卑感，觉得自己再怎么打扮也不如她漂亮。注意到顾客这种心理的化妆品公司立刻改变观念，雇用相貌平常，待人礼貌周到的女孩，使顾客建立自信，从而愉快地购买产品。

某糖果店的一名售货员的柜台前总是顾客很多，而其他柜台却门庭冷落。老板很纳闷，便问他有何诀窍。售货员答道：“这很简单，别人总是先抓一大把，称的时候再把多的拿掉；而我总是先少抓些，然后添点。”这“添一点”的动作，恰恰迎合了顾客的某种微妙心理。每个顾客都害怕缺斤短两，“拿掉”的动作更增加了这份疑虑；而“添一点”则让人感到份量给足了，甚至欣喜地认为得了点“添头”。这个小小的举动让顾客对这位售货员产生了好感，自然愿意光临他的柜台。

（3）销售环境的差异来自两方面：根据销售环境制造差异；或制造销售环境的差异。

海边酒店只需要足够大的落地窗，就可以将大海的美景纳入自己的囊中，变幻无穷的大自然为酒店提供了独一无二、常变常新的“销售环境”。一个精明的主妇注意到人们非常在意服装的整齐，而上班或谈判前需要乘车，乘车后衣服总是变得皱巴巴的，于是她在火车站开了一家熨衣店，专门为那些想衣着整齐地见客户的白领提供服务。一家二手车经销商发现，生活在小地方的车主顾虑比较多,因为小地方的车每个人都认识,车主不希望让别人知道自己把车卖给了二手店,于是公司在店外的广告上特别注明:“抱歉,本公司所收购的汽车不在本地销售。”

日本恺撒广场建造了模拟天空的巨大屋顶,每隔两小时上演一次黄昏的景象,使得顾客沉浸在浪漫的气氛中,产生就餐或购物的欲望。Tommy Hilfiger 的旗舰店将陪同等候区域改造成一个小型多功能厅,用来接待陪伴妻子购物的无所事事的丈夫,让他们看场电影或是观摩赛事集锦,轻松愉悦地度过原本漫长枯燥的等待光阴。女性商场建造超大卫生间,令女性消费者感觉在此购物方便愉快;餐厅在等候区免费提供零食、美甲服务,都是制造环境差异的手法。

(4)推广方式的差异最容易实现,传统的推广方式是在大众媒体做广告,差异化的推广方式就是将广告做得不像广告,用通常不作为媒体的媒介物传播,让被动接受广告的消费者主动观看和传播广告。

Kgold 金饰把推广活动安排在上海美术馆的屋顶餐厅里,搭建好的 T 台不仅是模特儿的舞台,也鼓励爱美的女宾客们一展风采。形象设计师与彩妆师为活动参与者造型,追光灯下的女宾们过了把明星瘾,摄影师也拍下了她们专属的时尚大片,立竿见影地让宾客们找到了不同寻常的明星体验。

有公司购买路人的额头作为媒体,在上面印上标志,这些走来走去的人就成为活动的媒体;有牛仔裤品牌将卫生间的镜子作为媒体,半身镜下面的墙壁上印着该品牌的牛仔裤,人们照镜整理仪表的时候,就会审视自己身着该品牌牛仔裤的形象。

服装品牌 Apliiq 也成功地制造过时尚事件。在一场品牌派对上,一位艺术家受邀在 T 恤上喷绘图案,顾客身着这些服饰的摄影作品随即被上传到了该品牌网站,顾客及其亲朋都热衷于登录观看和转发自己或亲朋有趣的形象,于是“病毒式营销”成功了。

有一种网络“慈善广告”点击率非常高,网站的界面上是数个品牌的标志,每个 IP 地址每天可以点击同一个图标若干次,每次点击图标,都会打开链接的产品页面,同时该产品将向慈善机构捐出一元钱。许多网民觉得,自己只需点击鼠标就可以“用别人的钱作慈善”,既有意义又获得了“帮助他人”的心理满足,于是非常乐于推荐给自己的朋友,坚持每天点击的人数增长很快,品牌传播和慈善捐助也做到了一举两得。

【善于联想的售货员】 一天,商场经理来到专卖渔具的柜台前进行突出检查,他问一位售货员:“你这里今天来的顾客多吗?”

“不多！经理。”售货员轻声地回答道。

“不多？到底有几个?”经理的语气带着明显的不满。

“一个。”售货员回答的声音更小了。

“你是怎么服务的？才一个顾客,你是不是只卖给了他一个1美元的普通钓钩?”经理的语气充满着浓浓的火药味。

“不是这样的,总共卖了59436美元。”

“一个顾客就买了这么多东西？是真的吗?”经理的脸立即多云转晴,他甚至拍了拍售货员的肩膀。

“首先,我卖给了那位先生一个普通钓钩。”售货员解释道,“接着卖给他一根钓杆和一只卷轴,然后我问他打算到哪里钓鱼。他说想去海里,所以我建议他最好拥有一条自己的船,那样既方便又可以带上家人。那位先生同意了,于是又购买了一条20英尺的小型汽艇。为了把那艘汽艇拉走,我带他到商场的汽车销售部,卖给了他一辆微型汽车。”

“你真的卖了那么多东西给一个只想买鱼钩的顾客?”经理仍然有些不相信地问。

“不是的,那位顾客最先没有买鱼钩的意思,他本来是到旁边的柜台为他患偏头疼的夫人买药的。我在旁边听到他和那位售货员的对话后,就上前对他说:‘先生,你的太太身体欠佳,工作之余,你如果有空,不妨带她去试试钓鱼,郊外的空气比城里新鲜,肯定对她的身体有好处。先生你也一定比我清楚,治病有两种方式,一种是用药物从肌体上治疗,就像你现在买阿斯匹林给你的太太一样;另一种就是精神治疗,比如垂钓,这也能达到一定的效果。如果两种方式同时用,效果应该是惊人的。’事情的整个过程就是这样的。”

【统计心情的互动广告】 卡夫旗下的一个果冻品牌在纽约竖起了一个户外广告牌,画面是一个男子头像,头像下分别有两个小型显示屏,显示着美国人的心情数据,一边是快乐人群的比例,另一边是不快乐人群的比例。

Twitter通过统计用户使用表示快乐的“:)”符号和表示不快乐的“:(”符号，计算出全体美国人快乐与不快乐所占的比例，及时显示在广告牌上。

当“不快乐”的比例很高时，该果冻品牌就开始发放免费的布丁品尝体验券，抚慰美国人的心灵。可以预见的是，这种推广方式必定能够引起人们的关注。

【善因营销】 善因营销源于Cause - relatedMarketing，也被译为“事业关联营销”或“高尚目标市场推广运动”。研究显示，消费者在做购买选择时，越来越考虑一家公司的声誉，消费者尊重那些关注并参与解决社会问题的企业。大多数善因营销项目的操作方式无非是：消费者在购买某商品时，每花费一元钱，厂家就捐出其中的几分钱给一个慈善组织。

美国LizClaiborne公司主要生产和销售服装、佩饰和香水产品。自1991年开始，该公司持续开展“善因营销”项目，营销团队通过每年推出新的角度和新的创意来保持这一项目的新鲜感，在保持项目核心目标和主题不变的前提下不断扩展其内涵和范围，这个涉及家庭暴力的项目成为了该公司的标志。公司从一开始就确定了开展项目的基本原则——找到一个时下妇女们所关注的问题，并以此为出发点开发出一套营销项目，并要求此项目既要合时宜、与消费者相关，又要具有新闻性。

根据这个原则，公司先后在美国一些重要城市进行了多项活动：邀请著名女艺术家创作有关妇女问题的公共艺术作品；组织来自不同文化背景的儿童写了一本关于“上班族母亲”的书；聘请6位知名视觉艺术家创作了一系列关于家庭暴力的公益广告；为第一个24小时家庭暴力救助热线提供资助，并发起成立了一个致力于筹集资金和提供援助的志愿者团队。以上的这些举动不仅吸引了很多女性和时尚媒体的报道，也为公司的高层主管创造了很多演讲的机会。

1996～1997年，这一项目将注意力转向男性，一些大学的知名美式橄榄球队员、男性音乐人担任了公益广告演员，以前卫、先锋、富有新闻性的方式来谈论这一问题，呼吁没有实施过家庭暴力行为的男性站出来劝阻他们的朋友、兄弟和同事，号召所有男性远离家庭暴力。

在其后的几年中，该公司与专业人士合作，出版了一系列面向父母、女性和青少年的指导手册《如何与你的孩子交谈：关于健康的人际关系》、《女性指南:如何与他人讨论家庭暴力》、《给青少年的指南》。此外,与女性电视频道合作反对家庭暴力的节目;建立救助青少年的网站;与杂志和电影公司合作,开展全国巡回路演和反家庭暴力电影节活动。2004 年,该公司的产品标签开始出现反家庭暴力的信息以及相关的网站地址。

公司从政府、企业界和非营利组织获得了必要的资源和资金,在整个项目的实施过程中,所有的媒体报道和公益广告所获得的媒体印象总数为 13 亿人次,相当于1200 万美元的广告价值。而与此同时,该项目获得了包括 SABRE 和公关新闻白金奖在内的多项公关和营销业内奖项,并被业内人士认为是美国最成功的善因营销项目之一。该善因营销项目显示出 LizClaiborne 企业的社会责任感,并加强和深化了与其核心的女性客户之间的关系。

LizClaiborne 用 10 年的专注,成为一个公众心目中"富有创意、有社会责任感的企业领袖"。与之相比,国内企业对公益事业的投入效率往往不高,一些中国企业没有将公益行为真正作为营销方式来谋划,依然停留在"用捐钱换报道"的思路上,对公益事业的参与是偶然的、孤立的、被动的,而不具有系统性和长期性,难以收到远期效果。

生产环节 生产环节包括多个阶段:市场调研、产品创意、产品开发、综合测试、投入生产。采用创意的思维方式,在每一阶段都可以找到新颖的解决方案,抓住制造差异的契机。

(1)市场调研是企业进行产品决策的重要参考,对市场情况的分析结果,直接决定着产品的生产与销售策略。与众不同的调研角度和方法,洞悉事物本质规律和发展趋势的分析,才能帮助企业引导市场和创造市场,避免陷入"跟着市场转"的被动局面。以动态的思维方式看待市场和产品,能够更敏锐地发现商机,把握产品更新的节奏。

一些经营了几年的婚纱影楼意识到,自己最初的顾客已经为人父母,于是推出儿童摄影业务,并将优惠券寄给老顾客,及时延伸了自己的产品线。2009 年,当时正在一家医院做护士的蔡士洁无意在报纸上看到一则《市民购二手房遭遇消毒烦恼》的新闻。一周后,她毅然递交了辞职书,利用自己的消毒专业知识技能,开办了二手房消毒公司。如果她能与房屋中介合作,无疑可以实现双赢。在珠海打工的一个小伙子,看到很多同乡过年回不了家,就想到把这些打工仔、打工妹的生活、工作情况以及对家乡父老的祝福用摄像机拍下来，带回家乡送到他们亲人手中。如果你打算开一家异国情调的餐厅，可以先了解一下旅行社预定较多的境外游目的地，或出境航班增加了哪些线路，就能够知道当前哪个国家的风格最受欢迎。

循规蹈矩的市场调研并不能为客户提供灵感，出色的市场分析人员能够根据公开信息得出独特见解，企业亲自进行的调研或许能够提供更有价值的提示。尽一切机会接近市场和消费者，观察人们的行为偏好，亲身体验购买过程，通过看似毫不相关的资料分析竞争对手的情况，都不失为有效的市场调研方式。一些常用的军事情报分析手段可以带来启发：

①“流量分析”，是对通信量变动或无线电通信的其他外部特征进行分析，即使不能了解其通信内容，也能获取有用情报。例如，如果军队司令部与其下级指挥所之间通信流量激增，分析者就可能得出结论：重大行动即将开始。

②“图像释读”，一些看似极为普通的照片，在图像释读人员标出令人感兴趣的内容后，普通人才能理解他们所看到的东西。释读人员必须从特征着手，根据经验或逻辑判断，例如，机场跑道的延长意味着某种（需要更长跑道的）新型飞机即将到来，根据运动场表面的形状来判断是足球场还是棒球场，从而将苏军基地同古巴某地区分开来。

③“板条箱学”，研究军事设备与其运输时所需板条箱的类型和尺寸的关系。例如，一旦确定某种飞机或导弹曾被装在相应尺寸的板条箱内运输，当看到其他相同尺寸的板条箱时，则暗示箱内很可能是该型飞机或导弹。

日清方便面在计划进入美国市场前，委托美国的专业调查公司调研，得出的结论是：“美国人喜欢将面条与汤分开食用，汤面合一的日式方便面在美国不会有市场。”但日清没有被这份调研报告所左右，他们自己派出调查人员前往美国市场，经过问卷调查和家庭访问，得出了一个截然相反的观点：“美国人确实喜欢汤面分食，但随着移民的增加，他们的饮食习惯正在发生着变化，越来越看重营养和口味。因此，只要在口味和营养上投其所好，方便面肯定能够占据美国市场。”据此分析结果，日清果断地决定进军美国市场。

同时，日清在调研中非常注重细节，调查人员发现：美国人喜欢稍硬一些的面条;喜欢用杯子不喜欢用碗;喜欢口味很重的浓汤;习惯喝光面汤而剩下面条;希望减肥的人数众多。于是日清改变了产品原来的硬度;将“碗面”包装改为“杯面”;加重汤料口味;材料配比上面少汤多;将面条截短便于饮用;宣传诉求为“健康减肥”。通过将产品改造为适合美国人口味的“快餐汤”,日清顺利地进入了美国快餐市场。

一家美国医院没有通过观察其他医院来改进本院的服务,相反,他们观察了其他行业的企业如何提升消费者体验。他们到迪斯尼乐园玩、乘头等舱,住五星级酒店,以此找出愉悦感是由哪些细节唤醒的:“酒店的每个人能叫出我的名字,并且发音正确”,或“英国航空送给我很好的睡衣”,然后他们回到自己的医院,作为“病人”在医院里待了数天。他们使用医院的便盆,穿上后面开口的住院服装,被安排在放射室外面半裸地坐几个小时……一旦有消极的感受就记下来。最后,他们在墙上贴出了所有照片、卡片及故事并问自己:“如何去利用我们学到的关于制造良好客户体验的知识,使医院的客户体验发生改变?”

耐克运动鞋曾经开发了一个小小的互动软件,声称每个人都可以自己设计运动鞋的装饰图案,许多人出于好奇,将自己的设计方案发给了耐克,此举一来可以获得大量免费设计方案,二来可以获得对产品感兴趣的人数、消费者对图案的偏好比例,作为生产新产品的设计依据,可以说既是市场调研,又是不露声色的促销活动。

日本汽车公司为了对美国市场进行调查研究,派出一名雇员在美国加利福尼亚租了房间,对美国住户的家庭生活方式进行详细调查。他对几个典型家庭的房子拍了照片,收集了许多数据,借以研究美国家庭究竟需要什么样的汽车。日本公司根据这一项调查结果,研制出适合美国人需要的汽车,产品销量得到大幅提高。

(2)产品创意与开发是最需要创意思维的环节,不论多么准确的市场调研、多么独到的消费者洞察,一切含糊的想法都必须落实到具体的产品上,形成能够进入商业模式的产品,否则便只能流于空想。大前研一提出“商品设计力”的概念,并将之归纳为三个关键要素:第一,找到顾客需求并愿意为之付出代价的东西;第二,想尽各种办法,将顾客愿意为之付出代价的东西转化为商品(或服务);第三,将成本控制在顾客愿意付出的代价以下。[①]

下面我们通过一组案例,来解读产品创意与开发的几种创意思维方式:

①逆向思维——“不提供周到服务”的服务行业

提起服务业,人们自然想到“周到”、“热情”等特质,但也有人逆流而行,并且获得了巨大的成功。

日本QBNET公司提供“10分钟快速理发”服务,只提供最简单的剪发,甚至省略掉洗发步骤,更不提供如染发、刮脸等服务项目,每位顾客只收1000日元,约合83元人民币,这个价格在日本是很低的收费标准。这种服务模式的创始人是小西国义,他创立这种模式源于自身感受,因为觉得理发店强制顾客消费洗发和修面服务,所以自己设计了这种新的理发店经营模式。围绕提高服务速度的核心理念,该店将所有工作划分为“必须由人完成的”和“可由机器替代的”,后一类型的工作都用机器替代人工,如改装了银行排号机,顾客直接放入1000日元的现金,就会拿到一张排号票,省去了收银的时间和人员。

同时在细节上也采取了一系列措施:使用一次性毛巾来节省清洗时间;将扫帚和簸箕放在椅子下的盒子里,省去取物的时间;梳头用的梳子送给客人,减少处理垃圾的时间,同时客人也很高兴;剪发后用空气吸附机吸去碎发,高效省时;调暗卫生间的灯光,防止员工在里面看报纸。除了提高服务速度,理发店还通过开发自己的数据管理系统和改装设备,及时搜集店堂数据:座位里安装感应器,总部可以直接掌握顾客人数;理发师每次服务都要将自己的ID号和顾客的数据(性别、年龄、第几次光顾等情况)输入电脑,总部可以随时上网查看顾客情况、员工出勤情况和营业额。

低价、等候时间短、提供必要而充分的服务,是QBNET创意的成功之处,简单的经营内容可以提高工作效率,需要的空间少可以降低营业场所的房租成本,销售单一产品的模式在零售业十分常见,而将这种思路用于服务业就是一种创意了。近年香港艺人将此模式引入香港,也受到追求高速的港人青睐,已开出20多家分店。

---

① 《新企业战略》(日)大前研一等,卿学民译.北京中信出版社2006.147.

②改变提问角度——“四两拨千斤”的解决方案

仅仅简单地改变“数量”，或许就能够获得一种全新的产品，拥有一个新的消费群体。低糖可乐降低了糖的含量，留住了想减肥的消费者；无酒精啤酒让酒精过敏的消费者安心饮用；平价时装降低了面料标准，时尚的款式和低廉的价格，使其成为一次性使用的“快消品”，加快了消费的频率。

“无添加”化妆品，用小量包装轻松消解了化妆品添加防腐剂的动机，发生问题的动机不存在了，问题自然也不存在了。化妆品是女性最亲密的朋友，但其中的添加剂也是许多人担心的安全隐患，因为化妆品富含营养物质，容易变质，所以必须添加防腐剂，如此看来添加防腐剂是无法避免了。但是池森贤二巧妙地改变了提问的角度：“如果不添加防腐剂能保存多长时间呢？”答案是一个月，他马上想到“如果只装入一个月的用量，就可以不加防腐剂了。”就这样，小瓶包装的无添加化妆品问世了。

③举一反三——以核心价值形成产品线

系列产品、品牌延伸产品，其创意与开发往往立足于一个核心价值理念，根据这一理念衍生出一系列产品创意。欧姆龙的创始人立石一真认识到，网络时代将是一个“无现钞社会”，自控技术将越来越普及，由此推论：“机器能做的事让机器去做”，基于这种理论，开发出信号机、车站售票机、自动检票机、ATM 机等自动售卖设备。

很多人将迪斯尼的主题公园看作一个独立的项目，但迪斯尼产品经理并不这样认为，他们看到的是迪斯尼的核心价值。迪斯尼乐园是世界上最大的“三维娱乐”制造商，拥有独特的布景、服装设计、讲故事和表演的技能。将这些核心能力从主题公园中分离出来会怎样？将迪斯尼的核心能力运用于百老汇或伦敦西区，将迪斯尼电影变成舞台剧会如何？基于这样的思路，迪斯尼舞台演出子公司在 1994 年成立，现在已成为迪斯尼重要的赢利来源。

④组装或拆分——以产品形态制造差异

产品的基本形态不外乎两种：整体成品或散装元件。产品在创意阶段需要决定是制造组合出售，还是出售可组合的元件。苹果 ipod 是用全球范围内数个品牌的元件集成的新产品；风靡全球的乐高玩具则只出售最基本的元件。组装或拆分都是一种能力，一种能够打破思维定势的能力。

台湾的自行车生产商 DK city 推出了一款新型的自行车前轮，可以帮助人们便捷地将普通自行车转变为电动自行车。该车轮内置了马达、电池、控制器等装置,同时配有一只可安装在车把手上的小型无线控制手柄,方便用户随时查看电量和骑行信息,并且有多种鲜艳的颜色可供选择,适用于多种款型的自行车。

美国一家地毯制造商的产品不是传统的大张地毯,而是像瓷砖似的可以分割的砖式地毯,可以分块切割和粘贴,像瓷砖那样铺满地板,如果不小心弄上污渍,只需更换被污染的局部即可。

(3)综合测试包括产品性能测试和消费者接受度测试。充分的测试至少能起到两方面的作用:一方面,在测试中发现问题并及时解决,能够避免产品批量生产后出现问题带来的巨大损失;另一方面,测试中的一些发现,或许能够为产品的生产和销售带来灵感。

经过测试星巴克得知,消费者对咖啡馆环境的重视高于价格等因素,于是将营销重点放在环境气氛的打造上,用纸杯加盖替代瓷质咖啡具,既避免了瓷器碰撞发出的声音,又让顾客不必小心翼翼地取放器具,从而营造一种轻松的气氛,吸引了大批年轻的消费者。

曾经有电视台作过一期节目,测试北京老字号的“百年老汤”与新熬制的羊汤有何区别,现场十多名观众做了“蒙眼测试”,结果大出意料,几乎全部被试者都将新熬制的羊汤认定为老字号的,更加香浓美味。这种测试方法经常被用于食品饮料的产品测试,用来帮助企业确定产品的改进方向或销售方向。收效最大的产品是啤酒,麦肯锡为朝日啤酒做出的产品建议中,特别提出“做好产品周转,以确保啤酒的鲜度”——因为在产品测试中发现,刚酿造出来的啤酒,不同品牌的味道并无太大差别,问题出在流通环节,啤酒味道的差异是由鲜度决定的。

(4)生产过程中通常会遇到两个方面的问题,即技术问题与管理问题,也就是“物”和“人”的问题,最佳境界是能够让技术与人员各自发挥优势,形成完美的组合。

规格统一的、可互换的标准件,彻底更新了工业制造的模式,使工业生产规模得以扩张。19 世纪,美国发明家伊莱·惠为滑膛枪的每个零件都制作了一个模子,并确保每个零件都可适用于任何滑膛枪,以最少量的手工劳动把标准件装配成完整的枪支。这种生产方式大大提高了生产效率,降低了生产和维修成本，也为许多行业所效仿。宜家家居的产品采用标准规格，所有产品之间都可以顺畅地组合搭配，极大地节约了研发和制造成本。

佳能没有使用流水线装配相机，而是采用一种被称为“单元式（细胞式）”的生产方式：根据产品组装的复杂程度，由不同人数的工人组成一个“单元”，完成某一款产品的集中生产。一部单反相机的生产有十几道工序，生产单元就由相应数量的工人组成，小组员工的生产位置是轮换的，这样一方面可以确保单元中的每个人都可以从事单元中任何一个步骤的生产工作，另一方面也令员工可以更全面地掌握各种技术，不会沦为一个简单的“零件人”。这种以单元为单位进行生产的组织方式，提高了单元内成员之间的配合默契度，而且工作量也是以一个组为单位进行计算的，大大提高了员工的主观能动性和集体观念。

【用模数制实现标准化】 著名建筑大师贝聿铭在设计中对模数的应用，与标准件制造方法有异曲同工之处。在中银大厦的设计中，贝氏采用了非常精彩的模数制，用统一的模数贯彻设计的始终，以不变应万变，从而取得了近乎完美的设计效果。最基本的模数来源于立面上的一块石材的尺寸。这个尺寸为 1150 × 575，是 2∶1 的比例关系。而建筑的基本轴网为 6900，层高为 3450，它们分别为石材长宽的 6 倍。建筑的门高为 2300，是 3450 的 2/3，为四块砖的高度，同时也是高级建筑的理想门高。建筑各处的尺寸都符合这个模数，这样一来，最后的装修效果非常完美，到处都是整块的石材，绝不会出现不合模数的情况。而且在施工过程中，一块标准尺寸的石材不经切削，在哪里都可以使用，大大方便了施工，建筑与装修真正融为了一体。

贝氏严格的模数制同样也具有很大的灵活性，他根据不同的功能需要，灵活变换模数。6900 × 6900 的基本柱网，是考虑了办公空间的家具分隔，同时又是其结构体系——无梁楼盖的经济跨度；地下车库考虑并排停三辆车的布置方式，采用 7800 × 7800 的柱网。车库正好位于中庭及 54 米的大跨度之下，避免了两套柱网的矛盾。

【将错就错】 天津一家毛纺织厂曾经生产过一种呢料，由于原料的成分比例不易掌握，在加工过程中经常出现小的白点，消费者认为是次品不愿购买。技术人员经过多次努力，都难以突破技术瓶颈。后来一位设计人员觉得不如将错就错，将小白点变为大白点，形成一种图案效果，取名“雪花呢”，产品一经投放市场，立刻大受欢迎，成为流行一时的面料。

我也曾经有过同样的经历。在我高中毕业那年，哥哥一位做服装生意的朋友购进了一批当时非常畅销的白色T恤衫，不料打开包装一看，发现因为保管不当，许多衣服上出现了或多或少的浅黄色斑点。当时已经临近夏季，如果拿回厂家更换，就会错过最佳的销售时机。听说此事，当时正在学习绘画的我灵机一动，建议将白色的T恤衫添上手绘图案，既能遮盖瑕疵又有新意，结果几十件手绘T恤在两天内就被抢购一空。

【由解决手疼到减少工序】 某卡车轮胎内胎加工厂，最后一道工序是为气嘴拧上盖子，工人每天拧数千个盖子，导致手指疼痛，由于自动化改造这一工序花费较大，问题难以解决，于是主管向该工厂的管理顾问寻求帮助。

顾问将观察问题的视点拉远，对产品整个的生产销售过程进行审视，发现产品是装在箱子里，放到加油站或轮胎商店销售的，而销售时，销售人员需要先拧下气嘴盖！既然如此，只要将内胎放入包装箱，再将同样数量的气嘴盖单独包装在一个塑料袋内同时放入，生产的最后一道工序完全可以取消，工人也不必为手疼而烦恼了。

【豪华的座椅】 一个公司内的软件部门总是出现问题，与硬件部门配合不佳，公司对该部门极不满意，部门员工也对公司管理层充满抱怨情绪。公司下决心改善这个部门的状况，于是将员工召集到一起，询问大家是什么原因导致工作效率难以提高？员工们纷纷提出工作环境欠佳，没有足够大的工作台、电脑需要更新、座椅极不舒服影响工作情绪等。公司的管理者灵机一动，让大家自己挑选一款满意的座椅，于是员工们挑了一款非常昂贵的豪华老板椅。

公司真的为每人配备了一把豪华座椅，这一举动吸引了全公司各部门的人，大家争相来软件部门体验豪华座椅，临走时都扔下一句：“这下该有好软件开发出来了。”软件部门的员工这时才意识到问题的严重性，在如此受关注的情况下，不改善工作是无论如何也说不过去了。从此，大家振作精神，为了让自己有资格享受豪华座椅，彻底改面了工作面貌。

第六章　创意表达的原则

互联网时代的海量信息使人们应接不暇，感官受到的刺激趋于饱和状态，大量信息还没有获得注意，就被淹没在信息的海洋中了。许多信息难以引起人们的注意，并非因为其内容不具备吸引力，而是所采用的表达方式难以激发人们的兴趣。举例来说，如果要描述“20 年来的通货膨胀问题”，会采用什么方式呢？按照常规的理性思维方式，我们首先可能会想到数字，用消费价格指数（CPI）来说明 20 年来的通货膨胀程度，其计算公式为：$CPI = a_1(P_1t/P10) + a_2(P_2t/P20) + \cdots + a_n(P_nt/P_n0)$（注：公式中的数字和 t、n 均为下标，P 为代表性消费品的价格，a 为权重）通货膨胀率 =［（本期价格指数 − 上期价格指数）/上期价格指数］×100%。对同一个话题，亨利 · 杨格曼的描述虽然缺乏严谨的公式，但似乎能够让人们更易理解，印象更深：“美国人越来越强壮。20 年前，价值 10 美元的蔬菜要两个人挑。如今，一个 5 岁的小孩就能做到。”这一充满幽默感的描述生动地勾勒出一幅画面，令我们忍俊不禁，同时也明确了一个抽象的经济学概念。

在和平时期，美国的价值观无法用枪炮传播，却随着好莱坞电影更轻松地渗透到全球各种文化中；追逐名牌的消费者将广告诉求当做选择商品的依据，声称他们购买的是“品牌故事”而不是商品；选秀节目层出不穷，网络提供的发布工具日趋普及，越来越多的人希望把自己的心情或故事诉说给别人；应聘工作的简历花样百出，力求在众多竞争者中脱颖而出……与生产技术的普及形成了“同质化产品”一样，信息传播的便捷，形成了“同质化表达”，可以说，我们身处一个“同质化时代”。

我们周围的声音日渐嘈杂，每个人都在用自己的方式发出信息，表达自己的想法和意图。在这样一个“同质化时代”，想让别人接收自己的信息，仅仅拥有信息的内容是不够的，还需要恰当的外在形式。我为创意表达下的定义是:信息发布者运用创意思维,以及别出心裁的表达方式,对内容的表达富于准确性和新颖性,使信息接收者快速、愉悦、主动地接收信息,并对信息做出与发布者预期一致的反应。

长久以来,人们似乎持有一种成见:内容与形式是分离甚至对立的,内容理所当然地重于形式,需要研究和思考;形式只是内容的附属品而非必需品,因此不必认真思考。基于这种成见,人们将事物分为“有实用价值的内容”和“无实用价值的形式”。举例来说,文本的意义被视为内容,构成文本的文字则属于形式;统计数据所说明的问题是内容,图表或表格是形式;建筑的结构是内容,建筑形态和外观装饰是形式。总之,一件事物的意义部分被认定为内容,表现部分被定义为形式。这种强行割裂的划分方式由来已久,已经成为一种普遍的思维定势,乃至许多人看到文字艰涩的书籍不会觉得这种令读者迷惑的表述有何不妥,只要有其内容深邃的意义就够了,而在欣赏一幅抽象画的时候,会百思不得其解,不明白此类作品表现了什么深刻的含义?

事实上,凡是能够被我们感知的事物,其内容与形式都是并存的,并且我们首先感知的事物的外在形式,然后才会触及它的内在意义,从这个角度来讲,形式是我们认识事物的第一步,其重要性不言而喻。内容与形式存在的同时性,决定了二者必定具有天然的统一性,人为地将二者割裂开来,会导致对事物片面的认识。维特根斯坦说过:“别找寻意义,去找寻用法”,因为内容就蕴涵在形式之中。创意表达的基本技巧就是将“内容”与“形式”进行整合思考,将两者作为同一个思考对象的两个层面,以创意思维贯穿始终,力求用最优形式来表达内容和意义,最大效力地达到表达目的。

第一节　实现表达的最终目标

我们通过接收信息来了解世界,通过发出信息让世界了解我们。每个人都用自己的方式表达着:艺术家用作品表达自己对自然和人类的理解;学者用论著发表自己对事物的看法;商人用广告劝说消费者购买自己的商品……无论采用什么表达方式,都应首先明确表达的根本目的,并以该目的为核心,准确表达相关内容,设计最恰当的表达形式,以期收到最佳的表达效果,实现表达的最终目标。

魔术师幽默的语言和充满魅力的肢体动作,不只为了增加节目的娱乐性,更是为了分散观众的注意力;美国政府频频表示"对中国军费增长的担忧",其根本目的是为了向中国的邻国推销武器;产品代言人幸福的表情,是为了让消费者对其代言的产品产生向往,购买该产品。归根结底,表达是为了让他人对我们所发出的信息作出回应,当然最好是我们所期待的回应。我将表达的目的归纳为三种,能够实现每一种目的表达都有其规律可循:

(1)引发他人的欣赏和共鸣,表达上注重激发人类共有情感的共鸣。

(2)争取他人的认同与理解,表达手法为理性诉求,逻辑性强。

(3)劝说他人接受某种观点或理念,表达手法多样,深谙人性心理。

同时为了更好地实现表达目标,还需要遵循"单一诉求"和"升华主题"的表达原则。

激发情感共鸣　以艺术创作为代表的表达活动,基本动机就是引发共鸣。艺术创作源于人类表达内心情感的需要,但艺术的价值决不仅限于个体的情感宣泄,而是传递人类共同的情感体验,激发起人们内心深处的共鸣,使人们获得心理上的"审美快感"。因此许多艺术家和评论家认为,艺术创作并非是由作者独自完成的,直到观众参与的"审美"环节,一件作品才算最终完成。

我们甚至可以说,艺术创作的目的是为了"打动人心"。章培恒在《中国文学史》的导论中说"我们可以给文学成就确定一个与其定义相应的标准,那就是作品感动读者的程度。越是能在漫长的世代、广袤的地域,给予众多读者以巨大的感动的,其成就也就越高。"文学、绘画、雕塑、音乐、电影等艺术形式中,那些令我们莫名感动的字句、线条和色彩、姿态和质感、旋律和节奏、情节和光影,都具有同样的特质,那就是"动人",这也是人们对优秀艺术品的最高评价。一些将创作目的定位于"教育"、"警示",或"传达思想内容"的文艺形式,偏离了艺术表达的基本目的,不能引起受众的共鸣,这样的作品就只能归类于"宣传品"而非"艺术作品"了。

人类所共有的情感不会因自然环境、社会历史环境的不同而改变,几千年前的古人、几万里外的他乡人，与我们同样感受着喜悦、愤怒、忧愁、思念、悲伤、恐惧、惊讶等诸多情感和情绪。人类对于情感的共同体验能够超越具体事物的局限，我们读到唐代诗人的诗句，听到苏格兰的民歌，也会透过文字和曲调，感受到他们所抒发的情感，感受到作者内心的悸动，产生共鸣，体验到心理上的审美快感。

【《送别》】 “长亭外，古道边，芳草碧连天，晚风拂柳笛声残，夕阳山外山。天之涯，地之角，知交半零落，一瓢浊酒尽余欢，今宵别梦寒。”

这首李叔同填词的歌曲在中国家喻户晓，歌词采用了古词文体描写了离愁别绪，曲调与之配合得天衣无缝，整首歌弥漫着淡淡的忧伤，初听之下，中国听众非常容易认为这首歌是“纯粹的”中国歌曲。但很多人并不清楚，这首歌的曲调取自美国音乐人约翰·P. 奥德威作曲的《梦见家和母亲》，其曲调灵感来自“黑人音乐”。李叔同在日本留学时，日本歌词作家犬童球溪采用《梦见家和母亲》的旋律，填写了一首名为《旅愁》的歌词，而李叔同填词的《送别》，则取调于犬童球溪的《旅愁》。

原作 ***A Traveller's Sorrow*** 的英文歌词为：*The west wind has started up And the sombre hue of autumn deepens Autumn shades make of my heart an outsider Solitary, I sigh for my wanderer's fate Cold light dances with my single shadow Remembering homeland Missing my old kin Thinking of my parents under the family roof Can I find that homewards journey so remote Waking from dreams, homecoming dream is still fresh*

犬童球溪填词的《旅愁》汉译版本为：“深秋夜阑，旅途天空　寂寥的回忆，一个人忧愁　怀恋的故乡，亲切的父母　走在梦中，回故乡的路。　深秋夜阑，旅途天空　寂寥的回忆，一个人忧愁　风雨敲窗，梦被打破　遥远的他们，心迷惘　怀恋的故乡，亲切的父母　思绪涌来，树梢动　风雨敲窗，梦被打破　遥远的他们，心迷惘”

一支来自非洲音乐的曲调，成为一个美国人的歌曲创作灵感，再辗转经过一个日本人的重新诠释，被介绍给一个中国人，经过中国古典文化的洗礼，成为一首传唱不衰的经典中文歌曲。这首歌的流传，充分展现了人类情感的共通性，表达出人类深刻情感的艺术作品，必然引发全人类的心理共鸣。

理性诉求 多数情况下，人们发表观点都是为了争取他人的理解。基于这种目的的表达相对温和和理性，不强迫他人同意自己的观点，只希望有表达的自由，在就某个问题进行辩论时，这种表达动机显得尤为可贵。如伏尔泰所说："我不同意你的观点，但我誓死捍卫你发表自己观点的自由"。理性诉求的表达方式，具有观点明确、语言清晰、逻辑严密的特点，如"人不犯我，我不犯人。人若犯我，我必犯人。"；"只要考试分数超过分数线，就能进入重点大学。"；"只有购买商品的顾客，才可对它发表评论。"

为了将自己的观点表达清楚，有人采用论文的方式，列出论点和论据，从正面或反面来证明自己观点的正确性；有人用实际案例引出自己的观点，认为事实胜于雄辩；也有人用沉默表示反对某种观点，无声地表达自己的看法，但也有人用更含蓄的方式表达自己的思想观念，思维小说就是其中一种方式。

思维小说是指作者通过小说的模式，介绍自己相信、并要别人也和他一起相信的一种思想观念。传播这种思想观念是小说的意义、内容或是小说的主要目的。由于首要的目的是介绍这种思想，并使之具有说服力，因此情节必须进行特殊的安排，以加深对这种思想的认识。情景和人物的活动也要同小说的目的相一致，甚至情景、人物和细节描写也要成为这一思想的一个象征。最后，通过所有这些情节、情景、人物和细节描写的综合，使作者总的意图得到实现。①

【严密的逻辑】 下面是我在互联网上看到的一则幽默，非常有意思，题目叫做《一个小朋友严密的逻辑思维》。虽然用幽默的形式呈现，但充分说明了"充分必要条件"，即"当且仅当"的"唯一条件"，是严密的逻辑推理中不可或缺的。

课堂上，老师很得意地提出一个他认为最经典的问题："树上有 10 只鸟，打死了 1 只，还有几只？"有一个小朋若有所思地站起来回答："老师，您确定树上只有 10 只吗？""是的我确定。""那您说的是树上剩几只还是树以外的地方剩几只？"老师扶了下眼镜看了一下这个小萝卜头："是树上。""那

---

① 《埃及小说和戏剧文学》(埃及)艾哈迈德·海卡尔，袁义芬，王文虎译. 上海译文出版社 1993. 154.

鸟中有聋的吗?""这个……没有吧。""请问您使用的是无声手枪吗?"老师想了想说:"有声的。""那鸟中有不怕死的吗?"老师皱了一下眉:"都怕死。""您认为在城市里可以打枪吗,违法吗?""这是假设,不违法。""那只被打死的鸟是挂在树上还是落在地上?""是地上。""会不会一枪打死两个而您没看到?"老师的背上有点发凉:"我说的是打死一只。""如果有鸟妈妈那她肚子里的算不算数?"老师的头开始冒汗了:"不算数。"这时下课铃响了,那小朋友还在说:"如果您说的一切都是实话,那么树上没有鸟,但如果这鸟有几只胆子特别大没有飞走,那么我无法给您一个准确的答案!"

展开心理攻势 有一种说法:"心理战术最好的践行者是上帝和广告人",因为他们都能说服别人接受自己的说法,不同之处在于:上帝展示"神迹"说服信徒;广告人用"希望"打动消费者。无论是上帝还是广告人,说服别人的最佳方式,是满足对方深层的心理欲望:安全、爱与归属、被人尊重、自我实现。洞察了对方的需求何在,无疑可以"对症下药"地展开心理攻势,大大地提高说服的成功率,这种心理攻势不仅包括筛选表达内容,还包括设计表达方式。

心理学家做过这样一个实验:一个村子,有600人同时患病。有两种疫苗可以选择,甲疫苗确保能挽救200人,乙疫苗有33%的可能挽救所有人,所有被试者都选择甲疫苗。于是心理学家重新描述了一下两种方案,甲疫苗可能夺去400人的生命,乙疫苗有33%的可能挽救所有人,67%失去所有生命,这次所有被试者都选择了乙疫苗。

这个实验说明,表达方式对于人们的情感会产生深刻影响,大多数人不会理性地分析自己所听到的每一段话,仅仅由于表述方式不同,同一种情况可以使一个人同时将其视为有风险和可靠。如果你希望被试选择甲疫苗,那么就应该采取第一种表述方式,如果希望被试选择乙疫苗,同样的表述就会适得其反。

针对信息接受者的心理需要和行为习惯,对表达方式进行推敲和选择,确保信息接收方准确理解我们所传达的信息内容及其所蕴涵的意义,甚至将自己的主观意图蕴涵于表达方式中,令信息接收方认同我们预设的意义,采取我们所希望的行动。

【高明的广告】 几十年前的台湾，人们在清晨上班前刷牙，没有晚上刷牙的习惯，因此牙膏在台湾市场的销量不高。一个牙膏品牌希望能够扩大销量，于是聘请了专业的广告公司商议对策，双方一致认为，提高牙膏销量的首要问题，是改变台湾人的刷牙习惯，如果能推广"每天刷两次牙"的生活理念，牙膏的销量就能翻一倍。要使这一诉求有效，就必须选择正确的诉求对象、正确的诉求点和正确的诉求方法。

首先是选择诉求对象。广告公司在经过细致的消费者调查后发现：在家里负责购买牙膏的一般是家庭主妇，但主妇们在生活习惯上更迁就家里的"经济支柱"，也就是说，挣钱最多的家庭成员，对全家的生活方式具有决定性的影响力。因此，诉求对象锁定公司白领。

其次是提出正确的诉求点。当时的台湾正处于经济高速发展阶段，人们对西方生活方式十分羡慕和向往，对时尚观念的重视远超于对健康、卫生等的重视，因此，广告公司决定将诉求点定为"每天刷牙两次是一种时尚生活方式"。

最后是选择正确的诉求方法。由于当时台湾受众最多的媒体是电视，因此厂商决定投放一系列电视广告。通常日用品会选择黄金收视时段进行广告投放，虽然这种时段的投放费用较高，但由于受众人数最多，多数广告主仍然选择黄金时段。但是推广一种全新的生活理念，需要一个较长的投放期，才能对受众产生影响，改变他们原来的习惯，如果选择黄金时段，长期投放的费用厂家难以承受。

广告公司再次进行调查，希望能找到既有效又便宜的方案。经过仔细推敲调查结果，广告公司做出了一个大胆的决定：购买深夜广告时段，进行长期投放。这么做并不只是出于减少预算的考虑，而是使广告更有针对性。当时在台湾，收入较高的社会群体集中在大公司里，这些公司员工大多回家很晚，回家后喜欢看电视到深夜，然后洗漱休息。便宜的深夜时段，正是广告的诉求对象收视率最高的时段。

广告投放几个月后，台湾已经非常流行"每天刷两次牙"，牙膏销量自然提高不少。

单一诉求　著名作家马克·吐温有一次在教堂听牧师演讲。最初，他觉得牧师讲得很好,使人感动,就准备捐款,并掏出自己所有的钱。又过了十分钟,牧师还没有讲完,他有些不耐烦了,决定只捐一些零钱。又过了十分钟,牧师还没有讲完,他于是决定,一分钱也不捐。到牧师终于结束了冗长的演讲,开始募捐时,马克.吐温由于气愤,不仅未捐钱,相反,还从盘子里偷了2元钱。过多的信息会引起接收者心理上的不耐烦,甚至逆反,心理学将这种心理反应称为"超限效应",我们在表达时要尽量简明扼要,避免主题分散、信息过多,造成"超限效应"。

老子曰:"少则得,多则惑。是以圣人抱一为天下式。",人们能够接受的信息量是有限的,少而清晰的信息更容易被记住和理解,反之,过多的信息会形成相互间的干扰,造成接受者的困惑。对记忆规律的研究表明,当需要记忆的材料数量偏大时,会给记忆带来困难。这里所说的"少"不是不丰富,而是信息集中,不分散信息接收方的注意力。在信息爆炸的时代,人们的耐心是有限的,如果用一个简单元素已经能够表达清晰,就没必要附加更多的元素,简单的表达更容易被人记住。现代建筑大师米斯提出"少则多"的建筑原则,强调的就是这层含义。成功的表达是让他人接收到你的核心内容,而不是用炫耀性的展示来说明你有很多内容。一名成功的诉讼律师说,"如果你立足于10个点申辩,即使每一个都很好,当陪审团回去商议时,他们一个点也记不得了。"

表达的本质就是向他人传播信息,人们习惯于将信息比作"水",因此有"海量信息"之说。如果用"瓶子"比喻信息的接收者,那么信息传播的过程就类似于"向瓶子里倒水",其实,决定瓶子能容纳多少水的关键因素,首先是瓶子的容量,而不是倾倒的水量。如果瓶子的容量只有500ml,而你的信息量却似倾盆大雨,结果只能是大部分水都倒到瓶子外面去了。其次,倒水时是否对准了瓶口,也是决定瓶子能接受多少水的关键原因。即使你准备的水量恰如其分,如果没有对准瓶口倒入,也是白费功夫。找准表达对象接收信息的入口,才能实现有效传达。

【1+1<2】 2012年年初,一条"救火车被抢行"的新闻引发了许多人的关注,新闻播出的画面中,一辆救火车鸣笛行驶时,被一辆小轿车抢行超车。一位青年观众给湖南卫视的《新青年评论》寄来视频,对此事做出评论。

评论开始,该观众指出:“一些特权车不执行任务也拉警报,造成百姓的不信任,形成“狼来了”效应“;随后话锋一转,又强调“抢行救火车的行为非常恶劣,公民道德素质有待提高”。该观众本想用辩证的方法看待这一问题,但同一段评论中,两个前后矛盾的观点造成了表达主题分散,立场模糊不清,最终的表达效果是“1 +1 <2”。

【只说关键词】　美国“芭斯罗缤”牌冰激凌,又称“31 种冰激凌”,创立之初的产品理念便是:“每月 31 天,每天一个口味”。为了突出这一理念,品牌标志中两个连续的字母变体为数字“31”,在促销活动中,更是有别于其他冰激凌普遍采用的优惠方式,而是将优惠方式与品牌名称紧密相连:一年中的每个 31 日(不足 31 天的月份不进行优惠活动),顾客可享受 31% 的折扣。

如果一个人向他人介绍自己时,罗列出自己的许多优点,通常对方会觉得不可信,同样,一件商品做宣传时,如果将自己包装成“十项全能”,消费者多半也不会产生信任感。只说一件事,并且把这件事说得彻底清楚明白,能够让表达事半功倍。

升华主题　良好的表达能够升华主题:一处平淡无奇的风景,在摄影师的镜头中却散发出动人的韵味;一件平淡的生活琐事,在作家笔下却折射出深刻的人生哲理;生产劳动的动作,在舞蹈家的加工下成为优美的舞姿……怎样做到升华主题呢?简而言之,就是找出一个具体孤立的事物中所蕴涵的普遍性,这普遍性不外乎人之常情,或事之常理,用符合逻辑的表达方式引导出事物表象下的深层意义。具体的表达方法有:象征引申、以小见大、以点带面、峰回路转、以古论今、弦外有音等,不一而足,下面举例加以说明:

(1)表达普遍情感,洞悉人性本原

“煮豆燃豆萁,豆在釜中泣。本是同根生,相煎何太急。”以豆和豆萁比喻兄弟手足,以“煮豆燃豆萁”喻手足相残,一幕司空见惯的生活场景,被曹植升华为兄弟之情的悲歌。“若夫真正之大诗人,则以人类之感情为其一己之感情……彼之著作,实为人类全体之喉舌,而读者于此得闻其悲欢啼笑之声,遂觉自己之势力亦为之发扬而不能自已。”[①]其实不仅是诗作,对于人类普遍情感的描绘,同样出现在其他表达形式中。

罗中立的油画《父亲》曾获第二届全国青年美展(1980 年)一等奖,画家描绘了一个普普通通的老农形象,却像一首扣人心弦的沉重又悲怆的奏鸣曲,令人震撼,令人感动。画中的“父亲”显然已经不是具体的“某个人的父亲”,而是无数个“中国父亲”的代表,是中国农民的代表。观众看到的是农民的生存状态,想到的是天下父亲的辛苦操劳。

(2)描写凡人琐事,揭示普遍哲理

作家孙犁的散文《菜花》,在文章结尾处升华主题,将不起眼的事物与文章风格,与朴实无华的人生观联系起来,使得这篇短短的散文平添了意味深长的韵味:“菜花,亭亭玉立,明丽自然,淡雅清净。它没有香味,因此也就没有什么异味。色彩单调,因此也就没有斑驳。平常得很,就是这种黄色。但普天之下,除去菜花,再也见不到这种黄色了……现在,我已衰暮,久居城市,故园如梦。面对一株菜花,忽然想起很多往事。往事又像菜花的色味,淡远虚无,不可捉摸,只能引起惆怅。人的一生,无疑是个大题目。有不少人,竭尽全力,想把它撰写成一篇宏伟的文章。我只能把它写成一篇小文章,一篇像案头菜花一样的散文。菜花也是生命,凡是生命都可以成为文章的题目。”

屠格涅夫曾写过一篇寓言式小说《小丑》,描写了一个原本被世人视为愚蠢的小丑,为了改变这种处境,他想出一个聪明的主意——批评一切被世人称颂的人和事,将自己打扮成一个“反对权威”的代表,最终自己成为一个新的“权威”。篇尾写道:“在胆小和保守的人们中间,小丑们是能很好地生活的。”点明了整篇的主题,揭示了隐藏在字里行间的人性弱点,表达了深刻的生活哲理。

【中国制造,全球合作】 2009 年,中国政府在海外主流媒体上投放了一则 30 秒的广告片,片中选取了在中国制造的国际知名品牌,强调出中国制造的高质量,用字幕和画外音说明了中国制造与国际品牌的合作方式:清晨跑

---

① 《中国艺术意境论》. 蒲震元. 北京大学出版社,2004. 32.

步的运动员所穿的运动鞋是“中国制造”，但是“综合了美国的运动科技”；日常家庭中所用的冰箱印着“中国制造”的标签，但是融合了欧洲风尚，为您储存美味的食品；一个 iPod 播放器上用英文标注“在中国制造，但我们使用来自硅谷的软件”；法国顶级模特儿所穿的名牌服装也由“中国制造”，设计由法国完成。

而广告最后出现的飞机画面，是全球各地工程师的结晶，展现了“世界合作”这一理念，将整支广告的主题升华到“中国制造，是世界合作的结果”，暗示了中国与世界的同步，以及共同发展的国家理念。

第二节　避免表达谬误

习惯上，人们一直用信息被接受的程度来判断表达是否成功，但一个信息被接受的原因，可能是出于某种误解，甚至与表述者的初衷南辕北辙。造成这种误解的原因很复杂：首先，使用的符号不一致。信息的输出方与接收方必须使用同一个符号系统，如同一种语言，否则，就可能造成对信息内容的误解，我们经常会看到与原文含义相悖的译文。其次，文化背景存在差异。即便使用同一种符号，信息的输出方与接收方不同的个人和社会文化背景，也会使他们对符号进行不同的诠释，人们通常会自觉或不自觉地根据自己的价值观修正信息内容。最后，外部环境的干扰和影响，个人情绪的波动等不确定因素，也会造成对信息的误读。综上所述，应该以“接受者准确理解了表达者的意图”作为表达成功的标准。

一些广为流传的观念，传递的并非是观念提出者的本意，而是被曲解的信息。例如，我们生活中经常用到的一句俗语“量小非君子，无毒不丈夫”，就是以讹传讹造成曲解的典型，这句来自民间的谚语本来应该是“量小非君子，无度不丈夫”，本是用来形容男子胸襟宽广，气量大度的，一字之差，其含义就完全相反了，成了心狠手辣者的座右铭。造成这一误解的原因竟是读音惯性——这句谚语的结构是对仗，通常上下句的读音平仄相对，念来琅琅上口，但原文后半句的“度”为仄声字，在韵律上犯了孤平（指一平被两仄所夹），很容易被读为平声字“毒”的音，因为经常有人读错，书写时也就将

“度”改成了“毒”,表达的谬误反过来形成了意义的谬误。由此我们也得出避免表达谬误的第一种方法:用可视的表达替代无形的表达。

第二种方法:表达要合乎逻辑。美国结构主义语言学认为,思维即语言,语言即思维。谬误在人的思维过程和表达过程中均存在,但主要在言语的使用过程中表现出来。在具体的语用中,谬误的表现形式可以说是种类繁多,下面仅列出几个典型形式加以说明:

(1)以偏赅全和断章取义。依据不充分的例证(通常不具代表性或者过于琐碎)得出普遍的结论。诸如“90后都缺乏责任心”、“理工科学生都不懂浪漫”、“美国人观念开放”等成见,就是典型“以偏赅全”的表述。

许多人将“以德报怨”作为一条衡量君子的道德标准,甚至认为这是儒家思想对“仁”的诠释。事实上,这四个字是从一段完整的对话中摘录出来的,完整的原文表达的完全是另一番意思。“或曰:以德报怨,何如?”子曰:“何以报德? 以直报怨,以德报德。”(《论语·宪问》)断章取义貌似忠实地摘录,实则乃有意扭曲原意,误导受众。

(2)诉诸权威。为使论证更为有力,援引名人的立场和观点是一种常见手法。如下文的表述:“我们应当废弃死刑。众多的知名人士,例如影星某某都曾公开表示反对死刑。”虽说某某也许在演艺方面是个权威人士,却没有理由认为他对法律问题的见解也有相当的可信度。要避免“诉诸权威”的谬误,有两个很简单的办法:第一,确保所援引的权威在所讨论的话题方面确实是专家;第二,不要只是说“某博士认同某某观点,因此我们也应该认同”之类,还应该充分阐述该权威所依据的理由或者论据。此外,还可以选择那些公认比较中立或理性的权威,而非那些可能会被指责立场偏颇的权威。

(3)诉诸公众。这一谬误的拉丁文意为“挟众”,利用人们的从众心理,说服受众采取某一行动或接受某一说法,只因为“大家都这样”。从众心理也被称做“羊群心理”,是指人们会倾向于去采取大多数人认可的观点和行为来寻求安全感,避免冲突。从众心理很好地解释了为什么时尚的观念或事物会变得那么流行。“多数派”理直气壮的原因是归属感强,如“同性恋婚姻很不道德,70%的美国人都这样认为!”然而多数人的观点就正确吗? 在相当长的一段历史时期内,多数美国人都赞成种族隔离制度,但是这些人的意见却不能成为种族隔离符合道义的论据，真理往往掌握在少数人手里。

（4）人身攻击和不当反问。这两类表达谬误的结论通常都是“不应相信某某人的看法”，因为某某乃是一个坏人（人身攻击）或者伪君子（不当反问）。一切质疑都指向对方的人品而非议题，当辩者不能用证据、事实或理由去维护他的立场，他可能透过标签、稻草人、骂人、挑衅及愤怒的人身攻击方式来攻击对手。一些能言善辩的政客和律师经常采用这种手段攻击敌人。

不当反问常常表达为“你也一样！”，指责对手实际上也做了他自己所反对的事情，因此他的论证不听也罢。例如，父母告诫孩子不要撒谎，但孩子则回答说：“你自己也撒谎，你也一样！”实际上，父母撒谎的事实无损于他们劝告的合理性，孩子的回答将辩题转移了，将“撒谎是不对的”转变为“父母撒谎是不对的”，但这样并不能说明自己是正确的。

（5）虚假两分。指设法让人认为只有两种选择，然后排除其中之一，于是便剩下似乎是唯一的答案，亦即论证者想要的答案。但是，具体事物往往存在很多选择，而不仅只有两个。例如，“患者状况很糟糕，如果不手术，就是拿患者的生命冒险。既然不能用患者的安全冒险，那么就必须手术。”这段表述的问题在于，没有说明还有其他可供选择的做法，诸如中医针灸治疗或寻求其他医院的帮助。

当前许多公众信息都用“成功人士”这个词，来指代“拥有巨大财富或社会地位”的人群，暗示性地在公众中制造了一个“虚假两分”的概念，使公众在潜意识中将“没有获得巨大财富或地位的人”划归“失败人士”，在公众心理上形成的“贫富差异”，其影响远甚于现实生活中物质上的“贫富差异”。

【诉求过多】　TCL音响电视的产品创意是“既可以看电视，又可以听音响”，听起来似乎不错，该产品平面广告的画面是一个京剧旦角演员，文案写道：“男人还是女人？音响还是电视？请不要轻易下结论……”“创意”是不错，但问题是这里确实存在一些矛盾。电视就是电视，音响就是音响，电视是用来看电视的，音响是用来听音乐的。音乐发烧友会选择专业音响设备来听音乐，不会选择“不专业”的音响电视，只想看电视的观众会觉得音响部分是浪费，最终的结果就是没有人选择“中间概念”的产品，音响电视只得退出市场。

【逻辑混乱的广告】 2012年年初,“飞人”乔丹状告中国乔丹体育公司侵权一事闹得沸沸扬扬,不少中国消费者到此时才弄明白,中国晋江的“乔丹体育”与球迷熟悉的篮球天才毫无关系。早在2011年,乔丹体育就拍摄了一则电视广告,广告结尾,一个深沉的男低音伴随着品牌标志念道:“民族品牌——乔丹”。广告播出后,即有一头雾水的网友将其用手机录下,并上传至互联网,提出自己的疑问:“乔丹怎么成了民族品牌?是哪个民族的品牌啊?”

随着中国经济实力的提升,不少产品在品牌建设中将自己定位为“民族品牌”,这一诉求总是能激起生产者的自豪感,以及消费者购买时的爱国情绪。据调查,95%的中国人会把乔丹体育当做外国品牌,尽管乔丹体育以“民族品牌”自居,但很难获得认同。乔丹体育以为,只要商标的注册地为中国,就可以算做“民族品牌”,事实上“民族品牌”的含义更为深远,指向的是品牌的文化属性。按照乔丹体育的逻辑,一个美国人在美国注册“西施”牌化妆品,并宣称是“民族品牌”同样是可行的;那些国内不法商人在意大利注册的橱柜、电器品牌也应该算是意大利的“民族品牌”了。

所谓“品牌”,首要元素无疑是品牌名称,乔丹体育在品牌名和宣传上自相矛盾,彻头彻尾的“洋名”与民族文化扯不上一点关系,却勉为其难地诉诸“民族品牌”,实在算不上高明的品牌策略,甚至是对“品牌”理念的误用。无论其与“飞人”的法律争议如何收场,名实相悖的诉求造成的长远损失是可以预见的。

与乔丹体育犯了同样错误的,是“非常可乐”。可乐是舶来品吗?这是常识,那么中国的可乐是否比美国的正宗呢?答案显然是否定的,“中国人自己的可乐”只是简单地诉求“爱国情绪”,却不符合了产品本身的特性,缺乏起码的逻辑。

第三节 表达形式符合接受条件

尽管我将表达的目的分为三类,但毋庸置疑的是,表达的根本性目的是令他人接受,创意表达的作用在于让他人更快速、更主动地接受。思维是表达的内在意义，表达是思维的外现形式，思维与表达既是不可分割的整体，又是各有侧重的两个层面。就思维层面来说，其创意性主要表现在思维方式上；就表达层面来说，其创意性更多地体现在表达方式上，而选择表达方式的根本原则就是“符合对方的接受条件”。

在现实生活中我们可能会对一些现象感到疑惑：为什么高雅艺术需要用“动员”的方式鼓励观众去欣赏？为什么庸俗无聊的八卦新闻会吸引众多眼球？为什么总有人被完全不符合常识的骗局弄得倾家荡产？为什么刚上班的年轻人宁愿饿肚子也要买一只奢侈品牌的包？为什么流言传播的总比真相更快？在我们批评媒体误导大众价值观之前，在我们痛斥无良的江湖骗子之前，在我们指责奢侈品广告造成炫富行为之前，有必要先弄清楚人们为什么会“接受”这些信息，以及他们是怎样接受的。

人们的一切活动都是为了满足需求，接受外界信息也不例外。每个人都会用自己的认知图式去过滤从外界获取的信息，符合自己心理需求、价值观念的信息会优先存储下来，反之，不符合的信息可能会很快被过滤掉。对信息的理解取决于接收方的知识结构、情绪兴趣、思维方式、经验习惯等主观因素。因此我们想让自己表达的信息立即被他人接受，表达方式就需要符合对方的接受条件，满足接受信息的感官需求和心理需求，并尽量符合对方的认知图式。

从主体意识形成后，人们通过生活实践和学习，对曾经接触过的事物会持有自己的态度，这种态度会影响到对相关信息的选择。一致性理论认为，人们具有发展对事物统一的认识和行为能力，认知的失谐将造成人们心理的失谐，避免产生失谐状况的方法之一就是选择性接触。生活中的种种迹象表明，人们在接受信息时具有一些普遍的行为特质：喜欢关注较新奇的事物，但更愿意接受较熟悉的信息，80% 的人往往对支持自己观点的信息有好感；个人兴趣影响到对信息的选择，凡符合自己兴趣的信息，往往容易引起关注，反之，则视而不见。

适度的感官刺激　人类通过感官接收外界信息，感官刺激形成人们对信息的直观感觉，在理性思考参与思维活动之前，感官已经将信息带来的刺激反应传递给大脑的神经中枢，因此，用适度的感官刺激造成清晰的“第一印象”是创意表达的必要条件。

追求变化、新奇、意外是人的天性，完全可以预料的信息会显得乏味。一般而言，强度较大的刺激，如巨大的声响、奇怪的形状、鲜艳的色彩、与众不同的话语等容易引起人们的注意；经验中没有接触过的新奇事物往往能引起人的好奇心，从而成为注意的对象；在静止的背景上，运动的物体或变化的事物非常显眼，很容易成为人们注意的对象。

不足的或过度的感官刺激都难以持久，“度”是相对的，有两方面的含义：一是信息本身的强度，二是信息接收方的感受度。高雅艺术和严肃的知识，往往来自作者对人性或世界的深刻思考，带给受众的不是直白和强烈的感官刺激，而是和缓的、含蓄的心理感受，甚至是沉重的心灵震撼，只有认知心理结构、审美心理结构框架相对完善的接收者才可以体会其中的快乐。而流行艺术的特点，是感官刺激较强烈，如“好莱坞电影”带来的视觉、听觉，甚至最新放映方式提供的嗅觉、运动觉等全感官刺激，不需要信息接收者具备先在的审美经验和知识，即可获得感官上的满足感，但再强烈的感觉，感官一旦适应了就会感觉麻木，久而久之，心理也会产生厌倦或失望的情绪。

恰如其分的感官刺激如同好茶，令人身心舒畅并有回甘，一壶茶饮尽了，过几日仍觉齿颊留香，还欲再饮。味道寡淡或过于浓厚的茶，都不会令人回味。有时尚青年看到家居展示厅中的红色墙壁非常漂亮，回家后依样粉刷了自己的居室，没几天就觉得烦躁不安，眼睛疲劳。适度的感官刺激引起生理上的快感，类似于审美活动带来的愉快和欢乐的感情，因此，我们要在表达中做到“适度的感官刺激”，要学习如何使表达具有美感，“艺术”无疑是最佳导师。

(1)用理性控制情感。艺术表达了人类的普遍情感，人们理所当然地认为艺术表达是感性的，艺术家也是一些感情用事的家伙。因此总有一些对感情毫无节制的人，声称自己具有“艺术家”的气质，言谈话语全凭个人感觉，失去理性的行为正是自己作为“艺术家”的标志。而真相恰恰相反：艺术对感情的表达是理性的。无论是多么强烈的感情，真正的艺术家都不会将之不加控制地、发泄般地表达出来。艺术之美寓于形式之美，形式之美在于控制，美的形式不可能借由纯粹的感性牵引，反而受到高度理性的指导。法国启蒙主义者狄德罗说过：“只有等到激烈的哀痛已经过去，……当事人才想到幸福遭到损失，才能估计得失，记忆才和想象结合起来，去回味和放大已经感到的悲痛。……如果眼睛还在流泪，笔就会从手里落下，当事人就会受感情驱遣，写不下去了。”①

（2）调动感官的共同作用。有人以为欣赏绘画之美靠眼睛，欣赏音乐之美靠耳朵，其实美感的完整体验需借助所有感官的共同作用，即通感来完成。我们之所以觉得一幅风景画美，不只因为画面中花朵鲜艳的色彩和生动的造型，还因为仿佛能嗅到花朵散发的淡淡香气，听到春日田野中的虫鸣，甚至感受到阳光的温暖，所有的感官经验共同完成了一次审美体验。“虽然瞎子凭着特别发达的听觉可以欣赏和爱好音乐的美，聋子凭着他特别敏锐的视觉，可以欣赏绘画的美，但是由于他们看不到彩色所表现的热烈和鲜艳，听不到声音所表现的高亢与低沉，感觉不到喧闹或幽静的美，他们欣赏音乐或绘画与正常人比起来，其美感的程度仍然是有相当的局限意义。”②

（3）有意味的形式。“艺术源于生活而高于生活”，“高”就高在“形式”上。艺术不是对生活的简单模仿，而是将生活中的本质抽象出来。“形式”帮助艺术家与现实保持一定距离，一边对身处其中的世界加以“置身事外”的心理关照，并将事物所普遍蕴涵的那部分“纯粹”意义，想象性、符号性地表现出来，此时艺术表达的内容意义和外在形式融为一体，升华为一种“有意味的形式”。换言之，艺术家将个人的情感和体验，借由一种独特的形式，转化为一种相对客观存在的，人类普遍有所体验的情感，形式是情感的外化。

传说，后唐大将军郭崇韬伐蜀，虏得西蜀才女李夫人，因李氏本非情愿，终日寡欢，月夕独坐南轩，对影感怀，见竹影徘徊于窗纸上，即以笔墨摹写于其上，翌日视之，生意俱足，一时有人往往效之，中国画从此多了“墨竹”这一绘画题材。“墨竹”画的已不是竹，也不是竹影，而是只存在于画中，和文人雅士心目的“墨竹”，寄托的是中国古代文人的普遍情感。

艺术形式有其自身的法则，所有构成整体形式的基本元素，以一种谐调的关系形成特有的节奏，达到整体的平衡和稳定。我们无法在果园中找到塞尚笔下的苹果，也不可能在山谷中听到《高山流水》的旋律，人们之所以能

---

① 《西方美学史·上卷》朱光潜. 人民文学出版社 1998. 280.

② 《美学原理》杨辛，甘霖. 北京大学出版社 1993. 317.

体会到艺术的美感,就是因为它描绘的既是我们所熟悉的,又是我们所陌生的。我们可以借助形式更准确、更投入地理解事物和情感;相应地,形式也能帮我们更清晰、更有效地表达思想和情感。

【舞蹈中的力】 舞蹈中的每个动作和表情无不是对力的使用,更是对力在运用中的准确控制。舞者举手投足需达到肢体上一定的动力定型;表情要运用力的不同搭配来固定不同的情绪模式。力是舞蹈美的核心要素,舞蹈中的肢体造型是力的结果,表达出的是直接、真实的生命本质。对力的控制是造成身体形态、传递情感分寸、外化个性特征的主要因素。

舞蹈所呈现出的力的态度和样式,构成了舞蹈生命力深层、直观的本意和内涵,一切动作都源于对力的控制:蓄力,是力往人体重心点的回缩或内扣;放力,是力的释放或伸展;无力,是不使用气来控制的力;持续力,是力的静止或在力量值不变下的相对静止;劲,是对力量的来源部位和使用分寸的诠释,也是力在身体部位上默契配合形成的一种具有动感性的使用样式。

【《骆驼祥子》片段】 "他的头有些发晕,身上潮漉漉地难过,头发里发痒,两脚发酸,口中又干又涩。他想不起别的,只想可怜自己。可是,连自己的事也不大能详细的想了,他的头是那么虚空昏胀,仿佛刚想起自己,就又把自己忘记了,像将要灭的蜡烛,连自己也不能照明白了似的。再加上四围的黑暗,使他觉得像在一团黑气里浮荡,虽然知道自己还存在着,还往前迈步,可是没有别的东西来证明他准是在哪里走,就很像独自在荒海里浮着那样不敢相信自己。"读着这段文字,你有没有觉得自己就是那个绝望的祥子,甚至身体也有一种极不舒服的感觉?

老舍先生在这段描写中,充分调动了读者的感官知觉,让阅读这段文字的人感同身受,仿佛也觉得发烧一般昏沉,甚至觉得身边的光线也暗淡了许多。这段文字的感染力正是源于老舍先生对读者感官的了解,并不夸张,却十分准确的语句娓娓道来,带着我们进入他笔下那个真实的世界。

【似与不似之间】 宋代大词人苏轼,有一次画兴忽至,恰逢墨用尽了,便随手拿起桌上的朱砂研来当墨,画了一幅"朱竹"。有人见了不以为然,问道:"只见过墨竹,哪有朱竹?"苏轼反问:"世间亦无墨竹。既可以用墨画竹,何尝不可以用朱画!"。白石老人曾一语道破艺术的禅机:"妙在似与不似之间，太似则媚俗，不似为欺世”。朱砂画的竹，只要画面的构图、线条、色彩之间的关系达到了和谐，整幅画面所表达的情绪可以让赏画者体会到审美愉悦，就是符合艺术美原则的。

齐白石的“虾”，比水中游的虾更像“虾”；杨丽萍的“孔雀”，比我们在百鸟园见到的孔雀更接近我们心中的“孔雀”；白居易的《长恨歌》，吟唱的不是唐玄宗与杨贵妃，而是人们心中向往的美好爱情。如果没有绘画、舞蹈、诗歌等艺术形式，我们的感觉或许并没有那么敏锐，体会也没有那么深刻。

满足心理期待 刚到公司的新人，通常会特别留意周围人的谈话内容，然后主动搜集类似谈资，以期在同事们聊天时能够融入，成为他们中的一员；希望自己能够发横财的人，听到骗子描述的生财之道，就会沉浸其中深信不疑；期待自己被众人羡慕的时尚男女，如果没有能力创造自己的风格，就只好努力按照时尚杂志开出的配方装扮自己，甚至拍照也要摆出杂志模特儿的姿势和笑容；粉丝对自己偶像关注的程度甚至超过自己的家人，因为对明星的了解让粉丝觉得生活充实，面对其他粉丝充满自信。

每个人都有自己的心理需求，那些难以满足的需求就转化为一种心理期待。当一条信息恰好击中内心深处的期待，那么不论这条信息是否具有较高的可信度，都会很容易被接受。中国移动旗下的青年品牌“动感地带”，正是击中了当代青年内心“渴望独立”的心理期待，用一句“我的地盘我做主”，就占据了75% ~95%的校园市场份额。欧莱雅化妆品用“你值得拥有”契合了女性内心的“自恋”情结，英语培训机构用“摆脱哑巴英语”的承诺，解决学习英语最大的苦恼……

汽车大王福特，是生活于农村和城市之间的美国人的代表性人物，他的价值标准根植于农村，他所理解的城市，大规模生产的价值，是越来越多人买得起这些产品(T型车在1925年达到290美元的历史最低价)，买卖中不做手脚，以及卖主和买主的长久关系，他提供服务也大体上符合农村的良好传统。但是对于T型车而言，福特收到了最糟的宣传效果——不满意的顾客。T型车的确是一款经济实惠，性价比超高的汽车，然而福特显然忽略了城市居民的多样化消费需求心理，福特固执地坚持他自己的想法：“任何顾客都可以把它的车子漆上他喜欢的颜色，只要它是黑色的就行。”但是他的竞争对手通用公司，则领会了美国人买车的心理需求，即用汽车表达个性和身份，通用的口号是："为不同经济能力的人和不同用途提供汽车。"

有时候我们很难发现人们行为背后的心理活动，许多表面现象遮蔽了深层的心理动机，这种遮蔽有时来自主观意识，如人们在面对"话筒"或"镜头"时，常常会努力作出光明、积极的言行，存在"言非所意，意非所言"的情况，调研机构为此大伤脑筋。更常见的遮蔽来自潜意识，行为主体自己并未意识到。比如，一个人惯于用暴力解决问题，是因为自己心理缺乏安全感；强烈的自尊心背后，是压抑着的自卑感；极端挑剔的行为，是想获得他人的尊重；"购物狂"实际上是期待得到更多多关爱……只有通过洞察，发现人们内心深处的心理期待，才能有效传达信息。洞察表达对象的心理期待，表达才能有的放矢，令对方主动接受甚至传播你所表达的意义，达到表达的最佳效果。

【金庸与韩剧】 金庸当年创办《明报》，因为时间紧迫，只好一边写一边连载，完成了《神雕侠侣》等多部脍炙人口的武侠小说，由于读者每天都期待看到后面的故事情节，连载小说居然成为《明报》最大的卖点，支撑着这份报纸成功地坚持下来，成为香港最成功的报纸之一。如果说金庸的"边写边刊"是迫于无奈，恰好满足了读者对故事完整性的期待心理，那么韩剧的"边写边拍"则是有意为之了。

韩剧的内容由观众说了算。韩剧开拍时，编剧只写出 1/3 的剧本，然后边播放边创作，剧本创作和拍摄同步进行，这样可以根据观众的意见随时更改剧情。因此，韩剧的结局往往取决于大多数观众的心理期待，使观众得到极大的满足感。

【发现真正的期待】 当年某企业要推出新的利乐枕牛奶外包装，便在一项关于牛奶外包装的调查问卷中设问："牛奶装在塑料袋里您会喝吗？"而大多数主要负责采买牛奶的家庭妇女都是回答"不会"。但企业还是决定大胆一试，推出利乐枕包装的牛奶，想看看市场反响到底如何。因为包装成本的降低，利乐枕装的整箱牛奶的售价也相应降低了，于是利乐枕包装的牛奶在所有牛奶品类中便成为最受家庭妇女欢迎的首选。

调查问卷所得出的结论有时与消费者实际行为完全背道而驰。归结原因是一般家庭消费都是以家庭妇女为主要的决策者和购买者，她们在选购产品时,都会喜欢选择价格便宜并可以讨价还价的东西。这样她们就可以和其他家庭妇女在聊天时显示一下自己持家有道、会省钱、会过日子的“女管家”的形象,因此,对于日常消费品她们内心其实真正关心的是“价格”,而问卷并未涉及,当然无法提供准确的调查结论了。

“第比尔斯”为了在中国打开钻石饰品的市场,特别进行了深入的市场调研。调研人员发现,中国的婚恋饰品市场以黄金饰品为主,因为在中国,“真金不怕火炼”的谚语经常被用来比喻“真情禁得住考验”,黄金饰品承载了人们对婚姻的美好寄托。经过进一步的洞察,调研人员了解到,与西方女性的婚姻价值观不同,中国女性更注重婚姻的稳定性和长久性,“执子之手,与子偕老”被视为最浪漫的事。于是“第比尔斯”仔细斟酌广告语,从钻石的坚固特性中提取出“长久”的概念,最终用“钻石恒久远,一颗永流传”,最大地满足了中国女性对婚姻的心理期待,钻石饰品迅速成为中国女性首选的结婚饰品。

适应和改造认知图式 图式是一种知识结构,即关于某类事物的知识单元或信息组块,在我们对世界的解释和认知过程中形成,由于每个人的知识结构、情绪兴趣、思维方式、经验习惯各不相同,因而每个人的认知图式也不同。如关于“爱”的图式,有些人心目中的“爱”仅仅存在于与自己有血缘关系的人之间,有些人对“爱”的理解是人与人之间互相关爱的情感。人们通过自己的认知图式,对接收的信息进行判断,当信息符合自己的认知图式时,就会作出肯定的判断,反之就会作出否定的判断。简单地说,图式是一种简化了的认知模式,在帮助我们快速判断事物的同时,也造成了某种程度上的思维定势。

对于表达来说,不同表达对象自身的生活阅历、性格情感也会形成对同一信息的不同认知,如儿童读《美人鱼》,看到的是美丽的人鱼和王子;成年人读,看到的是爱情的美好和坚持;老年人读,可能会感叹人生的无奈;文学评论家读出的是遣词造句的流畅自然、人物塑造的生动感人;社会学家看到的是社会等级与出身对人生的影响。正如托·斯·艾略特所说:“头脑最简单的人可以看到情节,较有思想的人可以看到性格与性格冲突,文学知识较为丰富的人可以看到词语的表达方式,对音乐敏感的人可以看到节奏,只有那些具有更高理解力和敏感性的听众则可以发现某种逐渐揭示出来的内容意义”。

全球化传播中，文化冲突越来越多，一些信息的表达没有考虑信息传播地域受众的认知图式，导致信息传播受阻，甚至引起受众对信息的误读，造成严重的文化冲突，甚至可能引发政治冲突。1989 年，贝纳通曾经推出了一篇“黑人与白人铐在一起的手”的广告，原意在于阐释种族和谐、平等、有难同当，共同面对横遭钳制的世界。但是，美国的少数民族却不能认可这个看法，在这个种族主义异常活跃和敏感的国家，广告被认为是在描述黑人罪犯被白人警官逮捕，有种族歧视嫌疑，于是，这则广告很快就在美国本土消失了。一家美国的快递公司曾经推出过一支影视广告，内容为快递公司的货车司机开车时看到路边的河中有人呼救，但司机未加理睬，而是继续开车前行。广告播出后引起观众激烈的辩论，有人认为该广告缺乏人道主义，应该禁止播出；有人持相反观点，认为该广告强调了专业精神，片中情节是艺术夸张，没必要大惊小怪。这则广告在美国一部分地区和欧洲国家被禁播。

当然，认知图式不是一成不变的，会发生“同化”和“顺化”。“同化”就是人们把来自外界的信息吸收进来，纳入自己的认知图式中，成为自己认知的一部分。“顺化”就是遇到无法“同化”的信息时，对自己原有的图式加以修改或重建以适应新情况。美国学者埃弗雷特·罗杰斯提出的“创新扩散”理论，归纳出人们对新事物、新观念的接受过程：初次认识——形成态度——决定接受或拒绝——实施——确定最终决策。

掌握了认知图式的特征和规律后，我们对表达方式的设计可以从两方面考虑：适应表达对象的认知图式，巩固已有观点，使对象将你表达的内容“同化”为自己的一部分；创建一个新观点或改变固有观点，表达得富于表现力和感染力，足以令其产生“顺化”行为，改造原来的认知图式。“给妈妈洗脚”的公益广告长期热播，却并未引起观众反感，就是因为片中表达的“孝亲”观念符合中国人的固有观念，温馨的表达方式也对应了观众对这一观念的认知图式。巩固已有观念相对容易，但要输入一个新观念，就需要更巧妙的方式。长期以来，中国人在日常消费中没有索要发票的习惯，政府希望引导公民养成这一新的消费习惯，事实上政府早就开始宣传号召大家“购物索要发票”，但由于没有将宣传点与受众的认知图式相对应，这种宣传收效甚微。2002 年开始,税务局开始使用“有奖发票”,一时间,“消费索要发票”的观念迅速形成,人们渐渐体会到索要发票对消费者的保护作用,即使取消“有奖”的形式,也会保持这一行为习惯。

【巧妙的鼓励】 过去西方国家有这样一种习俗:男子入室必须脱帽;妇女戴的大沿帽,进入公共场所则可以不摘。在电影院里常有一些妇女看电影时戴着帽子,坐在后面的观众看不见银幕,经常有人要求电影院明令通告,禁止妇女戴帽子看电影。一家影院的老板听到观众的呼声后,他说:禁止恐怕欠妥,还要提倡一番呢!这家影院在上演前,在银幕上打出一则文字通告:本影院为了照顾衰老高龄的女观众,允许她们照常戴帽,请不必摘下。通告仅放出一遍,女士们,甚至包括一些五六十岁的妇女都摘下了帽子。

【禁令的魅力】 马铃薯原产于美洲,它生长在地下的根块有很高的营养价值,产量也相当高,可以当粮食吃,也可以当蔬菜食用。法国农学家巴蒙蒂埃对这种植物作了认真的研究,认为这是一种值得推广的农作物。

他通过刊物向人们介绍这种作物的好处和种植方法。但是由于习惯和传统的偏见,人们都不愿意吃这种从未种过的作物。农民说,这是一种魔鬼的苹果;医生说,这种东西吃了后会损害身体健康;土壤学家则说,种了这种奇怪的植物,土壤的肥力会枯竭。尽管他奔走呼吁,但是马铃薯在法国依然得不到推广。

后来,他终于想出了一个办法。他请国王派一队卫兵帮助他守卫自己的马铃薯园地,不许人们摘取它的一枝一叶。这引起了农民们的好奇,他们白天都来偷偷观看巴蒙蒂埃怎样耕种,怎样除草,怎样施肥。到了晚上,卫兵下岗休息时,则三五成群地前来偷偷地挖,偷偷地栽种到自己的田里。农民们对偷来的马铃薯的神秘态度又感染了其他人。就这样有的讨,有的偷,一传十,十传百,没几年工夫,这种大众作物就传遍了整个法国。

表达方式戏剧化 从各种各样成功被人接受的观念和事物中,我们能够发现它们具备一些共同的要素。通过审视大量人类学家、心理学家、教育学家、传播学者的研究成果,以及广为传流的文学、戏剧、音乐、电影作品,我们可以将成功表达的共性归纳为——戏剧性。

戏剧性大致包括以下几个方面：

(1)结构的戏剧性。结构是表达态度最为有效的手段之一，这里的结构是指安排被表现事物的规律。结构汲取被表现现象的结构因素，并以之创造出作品结构的规律性。生动的表达结构类似于有机体的结构，有机体的每一部分都无法单独存在，而是紧密地结合，共同地存在并以整体的面貌出现。而在实际上，它首先是从对某一表现现象的内在体验有关的，人的情绪行为结构中汲取这些因素。正是由于这个缘故，真正的结构总是富于深刻的人性，有着同人一样的生命力。

体验决定了表达的结构：惊恐不安时的心跳节奏决定了电影中马蹄奔驰的节奏，如电影《雁南飞》的一段影像是女主人公狂奔，其镜头剪辑的结构完全根据极度紧张的心跳节奏，影像与结构在这里融为一个整体。狄德罗认为声乐的以及器乐的结构原则是以活的、富于情绪的人语的语调为基础的，巴赫也肯定地认为这种涉及作曲结构原理的人的观点是直接的教学前提，他教导学生把乐器的声部看做一个人，把多声部器乐作品看做是这些人之间的交流。用非常规的结构表达，“在所有各种场合，做为基础的总是人性，人的心理，是它滋养着极其复杂的形式结构元素，正如它滋养着和决定着作品的内容一样。”①

接受美学认为，信息接收者对信息的参与度，在很大程度上受制于表达所具有的“召唤结构”。例如，文学作品的文本应该适当地制造一些“空白”与“不确定性”，形成吸引和激发读者的兴趣和想象来完成文本的一种动力结构机制，读者或通过对作品文本中的不确定部分赋予确定的含义，填补文本中的空白，恢复并生发作品中被省略的意义，或通过想象，在头脑中创造出一种现实中不存在的图像。“召唤结构”通过悬念的设置、表达的含蓄、结构的空白或中断等手法来实现，有时比明确表达更具时空广延性和艺术韵味。

(2)内容的戏剧性。人们在谈到戏剧性的时候，通常指一种“非生活化”的状态，戏剧性的内容肯定不是平淡的、司空见惯的，而是充满了偶然、冲突、矛盾等激动人心的情节。几乎每个人都喜欢听故事、看电影，因为故事

① 《并非冷漠的大自然》(苏)C·爱森斯坦，富兰译. 中国电影出版社 1996. 10.

或电影中讲述的事情都是“特别”的，让我们得以暂时摆脱单调和乏味的、千篇一律的平淡。

我们来看一则地产广告，标题：“我和邻居没有共同语言。”看到这句话，读者自然心下一沉，因为“没有共同语言”虽然原本指语言不通，但通常都用来比喻观念不同，隔阂颇深的人际关系。接下来的内文似乎在继续解释产生隔阂的原因：“它们起得比我早，住得比我高，它们不上班，它们穿得花花绿绿，它们大呼小叫”，看到这，读者如果没留意那个“它”的写法，就会下意识地用读音去联想，将“它们”理解为一群令人妒忌的有闲阶级，内心中对文中的“我”产生一种认同感，产生对“我”的邻居对立的情绪，但是下面话锋一转：“它们在肩膀上和我打招呼……与飞鸟为林，与自然共生。的确我们真的应该为有这样一群‘邻居’而庆幸。”谜底揭开了，读者的情绪也峰回路转，发出会心的微笑。

最成功的表达往往能做到“意料之外，情理之中”，用周密的逻辑来描写冲突与化解，构成一种心理张力，让表达对象感受到心理紧张，与情绪得到释放的轻松，通过两种心理感受的对比获得愉悦感。

(3)感受的戏剧性。好莱坞电影的成功源于其“制造惊奇”的能力，人们天生具有好奇心，容易被新奇的事物所吸引。令人吃惊的事物总会引起人们的关注，凡是不符合常规的事物都令人吃惊，包括特别大的老鼠、特别小的河马、会变色的生物、会吃人的植物等，但是吃惊不能持久，趣味性可以弥补即时感受的消失，保持感受的新奇度。

另外，人们总是对自身特别关注，用关乎人类的行为、感官的信息来解释概念和意义更容易吸引他人的注意力。研究表明，人们更愿意把慈善物品给需要帮助的个人而非贫困地区，我们会对“人”产生感觉，而不是抽象的概念。最后要指出的是，人的大脑擅长记忆具体的形象。观众在回忆起某部自己喜爱的影片时，多半会记起某一个具体场景或一段精彩对白、几个细节动作，很少有人能概述整部电影。

《魔术》　这是一支秘鲁癌基金会的公益广告，曾经获得戛纳广告节金奖和克里奥金奖，主题是“关怀”：马路边，街头艺人正在表演魔术，围观的群众为精彩表演拍手叫好。表演结束，艺人脱下平顶高帽收取观众投下的报酬。艺人走到一戴帽的小女孩跟前。艺人看到小女孩，脸上露出惊讶的表情。艺人把女孩带到场子中央并让大家证实她帽子里是空的。观众紧张地屏气等待着。艺人摘下女孩的帽子，女孩因化疗造成的光头就此暴露了。艺人把自己的帽子罩在女孩的头上。在叫过“1、2、3”之后，艺人拿起女孩头上的帽子。女孩的头上竟出现了茂密的长发。人们拍手欢呼。女孩的妈妈惊奇得情不自禁地捂住了嘴。艺人准备整装而归，可以看到他皮箱上面写的是：“关怀铸成魔法”。

这支广告播出后备受欢迎，曲折的情节和细腻的拍摄手法，带给观众看电影般的体验，魔术师深邃的眼神仿佛能看到观众的内心，小女孩天真可爱的笑容和没有头发的头部特写，让观众为之动容，看到魔术师施展的“关怀魔法”让小女孩重新获得欢乐，观众自然对“关怀铸成魔法”深信不疑，精彩的诉求给这个沉重的话题带来了更积极的心理感受，比高呼“献爱心”的口号效果好过不知多少倍。

WWWE 美国收视率居高不下的“摔角大赛”节目（WWWE）是真实与表演相结合的一档娱乐节目。选手激烈的对决其实都是经过设计的“剧情”，摔角是两个选手配合好了的格斗比赛。每一场摔角的比赛结果在事前都有安排，甚至还会有预演排练。观众明知是演戏却非常投入地观看，享受心理上的观赏乐趣。

观众会听到摔角手摔在擂台上发出巨响，因为擂台下有一个小麦克风，使得一些大的招数听起来更具危险性。擂台的底部很有弹性，把旁边的帘子掀开你就会见到它的结构。摔角选手说它就像一张弹簧床，当选手从高处跳下来时，擂台吸收了大部分的冲击力。在擂台的垫子底下还有几层软木，也会吸收冲击力。为了增加表演的真实性，摔角手被摔下擂台后，会躲到观众的视线之外，抽出一枚小刀片（通常是藏在护腕或手套里，也有是在裁判假装检查他是否有受伤时偷偷递给他的）快速割伤自己的前额，制造负伤流血的效果。

第七章　创意表达的形式

表达方式体现了思维方式，创意表达源于创意思维，创意巧妙的表达能够激发创意思维，表达上的障碍会反过来成为思维的障碍。很多人都会遇到这样的情况：一个有意思的想法在我们脑海中若隐若现，但我们却找不出办法让它呈现出一个清晰的轮廓，难以言说，无法描述，这个想法可能是一幅画面，可能是一段旋律，更可能是一种感觉，一种滋味……但是我们只习惯于用语言或文字表达所有感受和思想。这种无法表达的挫败感令我们倍感沮丧，当然那个想法也无法被别人知晓和理解，更无法引起我们所期待的交流和共鸣。于是，当类似情况再次出现的时候，我们大脑中的自我保护反应机制就会启动，提醒自己远离这些奇思怪想所带来的挫败感，放弃这种不够清晰的、有意思的念头，回到现实中来，去思考那些更容易表达的东西。

创意表达的关键，是将思考过程中所用的"思维符号"，转化为符合传播需要的"表达符号"，思维是个体活动，只要自己明白就好，表达是个体间的交流活动，需要让他人明白。与思维相比，表达需要更清晰、更易懂的形式。创意表达要做到的，首先是表达形式与表达内容高度统一，不需要额外解释就能让别人明白你要表达什么；其次是表达方式与众不同，令他人被吸引并印象深刻；最后也是最重要的，就是通过出色的表达，让别人理解或接受你的观点，达到特定的表达目标。

通常情况下，人们的思维和表达是同步的，使用语言思考的人多半也会使用语言来表达，用图形思考的人更喜欢用画面来表达——人们在思考时容易陷入"思维定势"，在表达中也容易陷入"表达定势"。而无论是创意思维，还是创意表达，最突出的特性就是与众不同的"异质性"，即与"同质化"相对立的独特性。表达的异质性体现在两方面：一方面，体现在表达的架构上，包括表达角度、表达调性、表达符号、表达媒介；另一方面，体现在对表达符号的使用和组合上。

第一节　独特的角度

有时候，创意就是一种看待事物的新鲜视角，换个角度看世界，常常能带来意想不到的转机或惊喜。表达的角度就是思维的角度，独特的思维角度引导我们开辟全新的思路，独特的表达角度能够让我们的想法更容易被他人理解。

重新命名　创意思维经常采用改变视角的方法，促使思维“重新定义问题”，在表达范畴内，这种方式同样奏效，只不过以另一种形式体现出来，即“重新命名事物”或者说“赋予新的意义”，使常见的事物在相应的结构框架下被重新赋予所需要的含义。

事物的存在是具象的，但人类对事物的表达却必须是抽象的，我们的眼睛看到的是“这棵树”或“那棵树”，但用“树”来概括所有的“这棵或那棵”。“虽然概念不是物理意义的“客观存在”，但人们对概念所指代的事物的反应，在心理上和生理上是一致的。远古时期的马与现代的马有着极大的差别，非洲的马与亚洲的马也不一样，但全世界的人们仍然将它们统称为“马”，并丝毫也不会产生误解。从某种意义上说，概念比所谓的实物更恒定。“命名”是对事物进行概念化的抽象过程，是人们对事物认知的基本表达。“命名”体现了思考的角度，同时也明确了表达的方向。

一个事物由多种特性构成，从抽象的意义上来讲，也可以说每一具体事物都是多重概念的复合体。从不同角度出发，可以多角度地对其进行描述或命名。我在前文中曾以“苹果”为例，分析了一个事物的多面性，我们在对事物命名时，不可能面面俱到，而是选择我们认为最具代表性的、能与其他事物相区别的特征，对某一个或几个侧面进行概括，其实质就是以“我们选择的侧面”为依据，对事物进行命名。显而易见的是，选择不同的侧面，会得到不同的命名，根据环境，对同一事物的不同命名会把人们的注意力引向不同的反应和概念。

商务印书馆1983年版的《现代汉语词典》中，对“虎”的注解中有“毛皮可以制成毯子和椅垫，肉可以吃，骨、血和内脏都可以入药”；”熊掌”的解释中有“脂肪多，味美，是极珍贵的食品”；“海豚”的解释中有“肉可以吃，皮可以制革，脂肪可以炼油”等。释义实质上也是一种命名方式，这一版本词典是以“人的可用之物”的角度，来对上述动物进行命名。由于“保护野生动物”的观念日趋深入，1996年版的《现代汉语词典》改变了这种视角，删除了相关描述，转而客观描述这些动物的生物特性。如“虎”（P553），重新解释为“哺乳动物，毛黄色，有黑色的斑纹。听觉和嗅觉都很敏锐，性凶猛，力气大，夜里出来捕食鸟兽，有时伤害人。通称老虎”；“熊”（P1415），解释为“哺乳动物，头大，尾巴短，四肢短而粗，脚掌大，趾端有带钩的爪，能爬树。主要吃动物性食物，也吃水果、坚果等。种类很多，如棕熊、白熊、黑熊”；“海豚”（P492）解释为“哺乳动物，身体长一丈，鼻孔长在头顶上，背部青黑色，有背鳍，腹部白色，前肢变为鳍。生活在海洋中，吃鱼、乌贼、虾等。通称海猪。”[①]两个版本体现了完全不同的价值观。

由于概念或名称是从具象事物中抽象出来的，人们在接触“名称”的信息时，必然联想到其指代的具体对象，因此，“重新命名”的方式本身，就是在创造一个新颖的表达角度，引发人们新的联想。人类最优美的表达方式——诗歌，有时候就是借助这一简单的方式，引发人们特定的联想，形成独特的韵味。例如著名诗人余光中所作的《乡愁》，用“乡愁是……”的句式，对“乡愁”进行了一次次的“重新命名”和诠释：“……小时候 乡愁是一枚小小的邮票……长大后 乡愁是一张窄窄的船票……后来呀 乡愁是一方矮矮的坟墓……而现在 乡愁是一弯浅浅的海峡……”“乡愁”本来是一种无形的情绪，却被诗人巧妙地与有形的事物对应起来，使这种看不见摸不着的情绪有了切实的承载物，越发加深了心理感受。

“诗人一开口，他就是在重新命名世间万物——以他的个人身份命名，打上诗人的印记。”[②]余光中以自己的语言节奏，为“乡愁”重新命名，其他的现代诗作者若想再写这一题材，便会感受到重新命名的压力，这种压力古人

---

① 引自新华网安徽频道 http://www.ah.xinhuanet.com/xinwen/2004-02/24/content_1672235.htm

② 《在两大传统的隐影霞下·上》黄灿然.引自《读书》2000年第3期.22.

也体会过，唐代大诗人李白来到黄鹤楼，想乘着酒意题诗一首，但是他读了崔颢的《黄鹤楼》诗以后，出了一身冷汗，感叹道："眼前有景道不得，崔颢题诗在上头"。当然不只是诗歌，一个领域的发展历史越久，在该领域进行"重新命名"越艰难，换句话说，寻常之物、人之常情、世间常理，都是最难实现创意表达的，因为历史的积累已经占用了大多数"表达的版权"。

相对而言，对新事物的命名则有更大的发挥空间。2007 年 10 月 24 日，"嫦娥一号"奔月而去，标志着中国首次探月工程大功告成。用"嫦娥"来命名象征着高新技术的探月飞船，不能不说是"中国式的浪漫"，嫦娥这个中国神话中的人物"奔月"的故事，恰好与"探月"飞船的使命不谋而合，完美地体现了中国传统文化与现代科技的对接。对这一代表"新技术"的事物，中国人充满创意地用"传统"和"浪漫"对它进行了命名。

但是有些新产品或新技术，由于侧重技术上的精确性表述，命名就不是那么富于创意或美感了，甚至显得有些晦涩难懂。吉斯通阀门公司有一个产品叫"四分之一转临界服务阀门"，虽然这是对这款阀门运作最准确的描述，但相信绝大多数非专业消费者，会被这个产品名弄得一头雾水。其实看完产品手册就能发现，这个名字高深莫测的产品，其实就是"不漏气阀门"。或许生产商根本没有"技术用语"和"销售用语"的概念，当然也无法辨别两者的区别，但无论是什么原因，这个名字不会让消费者形成印象，更谈不到了解产品、购买产品。

在一定程度上，对事物的"命名"就是"定位"，是向他人传递信息内容最直接的方式。与其为产品取一个过于"专业"的名字，让人觉得故弄玄虚，倒不如用通俗易懂的词语让人们记住它。汽车刚刚诞生的时候，被称为"不用马拉的车"；"有线电视"准确描述了这个电视网络的运作方式；Prince 用"大型球拍"颠覆了网球球拍行业。这些产品命名都浅显易懂，消费者知道你在卖什么，也知道你的产品是如何与众不同。

【艺术品 VS 小便器】 1917 年，杜尚把一件普通的陶瓷小便器送到纽约独立艺术家协会举办的展览上，作品题为《泉》，与安格尔唯美的经典油画同名；而且他还宣称，这件作品的外缘曲线和三角形构图，与达·芬奇的《蒙娜丽莎》别无二致；而它那柔润、光洁的肌理效果和明暗转换，与古希腊的雕刻大师普拉克西特列斯的大理石雕刻完全一样。这件展品彻底粉碎了传统意义对“美”的定义，当然也激怒了展览布置委员会，但此后，它被称为“现代艺术编年史上的里程碑”。这个小便器能够称为艺术品吗？在杜尚将它命名为《泉》之前，它只是一件卑微的日用品，但是，当它获得了一个高雅的新名字之后，特别是当杜尚获得了“现代艺术先锋”之后，观众再次凝视它的时候，它就幻化成了一件货真价实的“艺术品”。

在小便器摇身一变成为艺术品的过程当中，名字的变化是如此重要。正是这个名字的变化，导致人们心理上先将它视为“艺术品”，审视它的角度也随之发生改变，使得原本再普通不过的小便器显得有些不同寻常，甚至有人对它发出由衷的赞美。这件难登大雅之堂的小便器，也就随之被视为格调高雅的艺术品。

事实上，杜尚只是借这件“作品”向传统艺术发出挑战，意在质疑人们关于“艺术品”的概念，借此让人们思考艺术实际上是什么或它是如何被表达的问题，表达一种反讽的态度。强调最高的不是艺术，而是生活本身；不是杰作的创造，而是自由的智慧游戏。在杜尚眼里，一件艺术品是否由作者创作无关紧要，重要的是选择了它，并“使人们用新的角度去看它，原来实用的意义已经消失殆尽，它却获得了一个新的内容”。

【品牌的“表达版权”】　几年前，汉堡王在定位时犯了一个严重的错误，导致业绩大幅下滑。一份市场报告指出，快餐业最热的属性就是“快”，于是汉堡王像所有充满激情的营销者一样，果断地决定用“快”来为自己的品牌特性命名：“如果世界需要快，那么我们的广告就应该告诉他们，汉堡王很快。”调查报告没有提及一个重要信息：麦当劳已经被认为是美国最快的汉堡连锁店。“快”这个字眼已属于麦当劳。尽管汉堡王打出广告口号：“最快的时间提供最好的食物。”，但消费者认为这个诉求属于麦当劳，汉堡王的口号显得有些“自不量力”，这个营销计划很快就变成一场灾难。

你不能与竞争者采用相同的命名或定位。你得找到另外一个字眼，寻找其他属性，寻找“对立”而非“类似”。可口可乐是历史最悠久的可乐，顺理成章代表着“最早喝可乐的一代人”，百事将自己命名为“年轻一代的可乐”，成功建立品牌。既然“杀菌”已被舒肤佳占用，其他香皂品牌就得避开这一概念，转而用“保湿”、“草本成分”、“男性专用”等概念来定位。

变换立场 每个人都有自己的价值观、世界观和人生观,这些基本价值观念决定了我们看待世界的立场。虽然我们总在提倡"换位思考",但真正能够做到变化立场看问题的人少之又少,因为我们不会用别人的嘴巴来说话,不会用别人的手来写字,如果我们强迫自己换一个立场来表达,对同一件事,可能就会得出不同的结论。

立场是我们看待事物的基本态度,甚至从对事物的称谓上,都明确地表达出一种立场。譬如,古代中国视黄河流域为天下的中心,将中原地区之外的少数民族称作"蛮夷";"远东"曾一度被用来指称"离欧洲最远的东方",是一个以欧洲为世界中心的地理概念。当然对立场更为确切地表达需要更多的细节,以电影为例,西方电影中,白人殖民者被描绘成文明世界的使者,将先进的技术带给落后地区,而当地原住民的反抗则被描写成愚昧无知、阴险邪恶的行为,反抗殖民侵略的组织就是阻碍文明传播的黑暗势力。西方对东方文化的兴趣不是理解,而是从猎奇的角度展现东方奇观,《艺妓回忆录》让日本的合作方东映公司非常不满,因为在日本,艺伎被看作艺术家,而不是剧本描绘的那样像个妓女。《安娜与国王》讲述了一个西方女子"拯救"东方国王的爱情故事,完全是以西方文化的立场俯视东方的异国情调。

科学家、宗教领袖、教师、家长,我们周围的许多人,习惯以一种"客观"的口吻讲述一种"唯一的真实",仿佛是理所当然地,站在自己的立场表达对周围事物的看法。人们无法站在别人的角度看待事物,也许是因为考虑个人利益的缘故,也许仅仅是由于受到表达方式的暗示,如英语教师看到公共场合的不规范英语,会觉得无法容忍,要求立即予以改正,但对中文表述的错误却没那么敏感,而中文教师的反应可能正好相反,觉得英文是外来语,出现表述错误在所难免,对母语的陌生和误用才是应该引起警惕的大问题。事实上,许多角度并不是对立和矛盾的,而是并存的、互为补充的。

希腊的"历史之父"希罗多德,对事件的叙述保留了难得的多元性,他总在告诉读者:"这是波斯人讲的","根据埃及人的说法"……他不时地提醒读者注意,他所陈述的事实大多是从某个人的角度看到的事实,这种说法在向我们明示,从另外一个人的角度看同一件事,可能是另外一种事实。他对不同的文化有着特别开放的态度。这种态度也使读者有机会看到更多人的立场。虽然希罗多德是希腊人,但对当时希腊的敌人波斯人,他也如实记录了从波斯立场看待的故事,所以他被称为“野蛮人的朋友”。

作为一名教师,我在上课时经常会就一个议题询问某个学生“你怎么看待这种观点?”“你对此事持什么态度?”“谁能告诉大家一些我们所不知道的内容?”,同时我也会就某事发表自己的态度,但在发表自己的看法时,我通常会声明:“个人看法,仅供参考”,并建议学生通过各种渠道,了解相关行业的专家、其他行业的局外人都有哪些不同看法。这种表达方式为我们拓宽了视野,我和学生一起了解到更多他人的观点,获取了更多的资源。

如果我们能站在他人的立场观察与思考,就能站在他人的角度进行表达,变换立场使我们的表达更加丰富和立体,只有能够变换多种立场,才有可能找到独特的角度,为我们的表达带来新的方式、新的感觉。例如,一位大学生在登山鞋广告文案中写道:“待在家里很危险。逃出去!——据说80%的人死在床上”,这段文字描述了一个客观事实,但作者是以非常态的角度来描述的。通常人们把家描写成“安全的港湾”,用来躲避外面的危险,这段文案将立场转换到户外,从户外反观到“家的危险之处”,与受众既定观念形成强烈的反差,令人印象深刻。台湾中兴百货的“到服装店培养气质,到书店展示服装”,同样颠覆了人们的思维定势,表达出自己的独特主张。

利用变换立场寻找多种角度的经典,首推黑泽明导演的成名作《罗生门》,电影镜头尽力排除“立场”的干扰,仿佛只是在旁边做着记录,用“每个人的立场”来构成镜头本身的“立场”。电影可以分作两部分:前半部以客观镜头叙述了一件凶杀案的全过程,后半部让所有人物站在自己的立场上叙述这件凶杀案。每个人都将自己不光彩的一面遮掩起来,根据自己的利益对事实进行解说,由于“考虑自身利益”的情感是真实的,所有人的描述都栩栩如生,生动的描述和真实的情感,让观众觉得每个人的描述都很真实,进而开始怀疑自己刚刚看到的真相。

【自己人效应】 在人际交往中,人们彼此会相互影响。这种相互影响有时是无意的,有时则是有意的,即一方对另一方有意识地施加影响,以便矫正对方某种行为。有意施加影响的技巧很多,其中“自己人效应”便是其中之一。所谓“自己人”,是指对方把你与他归于同一类型的人。“自己人效应”是指人们通常对“自己人”所说的话更信赖、更容易接受。说服别人按照你的建议去做，只是向对方提出好建议是远远不够的，可以强化和发挥“自己人效应”，让对方喜欢你，避免好的建议遭到拒绝。首先应强调双方一致的地方，使对方认为你是“自己人”，从而使你提出的建议易于被接受。

一则“保护水资源”的公益广告写道：“人体的70%由水组成，你污染的水有一天会反过来污染你自己。请给我们留下干净的水资源。”相信这句话给受众的震撼，一定比“爱护水源”“保护我们的地球”等宏大的口号来得强烈，因为人具有“利己”的本性，直接表现就是“更关爱自己”，涉及“你自己”的事情，通常更受重视。要说服别人，最好让对方认为你站在他的立场，你说的正是他想说的。

【孩子眼里的世界】 当我们对世界感觉麻木的时候，借助孩子的眼睛，或许能够看到不一样的东西，体会不一样的心境。同样，将孩子眼中的世界展现给成年人，也是最能打动人心的表达方式。《城南旧事》是著名女作家林海音以自己7~13岁的生活为背景写作的一部自传体短篇小说集，1960年出版。全书透过小主人公英子童稚的双眼，观看大人世界的喜怒哀乐、悲欢离合，淡淡的哀愁与沉沉的相思，感染了一代又一代读者，可视为她的代表作。导演吴贻弓根据小说改编的同名电影也获得了巨大成功，还获得了“中国电影金鸡奖”等多项大奖，感动了无数观众。

国外有个摄影师拍摄了一组图片，作品名为《孩子眼中的世界》，充满童趣，在孩子眼中，父亲就是超人，小小的三轮车就是最拉风的“哈雷”。看到这组图片，我突然很想拍摄一组“大自然眼中的人类生活”或者“动物眼中的人类”，或许让世人趋之若鹜的豪车别墅、权力威势，在大自然看来也不过是虚张声势的“大玩具”罢了。

【倒流的岁月】 人们经常感叹“时光难倒流”，向往“越活越年轻”，似乎时光倒流就可以弥补很多遗憾，越来越年轻也是幸福的事情。然而电影《本杰明·巴顿》的出现，让观众不再憧憬“时光倒流”。电影将主人公的生命方向倒转，出生时是个耄耋老人，随着时间的流逝，越来越年轻，直至退回婴儿状态，最后茫然地死在自己爱人的怀抱里。

电影以独特的角度表现了时间的相对性，人的青春与衰老是相对的，能与时间同步，与亲人一起老去是莫大的幸福，一个人在暮年回味自己的一生也是一种幸福，主人公逐渐失去年龄，也失去了记忆，那种对时间无法把握的无助感,让观众感受到了时间的力量,也更清醒地察觉到生命与时间共同的节奏。

图 7.1　拍摄角度独特的楼梯和长椅(图片来自新摄影 nPhoto. net)

独特的拍摄角度,使得平淡无奇的事物呈现出别样的形态,形成了“有意味的形式”。

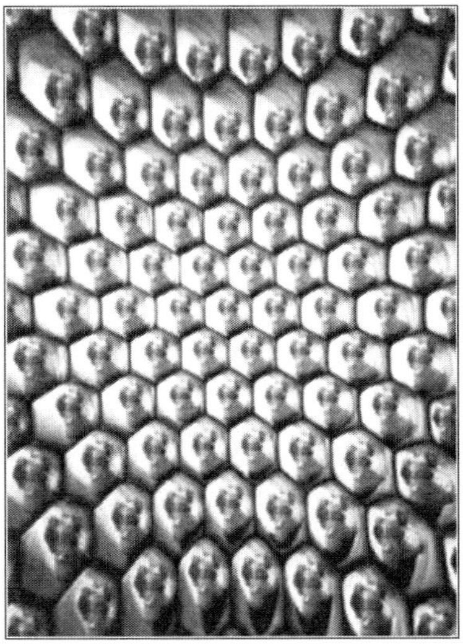

图 7.2　视角独特的广告

这是一幅杀虫剂广告,画面上是苍蝇的眼睛,每一只复眼上映出的,都是苍蝇临死前最后一眼看到的情景:一个人手持杀虫剂喷向它。

图 7.3　大白菜的横切面印出牡丹图案(图片来自肉丁网)

图 7.4　戒烟公益广告

只需调转角度,香烟就变成了烟囱。广告语:不喜欢烟囱就不要当烟囱

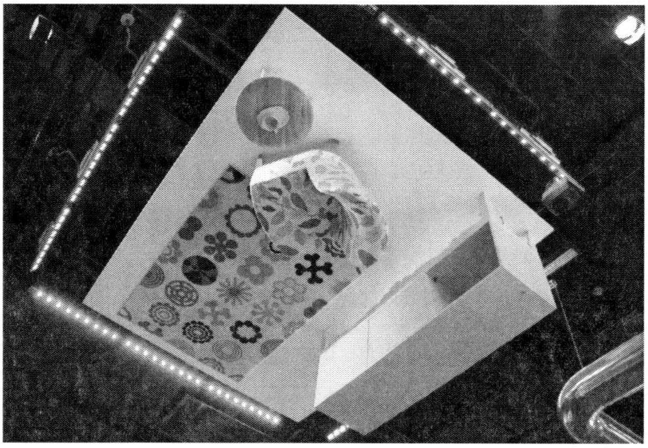

图7.5 倒悬在房顶的装置(上海世博会瑞典馆)

图7.6 墙上音乐会(上海世博会意大利馆)

第二节　独特的调性和修辞

每个人大概都遇到过这样的情况：同样一句话，从小张口中说出来，让人感觉很亲切；从小王口中说出来，让人觉得很冷漠。同样一件事，小李说出来，你觉得非常有道理；小赵说出来，你就感觉缺乏可信度。如果说在日常工作和生活中，我们对说话人的看法会影响到对他所说内容的判断，那么在影视节目中，似乎也能发现这种差别：同一句台词，某个演员说出来，让观众觉得很自然；另外一个演员说出来，就让观众觉得别扭。

研究发现，人们在同他人交流时，不只接收语言信息，还同时接收非语言信息，包括表情、语调、肢体动作都是接受和整理信息的依据。所谓"调性"，通俗地讲就是"表达的语调"。例如，我们用不同的声调和语速，配合相应的表情和动作，说"好"这个字，表达出的情绪可能千差万别：欣喜；无奈；反讽；勉强；满足；谄媚；应付等。"修辞"是文学用语，指各种增强文字感染力的文字处理手法。

调性与修辞是一体的，选择什么调性决定了采用什么修辞，修辞手法营造出与之相应的调性。创意表达对调性和修辞的选择标准，首先要符合表达目标，其次要具有差异性，与同类内容采取的表达调性相区别。

极致化　极致化形成"度"，或者说形成"量"的差异，任何事物做到极致，就能轻而易举地与一般情况区别开来，表达也不例外。前面提到过的杜尚的《泉》就是典型的极致化表达。如果杜尚只是用一件普通的日用品，比如茶杯、笔筒，来发出对传统艺术美的挑战，无疑只会成为笑柄，因为这些物品虽然也属于"反传统"的选择，但由于它们只能代表"普通"而非"粗俗"，与"优雅"的传统美学概念无法形成剧烈的矛盾，因而表达的力度显然不够。极致化的对比构成了戏剧化的结构，将极端"粗俗"的小便池，冠以极端"优美"的安格尔名画的名字，无论在视觉上还是心理上，都产生了巨大反差，形成一股强烈的冲击力，当然令人印象深刻。极致化表达经常用到下面几种修辞手法：

(1)夸张，对事物的特征、作用、程度等进行扩大或缩小。

契诃夫在《装在套子里的人》中，对主人公的描写可谓夸张到了极致："即使在最晴朗的日子，也穿上雨鞋，带上雨伞，而且一定穿着暖和的棉大衣。他总是把雨伞装在套子里，把表放在一个灰色的鹿皮套子里；就连削铅笔的小刀也是装在一个小套子里的。他的脸也好像蒙着套子，因为他老是把它藏在竖起的衣领里。他戴黑眼镜，穿羊毛衫，用棉花堵住耳朵眼。他一坐上马车，总要叫马车夫支起车篷。总之，这人总想把自己包在壳子里，仿佛要为自己制造一个套子，好隔绝人世，不受外界影响。"

相信任何人读了上面这段文字，都会对作家笔下的这个人物难以忘怀。夸张修辞的效果是如此强烈，以至于人们会有意或无意地使用这种修辞手法，来表达强烈的感觉，唐代诗人杜甫用"语不惊人死不休"，为夸张的作用做了最夸张的注解。李白用"难于上青天"，来描写蜀道之难；"后印象派"用色彩分析法，将事物分解为极小的色块，因此被称为"机械印象主义"；摄影的"过度曝光"形成了独特的艺术效果，夸张到极致化，可以说是创意表达最重要的形式之一。

图 7.7　放大的书——雕塑

图 7.8　放大的蒲公英——吊灯

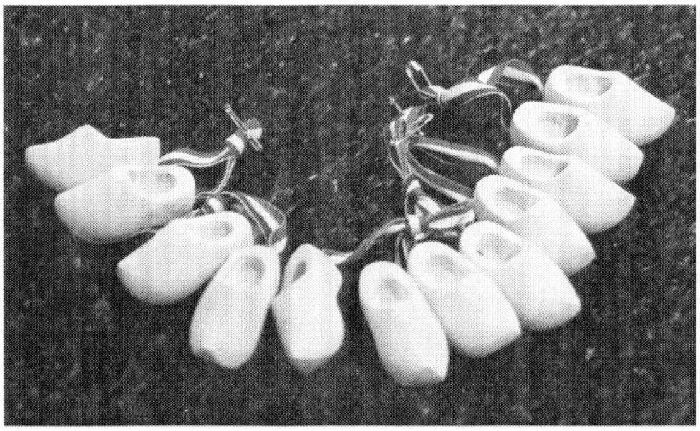

图 7.9　微缩的荷兰木鞋——手机链

设计者：曹艺、崔力为、许苏宁

图 7.10　诺基亚手机“定位功能”广告（学生参赛作品，未执行）

设计者：侯海璐

图 7.11　放大的乐高玩具——儿童组合桌椅(学生作品,模型)

数字说明一切　理性表达特有的逻辑性,使得这种表达方式带有一种不容置疑的权威感,但与此同时,极致的理性也能表达强烈的情绪,而理性最极致的表达方式一定是数字。“长城干红”有一篇获奖的经典广告文案,没有描述红酒的优雅品味,也没有描述其产地的独特地质,而是另辟蹊径地对世界在“一段时间内可能发生的事”展开冷静的统计,用巨大的数字来强调世界变化之大,反衬出“一瓶”好酒的珍贵。

十年间,世界上发生了什么?

科学家发现了 12866 颗小行星;

地球上出生了 3 亿人;

热带雨林减少了 6070000 平方千米;

元首们签署了 6035 项外交备忘录;

互联网用户增长了 270 倍;

5670003 只流浪狗找到了家;

乔丹3次复出；
96354426对男女结婚；
25457998对男女离婚；
人们喝掉7000000000000罐碳酸饮料；
平均体重增加15%；
我们，养育了一瓶好酒。

【用账单谈判】 一次，卡耐基租用一家饭店的大堂，准备进行为期一个月的培训。当他一切准备就绪时，却收到了饭店租金涨价的通知，要求他多付3倍的租金。卡耐基很恼火，但并没有马上给予回复。两天后，他找到饭店经理，彬彬有礼地向对方出示了一份账单，账单上列出涨价将为饭店带来的“利”和“弊”。

“利”的下面列出以下几条：①大堂可以空下来或作他用。②可出租给人跳舞或开会，收入会比租给我做培训高。③我租用一个月，饭店可能会失去更大的生意。“弊”的下面列出：①我付不起涨价后的费用，只能另选地址，饭店失去这份收入。②我的培训会吸引很多受过教育的年轻人，饭店将会失去替自己做广告的大好机会。③饭店每次花1万美金在报纸上做广告，也不一定会有这么多人来参观。

卡耐基给饭店经理留下这份“账单”就走了。第二天，他收到回信，租金只提高50%。

(2)对比，把两种事物或同一事物的两个方面并举加以比较。

鲁思·本尼迪克特所著的《菊与刀》，早已成为世界各国的人们了解日本文化及其国民性的标准读本。无独有偶，历史上也有旁观者对美国文化作出过一番描述，这位旁观者就是法国青年托克维尔。1830年，托克维尔与好友到美国考察了9个月，1835—1840年，他出版了《论美国的民主》上下卷，书中描述了他眼中的美国：“它宣告所有人生来都是平等的，但充满种族偏见；它空前地相信个人主义，但墨守成规，受到大多数人的控制；它是物质主义的，但宗教气息浓厚，商业化但又是清教徒式的；他有一部严谨的宪法和一个清晰的政治体系，但它最重要的决定均出自公众意见和道德观念而非政府。”①

托克维尔笔下的美国是自相矛盾的，他用强烈的对比展示了这些矛盾之处，这种手法与《菊与刀》有着异曲同工之处，展示同一事物的两极，或两个截然相反的事物，形成对比的两者之间自然产生一种张力，如王籍的诗句“蝉噪林逾静，鸟鸣山更幽”，凸显动与静的矛盾与统一，无疑能够取得戏剧性的效果。如果留意观察，我们可以在任何富于感染力的表达方式中发现对比的手法，举例来说，乐曲中的高音到了顶之后，很快有一个反向进行，一定有低音出现；绘画构图讲究疏密对比、色彩对比，营造出独特的画面节奏；摄影师拍摄年轻女性时，喜欢用粗砺的岩石或荒凉的大漠作背景，柔美与粗犷对比，带给观众强烈的视觉冲击力。图 7.12，牧羊人为疏，羊群为密；图 7.13，画出的石头和树木为实，空白处为虚，山树间的虚为云雾，乱石间的虚为水面；图 7.14 将柔软的沙发用砖块图案装饰，带给人一种矛盾和迷惑的心理感觉；图 7.15 是阿根廷摄影家劳达的作品《战士之母》，前景模糊带来的动感映衬出后景母亲坚定的表情，仿佛是战士最永恒的后盾。

图 7.12 疏密对比

图 7.13 虚实对比

图 7.14 软硬对比

图 7.15 清楚与模糊对比

① 《重新发现托克维尔的洞见》. 薛巍.《三联生活周刊》2010 年第 17 期. 152.

【救命的洗发水】 曾经看过一支洗发水广告,拍得就像警匪片。女主角被杀手追踪,一路跑到夜总会门前,走投无路的女主角想进去躲避追兵,没想到却被夜总会的看门人拦住,因为她的头发在逃亡中搞得乱七八糟,衣装不整,看门人不允许这种形象不雅的客人进入夜总会。女主角说尽好话也未得到通融,情急之下女主角跑到旁边的商店买了一瓶某某牌洗发水,并用它快速地清洗了头发回到夜总会门口,守门人看到女主角飘逸的秀发,欣然放她进门。此时杀手赶到,却因形象不佳被拦在了门外,女主角得以安全脱险。

"帮你摆脱尴尬"是不少产品的诉求套路,但这支广告将"尴尬"推到极致,演变为"危险",同时"帮助"的含义也演变为"拯救"。极致化可以起到"提升主题"的作用,最大限度地调动人们的情绪。同时,特写镜头将头发使用洗发水的前后做了鲜明对比,加强了产品的功能诉求。

(3)排比,内容相关、结构相同或相似、语气一致的几个短语或句子连用,用来增强语言气势,加强句子语气。

用排比说理,可以把论点阐述得更严密,更透彻;用排比抒情,可以把情感抒发得淋漓尽致。《荀子》的开篇之文《劝学》,用排比手法列出了一系列学习的作用:"登高而招,臂非加长也,而见者远;顺风而呼,声非加疾也,而闻者彰。假舆马者,非利足也,而致千里;假舟楫者,非能水也,而绝江河。君子生非异也,善假于物也。"清代诗人王士桢以擅写七绝闻名,曾写过一首题画诗《题秋江独钓图》:"一蓑一笠一扁舟;一丈丝纶一寸钩;一曲高歌一樽酒;一人独钓一江秋。",朴实的文字娓娓道来,意境悠远,可以媲美马致远《天净沙》中的名句:"枯藤老树昏鸦,小桥流水人家,古道西风瘦马。"

由于排比的句式往往给人以一气呵成之感,节奏感强,极富感官冲击力,因此尤其适用于演讲。马丁·路德·金在其著名的演讲《我有一个梦想》中,多次使用排比手法,情绪激昂饱满,读起来朗朗上口,听起来激动人心:"只要黑人仍然遭受警察难以形容的野蛮迫害,我们就绝不会满意。只要我们在外奔波而疲乏的身躯不能在公路旁的汽车旅馆和城里的旅馆找到住宿之所,我们就绝不会满意。只要黑人的基本活动范围只是从少数民族聚居的小贫民区转移到大贫民区,我们就绝不会满意。只要密西西比仍然有一个黑人不能参加选举,只要纽约有一个黑人认为他投票无济于事,我们就绝不会满意。"

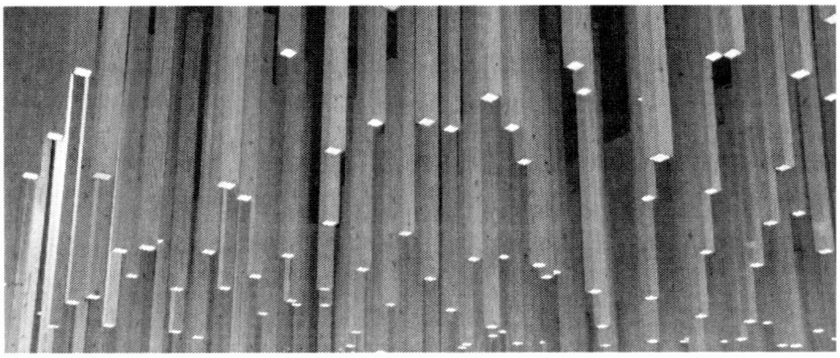

图 7.16　自天花板垂下的木条，形成线的排比

设计者：刘怡彤

图 7.17　各种蔬菜的价格标签形成排比（学生参赛作品，未执行）

委婉含蓄　大多数人都遇到过社交沟通方面的麻烦，比如拒绝某人的邀请、在集体讨论中发表与众不同的意见，或者说服一个固执的人接受新观点。很多时候人们对某些话感到难以启齿，因为如果表达不恰当，就可能会引发冲突或不愉快，谁都不愿面对那样的局面。每逢这种时刻，我们就会尽量采取委婉含蓄的表达方法，避免“直奔主题”可能引起的对立情绪，使用能够让对方接受的言语或观念，循序渐进或旁敲侧击地，让对方理解并认同自己的态度或观点。

一家公司原本业绩非常好，许多年轻员工都以在此工作为荣，但由于一次决策失误，公司损失惨重，面临破产的危险。一些年轻员工坐不住了，想跳槽又不好意思，因为公司一直待他们不薄，权衡再三，决定推举几个人去找老板辞职。时值盛夏，老板办公室的门上贴着一张小纸条："困难是暂时的，让我们从点滴做起，与公司一起渡过困境。为了节省1度电，我办公室内的空调温度调高1℃，进入我的办公室可以不穿西装。"几个年轻人看到字条，将辞职报告收了起来。如果老板只是极力挽留，可能难以打动他们，但是老板用实际行动表明了自己与公司共同进退的决心，同时也传达出对员工感受的重视，让员工从中体会到老板的良苦用心，从内心认同公司的价值观，成功地留住了员工。

委婉含蓄的表达并非对所有情况都适用。一家银行希望能轻描淡写地宣布一份裁员通知，领导层向员工们发出一封电子邮件，邮件的题目平淡无奇："致全体员工的通告"。开头是这样写的："今天我们将宣布一项持续数年的发展计划，该计划将提升服务卓越度、促进创新，帮助公司更有效地运营，并让我们迎来加速增长。"它的乐观语气，试图哄骗员工相信，接下来肯定会有什么好事情，接下来又扯了一堆"愿景"、"目标"与"宗旨"，包括"开创走在行业前列的运营模式"和"充分利用我们的规模"。说了一些雄心勃勃的废话和清嗓子练习之后，邮件写道："为了更好地利用这些优势，我们将实施有针对性的成本控制举措，包括减员，受影响员工在1400人左右。"可想而知员工们读到最后一句话的反应。

或许这封邮件应该更加开诚布公地与员工对话："或许你们中的一些人会感到震惊。但由于公司成本过高，为了生存我们必须降低成本。公司将不得不裁员1400人。我们会尽一切可能将伤害降至最低……"既然不是什么好消息，遮遮掩掩解决不了问题，倒不如清晰地表述事实，让人们知道接下来会发生什么，而不该扯些什么"加速增长的平台"，让员工误以为接下来会有好消息，因为如果一家公司真的计划加快增长速度，那似乎应当意味着员工收入的增加。

相对于简单直白而言，委婉含蓄是一种表达艺术，自古以来，人们就在艺术创作中熟练地使用着众多修辞手段，来塑造含蓄优雅的调性，这种优雅的表达也影响到日常生活领域，令我们的表达平添了几分美感。

(1)比喻，用具体的、熟悉的事物来说明另一种抽象的、生疏的事物，使人易于产生联想，进而理解抽象的、生疏的事物。可分为明喻(甲像乙)、暗喻(甲是乙)、借喻(直接以乙代甲)三种主要形式。

描写"无形之物"，一般都要借助比喻，把抽象的事物形象化，将之比喻为“有形之物”。用比喻的手法写景状物可以更加形象生动,渲染特定意境;议理抒情可以深化情感表达,强化表达的主题。白居易的《琵琶行》虽然描写的是无形的音乐,却没有让人觉得模糊不清,反而像是身临其境,亲耳听到琵琶女那出神入化的演奏,其中描写琵琶声调的诗句脍炙人口,几乎每一句都用到了比喻:“大弦嘈嘈如急雨,小弦切切如私语。嘈嘈切切错杂弹,大珠小珠落玉盘。间关莺语花底滑,幽咽泉流冰下难。冰泉冷涩弦凝绝,凝绝不通声暂歇。别有幽愁暗恨生,此时无声胜有声。银瓶乍破水浆迸,铁骑突出刀枪鸣。曲终收拨当心画,四弦一声如裂帛。”

“好莱坞最著名的编剧教练”罗伯特·麦基认为,“真正的好故事是对生活的比喻,一个长达两小时的比喻。”传神的比喻能够传递表象之外的意味,令人心领神会,哪怕是枯燥的话题,也变得浅显易懂,甚至还能增加一丝幽默感。德国著名投资大师安德烈·科斯托拉尼,将股市与经济的关系形象地比喻为“狗与主人”的关系:有时候狗会跑到主人前面,但偏离再多狗还是会回到主人身边。狗先跑到前面,再回到主人身边,接着,又跑到前面,看到自己跑得太远,又折回来,整个过程,狗就这样反反复复。

比喻使普普通通的词语变得含义丰富,意味深长。张爱玲在《红玫瑰与白玫瑰》中,用不同颜色的玫瑰花,比喻男人对自己“得到”或“失去” 的女人的感觉:也许每一个男子全都有过这样的两个女人,至少两个,娶了红玫瑰,久而久之,红的便成了墙上的一抹蚊子血,白的还是“床前明月光”;娶了白玫瑰,白的便是衣服上的一粒饭粘子,红的却是心口上的一颗朱砂痣。“娶了的”,就像“蚊子血”或“饭粘子”;“没娶的”,则像“床前明月光”或者“心口上的一颗朱砂痣”,这一对比喻可以说极委婉,而又极犀利,其中之意象,就要靠读者自己去慢慢品味了。

【比喻的力量】①　昆德拉说,所有的比喻都是危险的。譬如我们把某人比喻成红太阳时,很容易就会唤起一种狂热的爱,因为对太阳的膜拜是人类的一种集体潜意识。斯坦福心理学家研究发现,数据对你思考过程和回答的影响远不如表述这些问题时所用的比喻方式大。他们认为,在描述犯罪

① 案例引自:果壳网 http://www.guokr.com/article/54705.

时所选用的词会影响你对打击犯罪的态度——哪怕就改变一个词。心理系助理教授乐拉·伯罗迪斯基和博士生保罗·蒂博多给实验对象阅读一篇虚拟城市“爱迪生城”犯罪率上升的短文,然后请他们提议解决方案。在文中,犯罪或是被描述成野兽,或是被描述为病毒。

除了对犯罪的比喻,文章中还包括一些有警示意味的数据。比如2007年的犯罪报道比起2004年要多出10000起,而在同一时期,谋杀案的数字则从330起增加至500起。

当心理学家要求485名参与者指出他们认为报告里面最有影响的部分时,除了15人认为是比喻以外,其他几乎所有人都认为他们是根据数据来决定如何抑制犯罪。然而实验结果却发现,参与者提议的解决方案根据文中所用比喻的不同而有很大的差异。71%的参与者在读到“犯罪如一头猛兽在袭击爱迪生城”时提出需要更多的强制措施,而当他们读到“犯罪如同病毒在袭击爱迪生城”时,这一数字就跌到了54%。

“人们倾向认为他们是客观的并且是基于数据作出结论,”伯罗迪斯基说,“他们相信自己是有逻辑的,但事实上他们被比喻所影响。”为了进一步明确比喻的力量,伯罗迪斯基和蒂博多还测试了政治立场在人们为减少犯罪所采取的方法上扮演什么角色:他们假设共和党比民主党更倾向于拘捕和监禁罪犯,结果发现参与实验的共和党人对强制措施的支持率的确高10%。但这个差别比实际上由比喻引起的差别要少。阅读到“犯罪是野兽”的参与者比起阅读到“犯罪是病毒”的参与者,在支持强制措施方案上要多出20%。

“没有比喻我们就不可能描述任何一个像犯罪这样的复杂情况。”伯罗迪斯基说,“比喻不单只是用来使演讲更华丽,它引导了我们如何解释和解决问题。”所以,“只要你懂得怎样组织信息,通过使用适当的比喻和类比就可以引导人们乖乖顺着你的思路,得出相同的结论。”他说。

(2)双关,利用表达符号的多义或谐音,使表达具有双重意义,双关可使语言表达得含蓄或幽默,增添表达的趣味性,给人以深刻印象。

中国语言常常是一字多音、一字多义,并且由于文明史较长,对于字义所积累的内涵也十分丰富,因此日常用语和文学作品中,使用双关是再自然不过的了。古典名著《红楼梦》,可以说通篇都没有离开双关修辞,如甄士隐的名字,谐音“真事隐”,他所居住的“十里街仁清巷”谐“势利”、“人情”之义,许多人物的名字更是语意双关地暗示出人物的命运,如贾府四姐妹元春、迎春、探春、惜春谐音“原应叹息”,预示着她们的悲剧命运。“铁槛寺”、“馒头庵”则引经据典,宋人范成大有诗云:“纵有千年铁门槛,终须一个土馒头。”

英语中也有双关的修辞法,如:Make Time for Time. 中文译为“争取时间,阅读《时代》杂志”。一幅交通公益广告的口号为 Better late than the late. 中文译为“慢行回家,快行回老家”,出自成语“Better late than never”(晚来总比不来好)。它不但套用了成语的结构,形成了仿拟双关,而且还利用了 late 的双重意义,形成了语义双关。“Late”表示“迟到、晚到”,而“the late”这里指的是“已故的,不存在的”。①

双关修辞既有趣,又能收到表达明确的效果,因此在商业宣传中被广泛使用,极易获得受众认同。比较具有代表性的有联想电脑的“人类失去联想,世界将会怎样?”,平安保险公司“买保险就是买平安”。我也曾用双关手法,为一位学生的广告设计作品配写了广告语,广告目的是向年轻人宣传“避免早孕”,因此我使用了年轻人比较容易接受的价值观,强调“爱情需随缘,不能强求结果”,“真爱需要用生命等待”的观点,为两张系列广告配上了这样的广告语:“有时候,爱情无须结果”;“有时候,生命需要等待”。用“结果”和“生命”双关“孩子”,因为人们常说“孩子是爱情的结晶”,而孩子无疑是“生命”。

【解构出的双关语义】 大众汽车曾经拍过一支极简练的广告片,画面上只出现一张《质量检测单》,纵向排列着许多检验项目,每一项目检测合格,就在后面打一个“√”,每个项目都要经过两次检测,第二次检测合格后,就在前一个“√”上再叠加一个“√”,全部检测完毕,两个叠加在一起的“√”就很自然地幻化成大众汽车的标志。

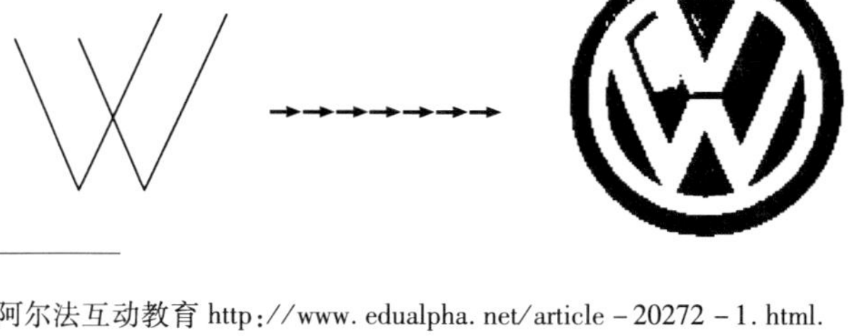

① 引自:阿尔法互动教育 http://www.edualpha.net/article-20272-1.html.

用检测合格的符号“√”叠加，与品牌标识的图形构成双关，使标志具有了“质量经过双重检测合格”的含义，在形式上合乎情理，在表达上清晰准确。

增添趣味性 趣味是相对枯燥乏味而言的，很少有人不喜欢有趣的事物，这似乎是人的本性使然。但“趣味性”到底是什么呢？对这个问题的回答恐怕是见仁见智，总的来说，应该具有某些共性，如新奇、有美感、令人愉快、刺激感官、引人遐想、使人回味等特别感受。一言以蔽之——给人不一样的感觉，也就是“异质感”。趣味性有别于极致化的表达，比后者更温和，更好玩。夸张、对比、比喻、双关等修辞都能够给表达增添趣味性，因此趣味性表达不会限定几种修辞方式，趣味性的关键词是“变化”，不过有些修辞带来的趣味性更强些。

(1)比拟，把人当作物或把物当作人，前者称为拟物，后者称为拟人。

迪士尼动画受到全世界小朋友的欢迎，其最主要的手法就是拟人，动画片中的动物、植物都与人有着同样的神态和情感，也有喜怒哀乐，也会唱歌跳舞。虽然是程式化的表现手法，但观众们仍然乐此不疲，觉得十分有趣。人们在日常生活中也经常使用比拟的方式，使自己的话语更加生动，赋予抽象概念以栩栩如生的形象，如“失败乃成功之母”，“萝卜上了街，药方把嘴撅”。许多诗人也喜欢将物人格化，更易引发读者共鸣，如黄巢的《咏菊》：“待到秋来九月八，我花开后百花杀。冲天香阵透长安，满城尽带黄金甲。”，郑板桥的题画诗：“咬定青山不放松，立根原在破岩中。千磨万击还坚劲，任尔东西南北风。”既是状物，又是写人，拟人与拟物并用。舞蹈艺术也对拟人手法情有独钟，演员扮演的动物或植物，总是能营造出更活泼的气氛，如下图充满童趣的《担鲜藕》(左)和表现海浪的动作(右)。

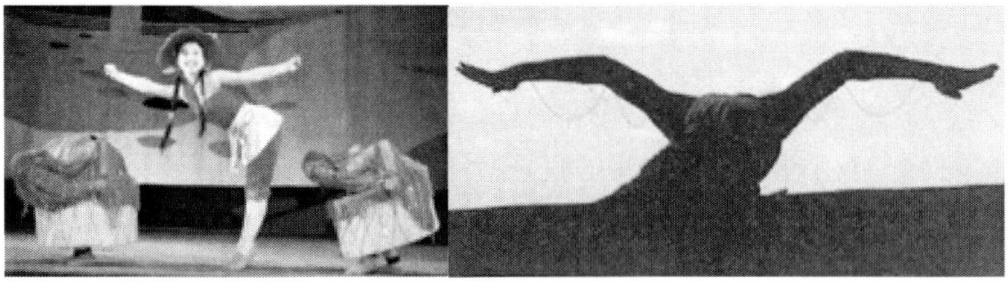

比拟手法也为各领域的设计师带来灵感，或许因为人对自身的重视胜过其他，拟人的设计往往能赢得人们更多地关注，也能获得更广泛的接受。

图 7.18　森林是地球的绿肺

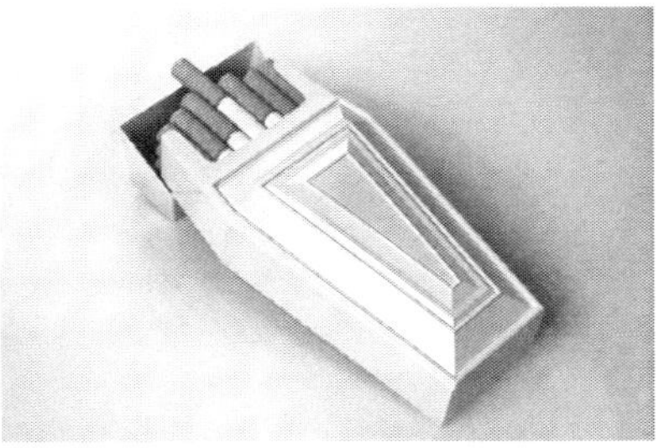

图 7.19　最具戒烟效果的香烟包装

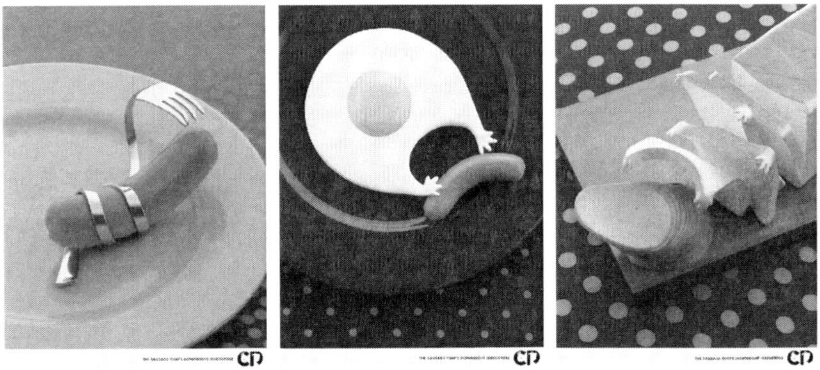

图 7.20　让人忍俊不禁的香肠广告（图片来自：东莞时间网）

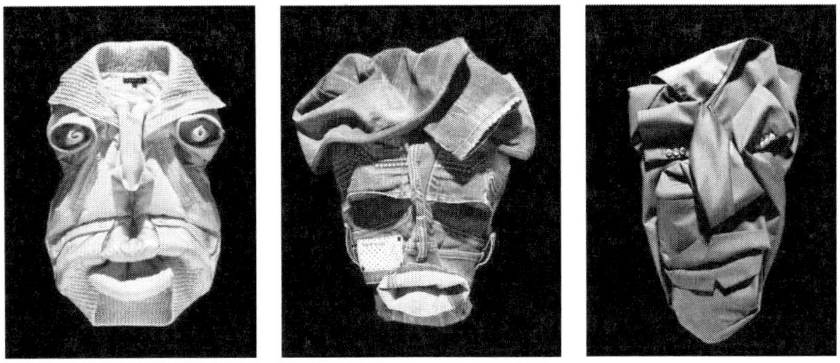

图 7.21　服装品牌广告中的拟人手法（图片来自：国际艺术界网站）

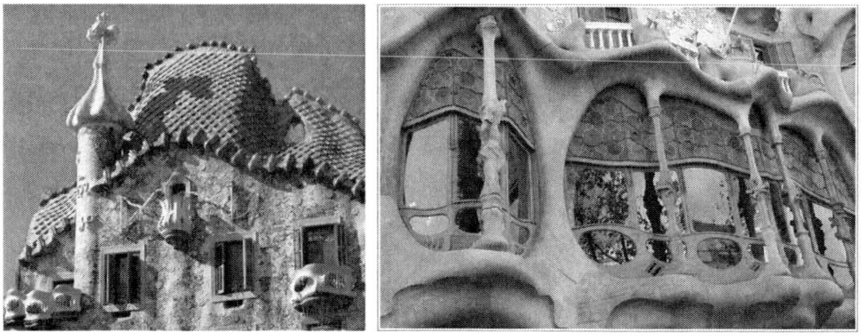

图 7.22　高迪的代表作:蒲特耀之家(巴特罗公寓)

这座 6 层楼建筑物很怪异,让人忍不住多看几眼。建筑物的入口和下面两层的墙面都故意模仿溶岩和溶洞,上面几层的阳台栏杆做成假面舞会的面具模样,露台设计像骷髅头,柱子像一根根骨头,屋脊如满布鳞片的鱼背,屋顶上的尖塔及其他突出物体都各有其怪异形状,表面贴以五颜六色的碎瓷片。

在以人为主角的活动中,突然让动物替代人的形象,无疑会令人产生新奇的感觉,感受到别样的乐趣,下图是瑞典哥德堡的福斯曼歌剧院广告,人们常用“夜莺般的嗓音”来形容美妙的歌喉,看到这只歌唱的鸟儿,自然对歌剧的动听心生向往(见下图)。

另外,“仿真”也可视为一种比拟,用对真实事物的模仿,带来真实的心理感受。如世界博览会推出的“世博护照”(见下图),游客可持这本“护照”

到各个国家馆盖章，以仿真的形式“周游列国”，带给游客极大的心理满足。

(2)联想，也就是想象，不直接说出所要表达的意义，而是只讲与之相关的内容，留出想象的空间，引人联想，使表达收到“会意”的效果。

想象源自感官经验、生活经验和文化习俗，用人们熟悉的事物或符号，更容易启发联想。激发人们产生联想的因素有许多，事物的形状、色彩、特质、文化属性等，都可能让人浮想联翩。看到刺猬，人们会直觉地联想到“自我防卫”，“难以相处”；再如“梅兰竹菊”，在中国文化中被喻为“四君子”，因此廉政宣传广告用竹林做画面，观众会产生“品行高洁”的联想；印度影片中少不了大段的歌舞场面，因此人们不论在何处看到印度人的形象，总会联想到“能歌善舞”这个形容词。

孩子踩在父亲的脚上学习跳舞，表达父亲对子女的关爱，是西方国家常见的日常生活场景，《国家地理》杂志儿童版的宣传广告(见图7.23)，用太空上的“父子共舞”，引起人们对日常生活情感的联想，从而将杂志“普通版与儿童版”的关系，对应为“父与子”的关系，引导读者将对普通版的信任，延伸为对儿童版的信任感。一个品牌想劝说客户换用自己的新产品是很困难的，消费者很可能会考虑“换下的旧产品如何处理?”，惠普用了一个很聪明的办法(图7.24)，它并不直接劝告消费者购买新型号打印机，而是告诉顾客如何将旧机器变废为宝，让顾客自己产生购买新机器的想法，因为画面提示：“旧的只能用来作花盆或鱼缸了。”阿联酋航空公司的宣传品(图7.25)，题目为“向祖国敬礼”，并未用拟人的手法处理飞机，而是巧妙地引用来自画面之外另一架飞机的机翼，勾画了一个“标准的敬礼”。

图 7.23 《国家地理》儿童版广告

图 7.24 惠普打印机广告

图 7.25 向祖国敬礼

幽默 幽默(humor)是外来语,最早是由林语堂先生从英语译成中文的。幽默最初是个医学概念,指动植物中起润滑作用的汁液,后来渐渐被引入文学艺术领域,被称为“生活的润滑剂”,大约是人们最喜闻乐见的表达方式了。幽默利用两种逻辑错误——谬误和诡辩,先预设某一理所当然的逻辑规律,然后有意违反思维规则,发生逻辑谬误,但巧妙的诡辩又使得谬误显得似乎“情有可原”,不协调之中蕴涵着协调,达成“意料之外,情理之中”的效果。作家威廉·戴维斯曾经说过:“我喜欢的幽默,是能使我发笑5秒钟而沉思10分钟的那一种。”幽默将严肃的事情用轻松的方式来表现,最能够达到劝导和说服别人的效果。强势的表达方式往往容易催生逆反心理,而用轻松幽默的方式,则最容易消除沟通障碍,达成相互之间的理解。

幽默是多样的,有尖锐的讽刺,也有顽皮的戏谑,有善意的嘲弄,也有无奈的自嘲。表达幽默所运用的修辞方法也是多样的,双关、暗喻、衬托、比拟、反语等,只要运用得当,都能带出一丝幽默感,幽默的成功得益于对思路的引导,以及对“意义’的预设,成功的幽默一定符合“特定的逻辑”。我们来看几个例子:

“当你的邻居失业时,这是经济倒退的暗号。轮到你时,才是萧条。”——杜鲁门

“人们宁愿把荣誉给予死人而不给活人,因为死人退出了竞争。”——吕普多姆

用iphone的人是爱家的(因为电池的待机时间短,需要每天回家充电)——生活幽默

幽默是一种智慧的表达方式,不但能带给人们快乐,还能给人启迪,发人深省,揭示事物的另一面。一位牧师向一位美国黑人领袖提出诘难:“先生既有志于黑人解放,非洲黑人多,何不去非洲?”这位机敏的黑人领袖马上反驳道:“阁下既有志于灵魂解放,地狱灵魂多,何不下地狱呢?”此例中,黑人领袖根据牧师的思维方法“非洲黑人多,应去非洲”的诘难进行仿答,“地狱灵魂多,何不去地狱”将对方逼入话题的死角。

【阿凡提演讲】 一个演讲俱乐部请阿凡提为成员演讲，主题就是“如何演讲”。阿凡提登上了演讲台，开口便问：“各位，你们知道我要讲什么吗？”大伙异口同声地说：“不知道！”“怎么，你们竟不知我要讲什么，如此无知，那我讲了还有什么用？”说着便走下了讲台。大家一时哑口无言。第二天，他又登上讲台，对听众说：“各位，你们知道我要讲什么吗？”“知道！”这回大家吸取了教训，异口同声地答道。“好啦，”阿凡提说，“既然大家已经知道了我要讲什么，那我重复一遍又有什么用呢？”说完又走下了讲台，大家再次哑然。

他总是这样，大家便凑在一起商量：待他下次演讲时，有一部分人说知道，而另一部分人说不知道。这样，阿凡提就没法下台了。第三天，阿凡提又登上了演讲台，当他再次像前两次一样发问后，台下便有人喊“知道”、有人喊“不知道”。阿凡提一笑：“那好吧！那就让知道的人讲给不知道的人听吧！”阿凡提用幽默的方式，对“如何演讲”做出了生动的诠释。

【福待和林肯】 杰拉尔德·R.福特是美国第38任总统，他说话喜欢用双关语。有一次，他在回答记者提问时说：“我是一辆福待，不是林肯。”众所周知，林肯既是美国最伟大的总统，又是一种最高级的名牌小汽车；福特则是当时普通、廉价而大众化的汽车。福特说这句话一语双关，一是表示谦虚，二是含蓄地暗示了自己是大众喜欢的总统。福特的这一双关语，为他赢得了良好的政治声誉。

【幽默的警告】 美国有位警察局长，因为辖区内的治安与交通非常差，心情非常低落。由于当地是货车公司的总站，许多大型货车的司机每天都在公路上驾车奔驰，在过度疲劳的情况下，交通事故就不断地发生了。就在治安与交通问题困扰局长的同时，州政府颁布了一道命令，将这一季定为交通安全季，为了配合这个主题，举办了一场交通安全竞赛。为了这件事，小镇局长压力顿时大增，每天一出家门便是满脸愁容。

有一天，他心力交瘁地回到家里，将帽子随手一扔，打开电视，电视正演出脱口秀，表演者说起话来不但妙趣横生，而且字字珠玑，局长忍不住哈哈大笑，这一笑把心头的压力释放了不少。看完脱口秀之后，局长躺在沙发里深思，忽然间，他的眼睛为之一亮，心中有了一个灵感。

隔天，局长召集所有警察，开始积极地行动起来。三个月很快过去了，州政府派人审查各镇的交通情况，包括交通阻塞情况、车流量控制、违规事件数等，当然最重要的还是交通事故的发生率，然而，稽查人员审查的结果却让大家都跌破眼镜。没想到记录一向不好的小镇居然连一次车祸的记录都没有。原来，局长想出了一个好点子，他把公路上的所有警告牌都换了，而新牌子上面则写着“请开慢一点，我们已经忙不过来了！殡仪馆启”。

司机们看到这个幽默的提醒，不知不觉地把车速放慢，小心开车。没有人喜欢强硬的手段，如果警告牌上用生硬的腔调写上“超速，罚一万！警察局启”，不仅守法的人看了不舒服，那些超速者更不用说了。利用幽默感，表达重要和严肃的概念，让人们不知不觉化解抵触情绪，同时意识到问题的严重性，即使车速再快的司机看了也忍不住要放慢速度。当我们要传递某些容易引起抵触的信息时，幽默常常是最有效的方式。

图7.26 健身俱乐部广告：让死神找不到你

怒发冲冠的小花盆

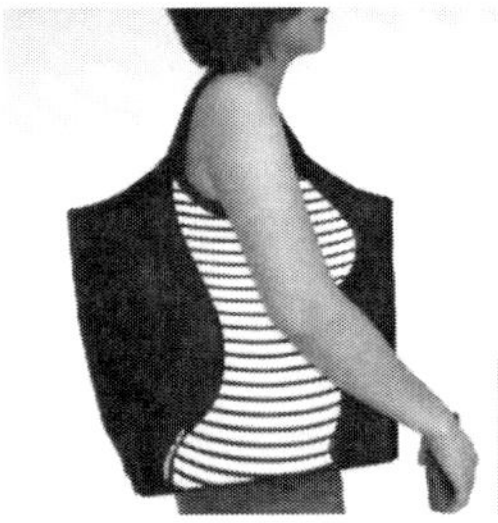

最快捷的减肥用品

在茶杯里泡澡的名人们

抽出纸时会发出打喷嚏声的纸巾盒

图 7.27　一组幽默的产品设计

图 7.28　胃药广告:不想每次的进餐都变成和食物做斗争吧(图片来自新华网)

图 7.29　纸尿裤广告:超级强大的吸水力(图片来自新华网)

第三节　独特的组合

对于“创意”有一种通俗的解释:旧元素,新组合。组合就是建立某种关系,通过这种关系,呈现出特定的形式,表达特定的意义。说到底,创意表达的形式就是“独特的组合形式”,包括构成常用符号的“元符号”的重新组合、符号与意义的组合,以及表达符号与表达媒介、表达环境的组合,任何新颖的组合都可以说是创意表达。符号学家弗雷格认为:“和一个符号(名称、词组、表达式)相联系的,不仅有被命名的对象——它也可以称为符号的指称——而且还有这个符号的含义(内涵)、意义,在其含义中包含了符号出现的方式和语境”。①

元符号的新组合　我们常用的符号系统(语言、文字、图形、影像、动作等)本身是由更次级的“元符号”组合而成的,如:语言的元符号是发声与声调,各地区的方言只是用不同的发音表示同一事物;文字的元符号是笔画与结构,起笔与落笔的方向不同形成了新的字体(见图 7.30);图像的元符号是轮廓与色彩,各种图形的实质只是轮廓和色彩有差异;形状的元符号是点、线、面、体,它们能构成所有形状;舞蹈的元符号是呼吸和肢体动作,几个典型的动作就能让你区别不同的舞种……改变元符号的组合方式,就改变了

① 转引自《哥白尼式的革命》徐友渔. 上海三联书店 1994. 63.

符号的原有形式,进而改变表达的形式。下面以我们最熟悉的汉字为例,来看看新的字体,也就是新的符号是如何创造出来的。

篆书　　隶书　　楷书

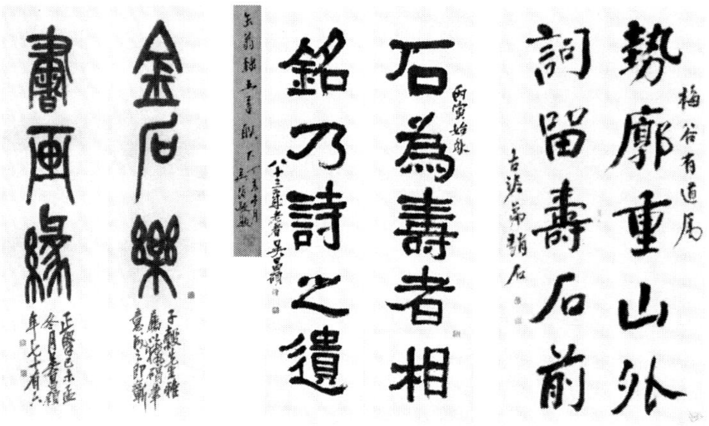

行书　　草书

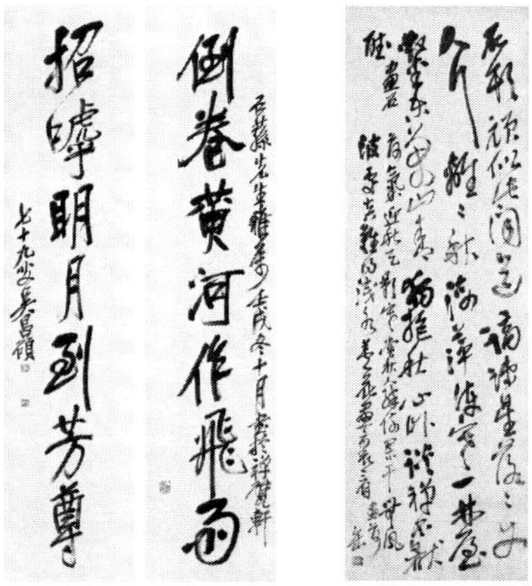

图 7.30　不同书体的比较(吴昌硕)

汉字是由基本笔画——横、竖、撇、捺、点、折、钩构成,软笔书法中,这些基本笔画的变化来自毛笔笔锋的提、按动作。提笔出锋,按笔藏锋;提笔写出的笔画细,按笔写出的笔画粗。每一笔的基本形状,主要是由起笔和收笔的动作所决定,其次是运笔过程的动作。硬笔书法基本是对软笔书写效果的模仿,但随着时代审美的变化,当代的字体设计已不再局限于笔画的变化，许多趣味化的字体被设计出来，用于建立电脑字库。另外，特殊内容的特殊设计，也使我们的文字符号有了更大的发挥空间，图形、字母、数字、材质、肌理、色彩、电脑特效等元素的加入，让古老的文字符号增添了现代色彩，新的符号就是这样出现的。

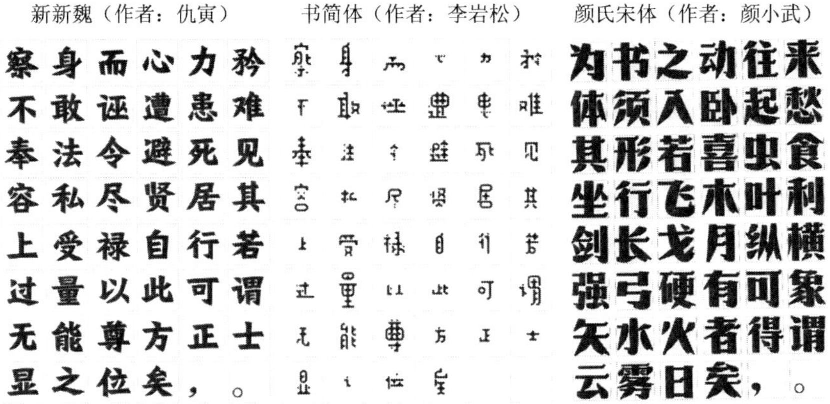

图 7.31 方正杯字体设计大赛部分获奖作品(图片引自大赛官网)

图 7.32 特殊用途字体的设计(图片引自中国设计网)

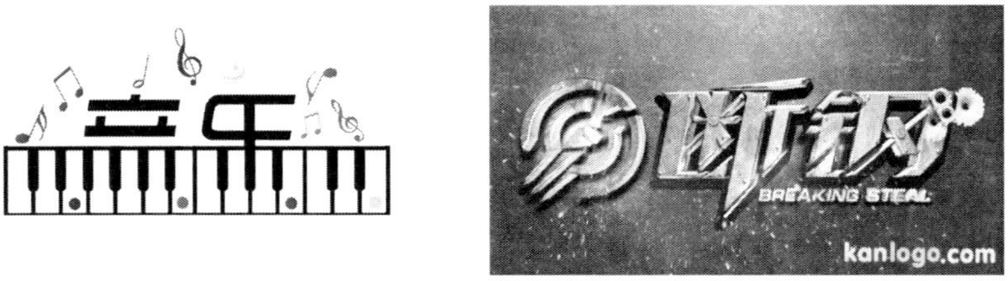

图 7.33 特殊用途字体的设计(左图引自昵图网，右图引自 flash 片头之家)

符号之间的新组合 拉康曾指出，人类现实有三个组成部分——实在、符号和想象，而所谓现实只是符号和想象的混合物。“爱情”就是由诗歌、音乐、玫瑰花等符号和浪漫的想象组成的。我们置身其中的这个世界不是由一个纯粹事实所组成的经验世界，而是一个由种种符号所形成的意义世界，我们从一个符号系统到另一个符号系统不停地对这些符号进行编码和译码，而全部人类的事物如衣食住行都渗透着编码行为。“当我们面对同一个对象而采用不同的符号时，并不是多余的无谓之举，而是力图揭示其中新的意义、内涵或信息。”当然，符号的意义不是一成不变的，而是随着社会文化的更新而变化、增长或消亡。

每一个领域都有它自己的符号体系，为这一领域中的专业人士所掌握：音乐家识记乐谱；律师熟读法规；医生使用病理术语；画家能够驾驭造型元素；科学家用公式论证原理。外行人视为难以理解的符号，对专家来说则具有十分精确的意义，能够在想象中唤起相应的反应对象。换言之，当一个符号脱离了原属领域，进入另一个领域后，它的原始意义也会发生改变，新的领域会赋予它新的意义，符号与环境的重新组合，使得符号的意义发生改变，多领域对同一符号的不同解释，促成了这一符号意义的累积，使其内涵层次越来越丰富，适用范围越来越广。

在单独符号不变的情况下，改变符号的组合方式，也就改变了整个符号系统，这种改变同时带来单独的符号和整体符号体系内涵的改变，表达出新的意义。生活中充满到了约定俗成的符号表达系统(见表7.1)，不同系统中符号的交叉组合，也会带来全新的表达效果。下面我们从中找出一个例子来分析“改变符号组合”带来的新形式，体会这种新形式所表达的意义与过往有何不同。

表7.1　符号的系统与组合①

	系统	组合
服装	在身体的同一部位不能同时穿用的衣件、附件与细部的集合，其变动选择对应于服饰意义的改变：如无边女帽、窄边女帽、宽边女帽等。	同一套服装中不同部分的并列：如裙子、衬衫、外套。

① 《符号学原理》(法)罗兰·巴尔特，王东亮等译. 三联书店出版社 1999. 55.

续表

	系统	组合
膳食	相似与不相似事物的集合，根据某种意义选择其中的一道菜，如各式各样的头盘、正菜或甜点。	用餐时实际选择的菜肴搭配系列，即菜单。
	餐馆中的“菜单”体现出两个层面：菜单的横向阅读（如选正菜）与系统相符，菜单的纵向阅读则与组合相符。	
家具	同一种家具（如一张床）的不同“风格”的集合	不同家具在同一空间的并置（如床、衣橱、桌子等）
建筑	一座建筑的同一组成部分的式样变化，如不同形式的屋顶、阳台、大门等。	各局部在建筑物整体上的衔接。

拿服装来说，传统的组合应该是这样的：帽子戴在头上，鞋子穿在脚下，衬衫是上装，裤子是下装。但不断有艺术家和服装设计师向习俗挑战，试图改变这套既定的穿着符号的组合方式，他们把鞋子戴在头上，把裤子穿在上身，将男装与女装融合，把本来用于其他领域的材料拿来制作服装，新的符号组合表达了他们的世界观。传统上，人们认为服装只是用来遮挡风寒和装饰人体的，但现代一些前卫的服装设计师不满足于此，他们要用服装表达对世界的看法，甚至不只用服装，更要用本该宣传服装的广告，来表达自己的观点，这就形成了“服装设计师与服装”之间新的组合方式，乃至“服装与世界”之间新的组合方式，下面我们就通过一组实例，来说明这些新的组合方式对传统观念的颠覆。

图 7.34　女性化的男装

图 7.35　折纸服装

图 7.36　贝纳通服装的“世界观”广告：各色人种和平共处

银行历来被人们认为是严肃的金融机构，从名称到企业识别形象，一般都采用理性的，或文化感较强的文字和图形，在公众中建立信任感。不过也有银行反其道而行之，大胆地用蔬菜为银行取名，力求塑造亲切的金融服务形象。

日本山阳相互银行原是一家区域性银行，相当于中国的信用合作社。1989 年 4 月改制为普通银行，更名为“番茄银行”，成为人类有史以来，第一家以蔬果为名称的金融机构。启用这个令人惊奇的新名称之后，引起了媒体竞相报道，银行外的客户大排长龙，在好奇心的驱使下，人们纷纷涌入银行开户。银行标识（见图 7.37）用具象图形西红柿与英文“BANK”有机结合，易于识别和记忆，给人一种轻松喜悦的亲切感，赢得了公众的广泛认同。

原本属于“食物”系统的“番茄”，无疑是“平凡”符号，作为“经济”系统的银行名称，两个领域的交叉组合，自然产生一种“与过往经验不一致”的反差，令人过目不忘。

图 7.37　特殊材料制成的椅子（从左至右：汽油桶、锅、硬币）

符号与媒介的新组合　人们通过媒介来表达和接收信息，媒介既是人们输出信息的渠道，也是接收信息的渠道。在工业革命前，人们通过感官来交流信息，现代通信技术飞速发展，生活中充斥着各种媒体，这些媒体都可以看作是感官的延伸，以满足我们感官对信息交流的更多需要。媒介直接影响着对表达符号的使用，改变媒介所惯用的符号或改变承载符号的媒介，都会直接改变表达的形式和效果。

过去，文字的载体只能是纸，但现在有了“电子书”，文字出现在屏幕上，通过网络技术，传统的纸质报纸也变成了“电子报纸”，屏幕大有代替纸张的势头。过去，人们用笔来写字、画画，现在触摸屏将我们的手指与笔合二为一了。过去，人们要想让公众知道自己的观点，需要想方设法在报纸或杂志上发表言论，现在只要登录自己的私人博客，或进入网络社区，每一句话都可能被成千上万的人关注。易得的媒体使人们的表达更加自由，也令这个世界更加嘈杂，能够富有创意地使用媒体和符号，成为表达成功的重要因素之一。

另一方面，媒介不只是表达的渠道，更是表达的助手。画家通过在画面中设置镜子，在镜中描绘出其反映出的场景，增加画面纵深，使欣赏者产生明确的空间感。在此，“画中的镜子”就是画家的表达媒介。摄影师要表现花瓣的娇嫩，需要借助一束阳光，阳光就是摄影师的表达媒介。一个小伙子要向姑娘表达爱意，送给姑娘一束鲜花，这鲜花就是小伙子的表达媒介。我见过最好的“防止沙漠化”公益广告，就是一张砂纸，一切尽在不言中。

【血色喷泉】　2010 年 4 月 16 日，匈牙利首都布达佩斯市中心的喷泉喷出红色的水，一个叫做“红色星期五”的组织，希望鲜红色的泉水能够引起人们对血友病的关注。红色的喷泉看起来血淋淋的，似乎很可怕。[①]“红色液体”这一符号直接指向“血液”，结合“喷泉”这一公共媒体，像极了“喷涌而出的血液”，给公众以视觉震撼（见图）。

① 环球网 http://world.huanqiu.com/photo/2010-04/783448.html

【消失的热带雨林】 这个公共厕所里的纸巾盒上印着一个南美大陆的图形(见下图)。盒内的绿色纸巾代表南美洲的热带雨林。当盒内的纸巾被慢慢地抽出时,我们将看到绿色部分在南美大陆的图形上慢慢减少。这代表着一次性纸巾对南美大陆热带雨林造成的恶劣影响。

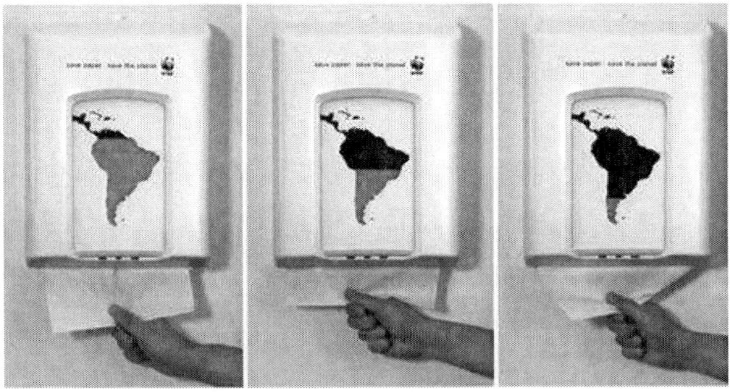

【气候变暖的原因】 智利首都圣地亚哥的这张大幅公益宣传海报(见下图),展示了亚洲洪水中逃亡的难民。搭配着这座建筑上的数十个空调,再加上一句醒目的“使你房间变舒适的空调正在加速全球变暖”,传递给人们一个重要的信息:过度地向空气释放二氧化碳同样是造成气候改变的主因。没有这些真实的空调,画面的震撼力恐怕要大打折扣了。

下面这个户外广告设计巧妙，头发处的镂空设计，使得大自然光线的变化成为画面的核心元素，不同光线下，秀发呈现出不同的色彩，可谓对染发产品的完美诠释。巧妙的媒介设计，达成了绝妙的表达。

图 7.38　染发剂户外广告

符号与语境的新组合　“事实上，一个社会所接受的任何表达手段，原则上都是以集体习惯或者同样可以说，以约定俗成为基础的。……强制使用礼节符号的正是这种规矩，而不是符号的内在价值。”[①]“新符号”有两种：

① 《普通语言学教程》（瑞士）费尔迪南·德·索绪尔. 高名凯译. 商务印书馆 1980. 103～104.

其一,代表一种从未有过的新规矩,包括基于此种规矩建立起新的符号体系,如以“生僻字”为规矩的“网络用语”;其二,改变原有的规矩,赋予常见符号以全新的意义,使其脱胎换骨,成为一种新的指向。由此可见,没有绝对意义上的“新符号”,符号的意义是由语境决定的,符号与语境的脱离与重组是最彻底的创意表达方式。

对同一个符号,不同的人可能产生不同的联想,即便是常用的符号,也可能由于使用符号的人不同,而对其产生不同的意象对应,如“父亲”这一称谓,在孩子心目中,是强有力的依靠;而在成年人心目中,则是个需要照顾的老人。如果在美术馆参观罗中立的油画《父亲》,看到画面中“父亲”脸上沧桑的岁月痕迹,因劳作而粗糙的双手,观众对“父亲” 可能又会产生新的诠释。不同的人代表了不同的解读方式,也就是不同的语境,将同一符号放在不同的语境下,其表达的含义可能大相径庭。

人与人在沟通中产生的冲突,主要缘于表达与语境的不协调,这种不协调并非不能消除,佛教传播在这方面就做得很成功。佛教发源于古印度,由于梵语的流通区域不广,在向亚洲其他地区传播的过程中,许多经典教义无法用当地的语言或文字表述清楚,传播遇到了阻碍,如何将教义传播得更远,就成为佛教徒要解决的首要问题。于是,一些佛教徒改变方法,用“经变”传播教义。“经变”是指将抽象的佛经文字内容绘制成具体的图画,也称为“变相”,绘制经变图的目的,是希望透过艺术的形式来向信徒宣称佛教的理念,同时也将信众较难理解的教义或翻译文字,转化为容易看懂的图画来呈现。

“经变”解决了表达与接收符号的不一致,但是造型符号对语境的适应性改变,才真正促使了佛教在中国流传得更为广泛。在古印度佛教中本为男子的观世音菩萨,进入中国后,男子形象一直保持到唐代以前,但是唐代开始,为了避讳皇帝李世民的名字,先是将“观世音”改为“观音”,后来为了适应中原文化的习惯,又将性别改为女性,成了我们现在看到的慈眉善目的女菩萨。中原佛像的整体造型也与印度本土的差别很大,中原佛像(下图右)大多表情平和,略带喜悦,盘腿坐于莲花之上,显得庄重,而古印度的佛像造型更为活泼(下图左)。除了佛教以外,古代印度教中的猴王哈奴曼,还在我国“变”成了《西游记》中的孙悟空,语境对表达的改造作用,由此可见一斑,反过来也能看出,符号与语境的结合,是多么有效的创意表达方式。

日本的“浮世绘”（下左图），本来是地地道道的民间风俗画，主要表现市民的市井生活，传入欧洲后，却促成了“印象派”的变革（下右图）。浮世绘独特的东方趣味、享乐主义、官能主义的艺术倾向，启发了印象派画家，他们不再像过去一样，把自己关进画室去专注地描绘宗教、神话、历史、人像和静物题材的作品，而是走向户外，把阳光下的房屋、树木、街道、车辆和人物等景象都收进画面。在东方人看来毫无变化的轮廓线，并不高明的色彩平涂，在西方画家看来却无比新鲜和不可思议，并从中得到灵感，从追求错视的三维空间效果，回归到了对平面性效果的经营上，认为绘画性由此得以落实。

全球化时代，每一种语言中都含有外来语，每一种符号也都要面对“他语境”，每一种旧符号也要面临“新语境”。好莱坞将中国符号“大熊猫”引入美国文化的语境，拍摄了动画片《功夫熊猫》，将“木乃伊”作为古埃及的符号植入好莱坞式大片《木乃伊归来》，中国的音乐人演出了现代音乐剧《弘一法师》，印度歌舞的动作中融入了街舞的动作……符号与语境的组合，就是

符号与文化的组合,也是不同文化的组合。

【冈布茨】 世界博览会上的国家馆,是宣传本国主流价值观的绝佳场所。2010 年上海世博会,匈牙利展馆的核心展品是一件名为“冈布茨”的模型(见右图),这件展品看起来像一个“不倒翁”,是匈牙利的科学家发明的,用均质材料制造,它的形态是所有几何形状的本源,就像干细胞是其他细胞的本源一样。匈牙利的设计师希望借“冈布茨”的特点表达国家意志——匈牙利总能从挫折中重新站起来,屹立不倒。

中国元素 无论是纯粹的观念表达,还是商业宣传,中国传统符号与现代语境的结合,总是能为人们带来惊喜:中国传统符号“婴戏”、皮影、书法表达着现代体育精神;面香化身为民族乐器“琵琶”的弦,用“弹”琵琶,双关面条的“弹性”,筷子也成了乐器的一个部件。

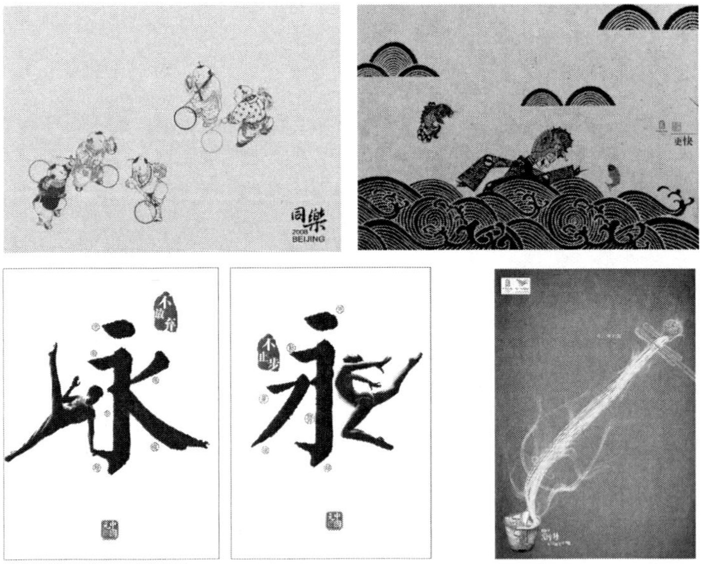

图 7.39 中国元素获奖作品(图片引自:创意中国网)

第八章　建立自己的创意思维与表达体系

一直以来，人们对“创意思维”都有一种曲解，这种曲解来自于一个“想当然”的前提，就是“人类天生就是逻辑思维的动物”，以至于每每提及思维的“创造性”，人们马上就会想到右脑思维、发散思维等思维训练方式，力求增强形象思维能力。这种对创意思维的认知定势已经普及至所有领域，于是乎，广告创意行业用头脑风暴；企业培训用发散思维；学校增加艺术素质教育课程，甚至幼儿园老师也鼓励孩子们多使用左手，似乎否定理性的思维方式就是创意思维。如果单凭某一种教育方式或某一种训练方式就能培养创意思维，那当然再好不过，但思维方式不是数学公式，无法将一种方式套用于所有人。人的天赋与个性千差万别，从感官的敏感度到生活环境、社会文化环境，任何一种因素都会对个人的思维方式产生影响。

没有任何两个人是完全一样的，包括双胞胎。思维是个体的，同一种方法能够改善每个人的思维方式吗？答案显然是否定的。目前图书市场上，关于“创造性思维”的书籍并不少，大多是西方研究者的著述。西方的研究者对创意思维的训练，主要强调改善他们所习惯的逻辑思维方式，其中不乏对东方智慧的推崇。由于地理环境、生活习性等因素造成了不同区域的文化差异，以中国为代表的东方文化，思维方式与西方有着很大区别，简单照搬西方的研究成果，只会造成“水土不服”，同时也易造成对本民族文化优势的无视和浪费。

几千年来，东方人形成了完全不同于西方的，独特的认识世界和思考世界的方式。与“西方式思维”相反，“中国式思维”的基础不是理性的逻辑思维，而是感性的直觉思维。象形文字是中国人思维方式的表达符号，体现了国人对世界的基本认知方式，图画般的文字及其多重含义，使人们体会到更多想象的乐趣，也更加无意于事物个性和抽象理论的深究。表现在行为上，就是容易“走极端”,看待事物要么无比宏观,天马行空;要么细枝末节,拘泥形式。虽然没有人会否认中国人具有丰富的想象力,但我们的想象力大多是浪漫的幻想,主要用于文学艺术创作,目的在于抒发某种情怀,因此极少有人将之加以论证,更不用说试图将浪漫的想法变为现实。个体的思维方式难免带有社会文化的烙印,大多数国人需要加强的是逻辑思维方式,对感性的、具象的想法进行论证,进而付诸实现。

在思维方式的研究上,西方的研究者为我们提供了很好的借鉴和参考,我们一方面应该努力摆脱传统文化对思维方式的束缚,另一方面也应该充分发掘古老的东方智慧,并将之用于开发具有东方文化底蕴的创意思维与表达方式,同时,每个人也应根据自身独有的天赋和兴趣,建立自己的创意思维与表达体系。

第一节　认识自己

辩证的传统思维　创意思维最大的障碍是思维定势,法国生理学家贝尔纳曾经说过:“构成我们学习的最大障碍是已知的东西,而不是未知的东西。”数千年的封建统治,数千年的农业社会形态,形成了中国人特有的思维方式。虽然已经进入了互联网时代,虽然在生活中使用着最先进的科技,虽然我们的生活方式与古代中国已经绝然不同,但我们的意识和思维,仍然继承了传统文化的DNA,传统的思维方式仍然深刻地影响着今天的我们。

调查显示,中国人对理想人格的描述,主要包括责任心、自制力,社会认可、社会服从、谦虚谨慎等核心特质,而原创力、独创力、愿意尝试、想象力、好奇心、有个性等特质,则被列入“创新性人格”,可以看出,目前中国社会的主流价值观仍然延续了历史上的传统观念,对于冒险的创新观念并未接受,大部分人采取了观望的态度。概括来说,国人思维中普遍存在着一些传统思维习惯,辩证地看待这些习惯,能够帮助我们更加清晰地认识到自己思维的优势与劣势。

(1)崇圣性——继承性。崇拜圣人先贤和祖先,厚古薄今。在辩论中,如果有一方抬出“子曰”或“古人云”,多半就能收到立竿见影的效果,对方会觉得难以反驳。这种思维定势延伸开来就是崇拜权威,以及与此类似的崇拜祖先,先辈流传下来的东西尽量不去改变,以示尊敬。中国人的心灵手巧是举世公认的,一些生产工艺或制作技艺十分精巧,但这样的技艺一旦定型,便被奉为经典,再也难有变化了。不过,这种思维的继承性也保护了传统,是华夏文明能够延续至今的重要原因。世界上许多曾经辉煌的古代文明都湮没在历史的洪流中了,而中华文明始终一脉相承,文字、语言、中医、武术、绘画、建筑等,包括生活习俗都没有出现断裂,不能不说是传统思维方式所决定的。

如果我们能追本溯源,体会先哲的思想脉络,而不仅仅简单继承他们的观点学说,我们就能得到更多启发。如果我们将先贤的智慧融入现代生活,而不仅仅是简单地训诂论证,那我们就是东方智慧真正的传承人。没有怀疑和挑战权威的勇气,很难形成创意思维;继承前人的智慧,让我们拥有更多创意思维的素材。

(2)狭私性——情感性。表现为注重血缘关系和短期的局部利益。趋利避害属于人类的本性之一,本无可厚非,但是过于狭隘的私利往往会伤害长远利益,如长辈对子女的溺爱,子女虽然享受到无微不至的照顾,但成年后对社会的适应性较差,以致遭遇更多挫折。保护私利造成的顾虑很容易让人视野狭窄,无法打开更广阔的思路。重视血缘关系的观念让农业社会的中国生产稳定,社会安宁,许多人与人之间的矛盾都是由宗族内部自行解决的。注重维系情感的思维方式能够削弱个体之间的对抗性,在竞争中维持和平共处。

注重情感当然是人性的优点,但过于狭隘的情感会蒙蔽我们的心智。如果我们能够将“小我”的情感放大,做到“老吾老以及人之老,幼吾幼以及人之幼”,那么我们的视野会豁然开朗,思考问题也能够站在更高的角度,考虑得更为长远。许多人难以产生“创意”的原因,是因为无法放下“小我”的利益,无法从他人的角度看待事物或对待问题。

(3)功利性——时效性。就是只做“有用的”事。说中国人比较感性其实并不准确,感性思维应该更加自由。许多国人十分精明,但这种精明不是基于理性,而是“实用性”、“具象性”,希望自己的付出尽快收到效果,对于不能用来解决实际生产和生活问题的事情,多数国人则不屑于考虑。封建社会的科举制,促使书生们寒窗苦读,不是为了求索真理,而是为了“卖与帝王家”,是为了“书中自有黄金屋”。到了“文革”时期,读书不再能带来现实利益,于是“读书无用论”盛行。近些年的“考研热”、“出国热”,仍然是为了“用文凭改善生活”,极少是为了“求知”。既然读书不是为了享受获得智慧的快乐,那么种种教育乱象也就不难理解了。

一方面,功利性的思维方式消磨了人们的好奇心和求知欲;另一方面,这种强调时效性的思维方式,有利于短期内提高效率。与不切实际的空想相比,追求时效性不失为更好的思维方式,毕竟长远目标也需要从当下出发。我们要做的,是将长远效果与短期时效相结合,让短期行为为长远目标服务。仍以读书为例,在具备了基本的生活条件后,就应该摆脱功利性的学习,寻求对智慧的探索,调动起人性固有的求知欲,享受获得新知的乐趣。

(4)从众性——稳定性。回避“与众不同”的心理,寻求集体安全感。从众心理不是中国人独有的,只是由于数千年的封建统治,中国人的“从众思维”更加突出罢了。封建体制实行“人治”,权力和责任都集中在少数人手中,人们在对一件事表态或决策时,首先考虑的不是如何做好这件事,而是别人的态度:如何让上司或长辈满意,让别人没有异议。从众思维虽然制约了个体的独立思考能力,但也维持了社会的稳定,人类是群居动物,保持集体的稳定性至关重要。

事实上,对“从众思维”的两面性应该区别对待。对事物的思考应从客观现实出发,克服从众心理,冲破“从众”的思维定势,用事实验证自己的独立见解。同时,也要克服逆反心理,不要为了标新立异而固执己见,对于无关原则的事情,“从众”未尝不可。

【一念得道】 吕洞宾成仙之前,汉钟离是吕洞宾学道的师傅。一次,汉钟离准备将“点石成金”的法术传授给吕洞宾,吕洞宾问道:“这点成的金块会不会还原成石头呢?”汉钟离答道:“你不用担心,那是三千年以后的事了。”吕洞宾听后,立刻回绝道:“三千年后拥有这金块的人,不就要破产了吗?我万不能用此法术。”吕洞宾凭此善念得道,成为“八仙”之一。

“自我”与“他人”不是对立的,归根到底,人类的根本利益是一致的,为他人着想不一定会损害自己的利益。今天的人类为了贪图自己的享受,大量排放二氧化碳，受到伤害的一定是自己的后代。所谓“道”，其实就是事物发展必然遵循的规律，人们只要遵循事物规律思考和做事，就不会被一己之利阻碍思路。

【公平分配】 两个孩子为了分一块饼争吵，都不放心对方来分饼，于是跑去找父亲解决。父亲问：“为什么不把饼分为同样大小的两块呢？”孩子们说：“我们分不了那么平均啊。”父亲看到孩子各存私心，都想自己多分到一点，就出了一个主意：猜硬币决胜负，输的人切饼，赢的人先挑。结果切出的饼果然大小完全一致。

成年人争来夺去的利益，与孩子眼中的饼是一样的。“公平”是为了避免私利，要做到“公平”却需借助私心。

【生存游戏】 日本民间有一种儿童游戏，叫做“生存”。玩这种游戏时，三个游戏者各自使用一套卡片，上面印有虎、狼、狗、羊、鸡、猎人图案，每个人将牌面朝下出牌，然后翻过来看：虎能吃掉其他牌，但是两个猎人加在一起可以打死一只虎；一个猎人可以打死一只狼，但两只狼可以吃掉一个猎人。最有意思的是，当三个人手中的虎和狼都被打死后，一只羊就可以吃掉一只狗。游戏规则的逻辑是这样的——没有了虎和狼，狗就会放松地享受安逸生活，此时不但一只羊能吃掉它，就连两只鸡凑到一起，都能将它消灭。

没有对手的生存状态容易让人丧失生命力，懒惰安逸的思想容易让人丧失思考力。没有思想的冲突和辩论虽然看似一片和平景象，但也失去了思想的活力。

自我描述　要想建立自己的思维和表达体系，首先要做到的，便是要认识自己。古语讲：“人贵有自知之明”，这句话既说明了“自知”有多么重要，也说明了要做到“自知”有多么难。在日常生活中，人不可能时刻反省自己，也不可能总以局外人的角度来观察自己，更多时候，个人需要借助外界信息来认识自己。心理学的研究揭示，个人在认识自我时，很容易接受外界信息的暗示，从而往往不能正确地知觉自己。大多数人都觉得一个笼统的、一般性的人格描述特别适合自己，即使这种描述十分空洞，他仍然认为准确反映了自己的人格面貌，心理学上将这种倾向称为“巴纳姆效应”。曾经有心理学家用一段笼统的、几乎适用于任何人的描述让几个班的大学生判断是否适合自己,结果,绝大多数学生认为这段话将自己刻画得细致入微、准确至极。

下面一段话是心理学家使用的材料,你是否也觉得适合你呢?

你很需要别人喜欢并尊重你。你有自我批判的倾向。你有许多可以成为你优势的能力没有发挥出来,同时你也有一些缺点,不过你一般可以克服它们。你与异性交往有些困难,尽管外表上显得很从容,其实你内心焦急不安。你有时怀疑自己所做的决定或所做的事是否正确。你喜欢生活有些变化,厌恶被人限制。你以自己能独立思考而自豪,别人的建议如果没有充分的证据你不会接受。你认为在别人面前过于坦率地表露自己是不明智的。你有时外向、亲切、好交际,而有时则内向、谨慎、沉默。你的有些抱负往往很不现实。

上面这段话,其实是一顶套在谁头上都合适的帽子。经常有学生来问我:“马上要毕业了,您觉得我做什么工作最合适呢?”每当面对这样的问题,我内心就觉得十分难过,不是因为我无力回答,而是遗憾我没能教会他们如何认识自己,更遗憾提问的人不知道自己要什么。因此我通常会反问:“你想要什么样的生活呢?如果无法同时满足多种愿望,那么你首先放弃的是什么?”对我的反问,多半提问的学生都回答不出。“认识自己”如此之难,因为孩提时代要“听话”,唯父母之命是从,少年时代要“考试,唯答案之命是从,到了大学阶段,终于要找回“自我”了,却感到茫然无措。

中国有句俗话:“三岁看大,七岁看老”,许多人将这句话当真了,其实人未来的状况,怎么可能在幼年就被预知呢?在一生中,我们会发生数不清的变化,要认识自己,我们需要在每个人生阶段都停下脚步,自我审视,审视自己的内心,把握自己的方向。与其让算命先生或星座解读来判断自己,不如自己通过回答一些问题来了解自己。

下面是一份“认识自己”的问题清单以及一些拓展性的深入提问:

(1)我内心真正的渴望是什么?——事业成功?还是被社会承认的荣誉感?或是事业成功将带来的物质享受?(有时我们会混淆这些概念)

(2)我最无法接受的是什么?——失败?还是别人的蔑视?或是家人对我的失望?

(3)我最痛苦的经历——失恋?还是被人遗弃的挫败感?(强烈的挫败

感来自于对“自我”的关注,而非对恋人的关注)

(4)我最强的素质是什么?——它能为我增加哪些优势?在何种情况下有可能转换为劣势?(如良好的记忆力能帮我快速背单词,但也令我难以忘记不愉快的经历)

(5)我最大的弱点是什么?——它会为我带来哪些弱势?在何种情况下有可能转换为优势?(如较差的记忆力使我比别人多付出时间,但也促使我养成记笔记的习惯,毕竟“好记性不如烂笔头”)

(6)我最喜欢什么?为什么喜欢?——如何得到我所喜欢的?如果得不到我会怎样?(我喜欢旅行,因为我喜欢自由自在的感觉。我可以做导游或边打工边旅行,如果不能实现,我可以观看电视中的旅行节目弥补遗憾)

(7)我最讨厌什么?为什么讨厌?——如何避免遭遇我所讨厌的?如果无法避免我该怎样应对?(我讨厌上班,因为讨厌被约束。我最好能不上班,但是这样就难以维持生计,那么我可以选择阶段性地工作,工作时间的收入要足以保证赋闲时的生活)

(8)我有哪些核心价值观?这些价值观是如何形成的?(家庭的灌输还是学校的教育?同龄人的影响还是大众媒体的引导?这些价值观是我自己经过思考确定的吗?)

当然,这份问题清单可以继续列下去,每个人都可以列出自己的问题清单,帮助我们勾画出一个清晰的自我,找到自己的方向。

【重要的盖子】 一家健身俱乐部的浴室无偿为会员提供高档洗发水,因为是公用浴室,使用的会员比较多,洗发水选用的是大包装,一些会员洗过澡后,顺手就将洗发水拿回家了,俱乐部为此非常烦恼。公关部门设计了多种方案,但是经过测试发现,任何方法都可能冒犯会员。最后,公关人员在内部征集解决办法,更衣室的管理员提出了一个非常简单的办法:拿掉洗发水的瓶盖,因为没有人会想拿没有盖子的洗发水。

每个人都有自己所擅长的和所熟悉的事,充分发挥自己所长或你认为理所当然的想法,在其他人看来,很可能就是一个别出心裁的想法。我的学生在上《市场调查》这门课时,总为找不到企业的准确数据发愁,我就建议他们去浏览网络上的股票频道,那里对上市企业的介绍可谓数据翔实,更新及时。

寻找潜意识 弗洛伊德为了哄小女儿入睡,开始研究梦境和潜意识,为人类开发出一个神秘的未知领域,自那时起,潜意识就成为人们寻找内心世界的重要入口,也成为人们寻找创意的重要途径。潜意识无法靠有意识地学习或观察来获得,发现自己的潜意识,需要借助一些方法和媒介。

许多画家特别看重儿童画、民间美术和原始艺术,因为这类艺术作品的创作动力来自原始的生命冲动,充满人类难以察觉的潜意识,没有专业技巧的局限,没有绘画工具的制约,更没有道德规范的束缚。西方现代艺术的超现实主义,就着力于表现梦境、幻觉等无主观意识的精神状态,创造出奇幻的视觉世界,成为影响深远的现代艺术流派,也为诸如电影、设计等现代艺术提供了极具价值的启迪。

超现实主义画家马格里特的《天降》(图 8.1),是否让你想到了电影《黑客帝国》? 如果你觉得画面描绘的场景似曾相识,那么很可能你也有过类似的梦境。菲利普·哈尔斯曼的超现实主义摄影作品《红粉骷髅》(图 8.2)堪称经典,它所表达的不是梦境,而是脑海中的困惑状态。七个女性人体构成了一个逼真的骷髅,猛一见触目惊心,仔细观察,又会发现这恐怖的骷髅竟由美丽的女人体组成。生命与死亡,可怕与可爱,诱惑与危险,种种矛盾融为一体,让画面左侧的男子迷惑不已。

图 8.1 《天降》

图 8.2 红粉骷髅

【潜移默化】 美国的广告公司曾经在一家电影院做过一个实验,在电影的放映中,使用一种“连续训练器”,在屏幕旁持续闪现广告:“饿了请吃爆米花,渴了请喝可口可乐”,这两句广告词以 1/3000 秒的速度闪现,每隔 5 秒重复一次,由于闪现时间短促,观众丝毫没有被打扰,00 直到电影结束,没有人意识到自己看到过这句广告。然而奇怪的是,电影散场后,人们蜂拥到影院食品部,购买爆米花和可乐,在6个星期的实验中,爆米花的销售量增加了57.7%,可乐增加了18%。原来,这是人们的潜意识在起作用,虽然自己没有意识到,但广告词却在潜意识中留下了深刻的印象。

第二节　建立自己的创意思维体系

广泛的积累　总有人以为,创意是年轻人的专利,因为年轻人想法新、点子多,一旦上了年纪,就不可能再有什么创意了。事实上,许多创意产业中的高职位,如广告公司的创意总监、时装公司的总设计师,都是由长者担任的,因为创意绝不是“拍脑袋”得来的,而是对大量信息的处理结果,只有丰富的积累,才能为创意思维提供足够的信息素材。积累不能只靠学习书本知识,更要注重观察生活,增加实际经验,特别是积累对生活的感悟。许多重大发明都得益于生活和工作实践,改变世界运输方式的集装箱,是一位美国卡车运输司机为了节省等候装货的时间发明的,使用方便的圆珠笔,是由战地记者为了避免使用墨水弄污衣服发明的,没有实践难以发现需求,而需求是思考最强大的动力。

无论是直接经验的获得,还是间接经验的学习,都要力求深入,对事物的了解不仅要“知其然”,更要“知其所以然”。学校对学生的教育是“正确回答别人提出的问题”,其实在学习中,最重要的是“能够自己提出问题”,因为找出问题、提出问题需要更深入的思考。

(1)寻找现象中隐藏的本质和规律。看到一种普遍存在的现象,不要停留在表面观察,深入分析其成因,或许会发现隐藏于其中的一些规律,可以用于其他领域。日本经济学家发现,白酒销量增加预示着经济将进入萧条时期,因为业绩下滑,借酒浇愁的人骤然增多。美国经济学家则观察到,阿司匹林销量的增减预示股市涨跌,每当股市委靡不振,股民头昏脑涨,因而服用阿司匹林的人增多,反之减少。1994 年阿司匹林销量大增,结果 1995 年初股市就连续下跌。

(2)多问一句“为什么”。历史课上讲到“哥伦布发现新大陆”,一般学生会牢牢记住这个史实,喜欢思考的学生则会提问:“哥伦布是意大利人,为什么要从西班牙航海呢?”“为什么大航海时代的人突然对外面的世界发生了兴趣?”经过到图书馆查阅资料就能明白:西班牙是当时欧洲的大帝国,不愿意让自己国家的人承担航海的风险,而是让外国人去做。西班牙国王资助航海,是因为航海发现的财富可据为本国所有。

(3)扩展自己的涉猎范围。旺盛的求知欲是最好的导师,宽阔的胸襟是最好的助手。要增加自己的积累,最简单的方法是敞开心扉,包容你所接触的一切。结交不同领域、不同年龄、不同性格的朋友,了解他们的想法,是我们突破自我局限的一条捷径。历史上有些伟大的创意都不是该领域的专家发明的,电报机是画家摩斯发明的,中文打字机是著名作家林语堂发明的,自动柜员机(ATM)的发明者英国人约翰·谢珀德·巴伦,不是银行的工作人员,而是英国得利来公司机械部主管。

【再度流行的包办婚姻】 2011年日本大地震后,社会观念发生巨大的转变,越来越多的日本人回归传统价值观,就连“包办婚姻”也再度开始流行。20世纪90年代,“包办婚姻”仅占30%,震后,这一比例迅速上升至40%。日本的年轻人认为,通过自由恋爱步入婚姻的夫妻,没有看到婚姻生活的全貌,而包办婚姻却完全不同,父母总是考虑得更周到一些,因此,这种婚姻的离婚率远低于因自由恋爱缔结的婚姻。

事实上,“包办婚姻”在中国也一直占有一定比例,许多人将这种婚姻形式的稳定,归功于父母生活经验丰富,为自己考虑周到。持这种观点的人其实没有意识到一个更深刻的原因,那就是东方人的家庭观念:西方社会的家庭核心是“配偶关系”;东方社会的家庭核心是“父子关系”。东方家庭中的子女,在婚后非常看重自己的配偶与自己父母之间的关系,如果配偶与自己的父母发生矛盾,子女会十分烦恼,婚姻质量也会大打折扣。“包办婚姻”之所以能够保持稳定,是因为父母按照自己的标准为子女选择配偶,自然与之相处更融洽,这样一来,家庭矛盾就会大大减少,婚姻的稳定性也就提高了。

【邮票齿孔】 世界上第一枚邮票在1840年出现时是没有齿孔的,当时是用剪刀一枚一枚剪开出售,很不方便。1848年的一天,一位新闻记者来到伦敦一家酒店,他一边喝酒一边撰写当天的新闻。稿子写好后,他分别装进信封里,准备寄到几家报馆去。这时,他从衣袋里取出一大张邮票来,却因找不到剪子而无法剪贴。后来，他从衣襟上取下一枚别针，在邮票与邮票的空隙间扎了一串均匀的空洞，然后轻轻撕开。在记者旁边的一位叫亚瑟·亨利的青年人受到启发，设计并改进了一台打孔机，使这一极富科学性的做法被沿用下来。

微妙的氛围 有人征集过人们最容易产生创意的时间：如厕时、洗澡时、入睡前半睡半醒时、乘车时、从事单调的工作时、参加无聊的会议时、聊天时、散步时、运动时……还有人征集过最容易产生创意的环境：一间安静的屋子、喧闹的酒吧、寒冷的气温、漆黑的夜晚、春风吹拂的郊野……在创意思维没有成为习惯之前，每个人的思维都有可能被特定条件所激发，某种微妙的外界刺激可能会引起细微的心理活动，从而直接形成突然间的、活跃的思维。

一些广告公司会单独辟出一个小房间，根据创意人员的个人喜好进行布置，有的房间内没有任何多余的陈设，只有一张舒适的躺椅；有的房间内放置着音响、小工艺品，还有零食和咖啡；有的房间没有灯，窗帘紧闭，即使白天在里面也是伸手不见五指。每个人都有自己的感知习性，有人听觉器官发达，对声音敏感，听音乐时才思泉涌，有人对触觉敏感，做手工时可能触发灵感，有人在冥想时获得灵感。

总之，如果你发现自己在某种状态下，思路特别开阔，思维特别活跃，那么刻意营造这种环境，也不失为一个好办法，但是最好不要形成一种心理依赖，离开了这种环境就不知所措。一般来讲，当一个人的积累达到一定程度以后，就能够摆脱对外物的依赖，获得真正自由的思维，在任何环境中都能在自己的知识储备中，根据实际情况，快速搜索到需要的信息，加以分解和重组，形成行之有效的新思路、新办法。

行动改变思维 人的行为是由思想决定的，如果从根本上改变思考方式一时难以做到，就反过来从改变感知方式、改变行为方式开始吧！思维定势往往体现在我们生活中的各个方面，你不可能没有经过训练就去参加马拉松长跑，当然也不可能没经过练习就能改善思维方式。

下面列出的20个“小改变”或许可以帮助你改善感知能力，冲破固有的思维模式（不必拘泥于顺序，随机挑选一项，或从你认为最容易做到的事开始做起)。

(1)选择几份你从未阅读过的报纸或杂志,仔细阅读,连广告也不要放过,设想自己是该报纸或杂志的记者,从这个角度理解报道或文章。

(2)观看你平时不感兴趣的电视节目,如果你平时喜欢看韩剧,就换到地理频道或法制频道,观看一些不会带给你视觉享受的节目,并努力去发现这些节目的价值。

(3)独自一人去异地度假,不设定路线,不跟随旅行社,尝试自己排队购票,兴之所至地改变目的地,感受完全陌生的环境和民俗。

(4)变换上下班的路线和交通工具,尝试以步行代替交通工具,在路上发现有趣的景致和故事并记下来。

(5)用平时不用的那只手操作工具。

(6)投入一项运动,掌握运动技巧,特别建议乒乓球,或其他需要快速反应的运动。

(7)到养老院做义工,听听老人们的人生故事。

(8)回忆童年时代的游戏,最好能找个孩子跟你再玩一次,同时跟孩子玩一个他们喜欢的游戏,感受游戏的快乐。

(9)观察身边的陌生人,像福尔摩斯一样推测他们的生活状态,根据推测写一篇短文。

(10)挑战一件“不可能完成的任务”,比如十字绣或俯卧撑,发掘自己的潜力。

(11)至少培养一项有益身心的爱好,如下棋、弹奏乐器、体育运动甚至厨艺(不要将纯粹的玩乐或享受当作爱好)。

(12)到现场欣赏一出完整的昆曲剧目或其他你从未现场观看过的剧种。

(13)透过一个媒介,如矿泉水瓶的底部,观察世界。

(14)用一天时间,扮演一个原始人,不使用任何现代化设备,想想自己失去了什么,得到了什么。

(15)随机选择一些手边常用的物品,将灯光打在物体上,看看投在墙上的影子像什么?

(16)选择一个主题,然后拿着手机或相机、摄像机出门,围绕确定的主题拍照或摄像,组成一个图片故事,比如描述你家附近新建的地铁站为周围居民生活带来的变化。

(17)参观博物馆或美术馆,选择一件展品作详细了解。

(18)角色扮演,坐着轮椅出门,感受一下没有双腿的生活,学会从别人的角度来看问题。

(19)观看一部悬疑电影的前半小时或最后半小时,根据逻辑推理其他情节。

(20)设法躺下或倒立,看看世界在你眼里和平常有什么不一样。

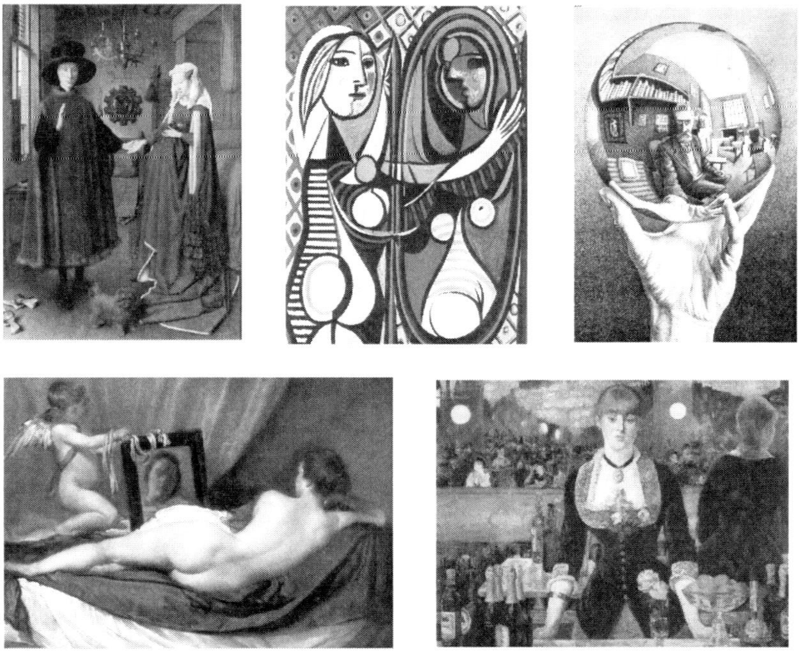

图8.3　一组借助"镜子的折射效果"制造独特气氛的画面

【逆向发射的卫星】　以色列是世界上唯一一个自东向西发射卫星的国家。1988年9月,以色列发射了自己的第一颗人造卫星奥菲克—1号,和其他国家发射卫星不同,以色列发射卫星的方向是自东向西。众所周知,地球自西向东转,为了利用地球自转带来的惯性,运载火箭的发射总是顺着地球自转的方向。但以色列地理位置特殊,如果向东发射,肯定会飞跃叙利亚、沙特或者伊朗等国家，万一发射失败，火箭坠落在这些国家，必然引起复杂的政治甚至战争纠纷，考虑到这些因素，以色列最终选择了这种比较另类的方式。

世间大多数的事都有多个发展方向，而我们常常都抱定"朝前看，朝上看"的观念，其实有些时候，机会在另一个方向。我们常说的逆向思维、发散思维、水平思维等，说的都是同一个原理，无非就是换一个，或增加几个思考的方向而已。

将想法付诸实现 再好的想法，如果不付诸实现，也只是空洞的说辞。许多听起来很好的创意，却没有可操作性，最后流于空谈。我们都读过一个推销员的故事，但大多数人只读过前半部分：两家皮鞋厂，各自派了一名推销员到太平洋某个岛屿上去开辟市场。两个推销员到达后的第二天，各给自己的工厂拍回一封电报。一封电报是："这座岛上没有人穿鞋子，我明天搭第一班飞机回去。"另一封电报是："好极了，这个岛上没有一个人穿鞋子，市场前景广阔，我将驻在此地大力推销。"许多人读到这里很受启发，认为后者显然更具营销天赋。

现在让我们看看这个故事的后半部分：第二个推销员在岛上卖力地向每个居民推销，但没有卖出皮鞋，于是拍电报向厂里求助，厂里派出一个老练的推销员。这个新来的在岛上住了三个星期，每天上街到处逛，与当地人聊天，却并不向他们推销皮鞋。第三周结束时，他发回了电报："这里的人不穿鞋，但有脚疾，需要鞋；不过我们现在生产的鞋太瘦，不适合他们，我们必须生产肥些的鞋。这里的部落首领不让我们做买卖，除非我们搞大市场营销。我们只有向他的金库里进一些贡，才能获准在这里经营。我们需要投入大约 1.5 万美元，他才能开放市场。我们每年能卖大约 2 万双鞋，在这里卖鞋可以赚钱，投资收益率约为 15%。"

最后这个推销员才是真正的营销人才，制订可行性计划，将想法付诸实现，是培养创意思维最有效的方法。正如前文中提到的，中国人不缺乏创意，缺乏的是执行。

第三节　用自己的方式表达

英国有个散文家，曾经对词汇做过一个有趣的比喻，他这样写道："词汇就像货币，越通用越好，而且，它们也只有靠着习俗的批准才能流通、才有价值。我作为一个作家，竭力使用那些普普通通的字眼，和那些家喻户晓的语言结构，假如我是一个商贩，我一定使用大家通用的度量衡器具。"禅的智慧为世人所推崇，因为禅宗对智慧的表达没有故弄玄虚，而是通过一个个的小故事（公案），用世人最易理解的方式来引导人们领悟其中所蕴涵的哲理和真知。

创造自己的表达符号　针对同一事物，每个人都会有自己的理解，也会用自己最熟练的方式表达出自己的理解。同一棵树，在古典主义油画家眼中是大自然的代表，因此他们笔下的树不会孤零零地存在，而是与周围景色融为一体；印象主义画家将一切事物分解为色块，所以他们画中的树也是一片斑驳的点；中国画中的树，却只用墨色的浓淡干湿来表现质感，只用概括的符号来表现树叶。拥有自己的表达方式是一种能力，是思维成熟的体现，只有具备完善的思维体系，才有可能拥有自己独特的表达方式，难以表达的思维是失控的、不可靠的，表达是对思维的驾驭。

我们阅读知名作家的文章，即使没有看到署名，也能根据行文风格、用词习惯猜出作者，绝不会将莫泊桑的小说误认作莎士比亚的作品。李白华丽的词藻、杜甫朴实的语言、鲁迅先生犀利的笔锋，都是他们特有的表达符号，表达符号可以说是一个人的标识，是我们识别他人的重要依据。除了语言文字这种常用的符号，其他领域也如此：杨丽萍灵动的上肢动作、李可染浓重的积墨画法、刘翔利落地跨栏动作都已成为他们独特的符号。

【埃舍尔的理性世界】　"艺术家应该能够把萦绕在他们头脑中的任何事物用独特的形式表达出来，将不能用语言表达的内容付诸画笔。就埃舍尔而言，他的所思所想集中在规则形、结构和延续性等方面的内容上，集中在对空间物体之平面表现的可能性探索中，并从中获得了无穷的喜悦。他不能将这些想法用语言表达，但他无疑能够把它们清楚地表现在画纸上。在智识的意义上,他的作品已经达到了很高程度的理智,是理性思维的绘画表现。”①

埃舍尔最广为人知的作品基本创作于1937年后,强烈的秩序感传递出画家十分明显的数学计算的思维方式,与其说他的作品是在表达情感,不如说是在记录他所发现的世界。画家不厌其烦地用周期性图案表现“循环”和“无穷”,不少数学家甚至用他的作品作为数学专著的插图。有趣的是,这位被数学家视为知音的画家,对科学意义上的“数学”却没有兴趣,他更热衷于用画笔将他的思考表达出来。从他的作品中,我们感受到的不是传统绘画所表达的“美感”,而是不可思议的“秩序感”,是“理性的美感”(图8.4、图8.5)。

图8.4　昼与夜

图8.5　圆极限Ⅲ

创造自己的表达规则　新闻记者罗伯特·怀尔特说过:“任何人都能在商店里看时装,在博物馆里看历史。但是具有创造性的开拓者在五金店里看历史,在飞机场上看时装。”台湾中兴百货也许是受到这句话的启发,发布了一系列诉求独特的广告,其中最著名的广告语是:“到服装店培养气质,到书店展示服装。”

如果你富于幽默感,那么用笑话来表达自己的想法可能收效更好,如果你逻辑严密,那么就用数据和严密的推理说服别人,如果你不善言辞,可以尝试用图片来直观地说明你的用意。当然我们都希望自己无所不能,但在没有做到之前,不妨扬长避短,如果你真的那么全面,那么集中精力,设计出一种你独有的,别人难以模仿的表达规则,建立你自己的表达秩序,甚至独

① 《魔镜——埃舍尔的不可能世界》.布鲁诺·恩斯特著,田松、王蓓译.上海科技教育出版社2002.18.

有的语境。

【街道变跑道】　在设计师的改造下，欧洲老城奥地利格拉茨的古老街道一扫往日沉闷的气氛，变得生动活泼起来。街面被涂料改造成鲜红的跑道模样（见下图），配合街旁原本颜色较为亮眼的招牌，一条750米长的小街仿佛变身成为赛场，边上坐满了挥舞着各色旗帜的看台观众。

【车间里的法国餐厅】　在上海798工厂区，有一家非常另类的法国餐厅——开在车间里的时尚法兰西餐厅。法国式餐桌是由车间里原来的工作台改造的，车间中央的一个大型工作台，上面设计了一个特殊的灯饰，加上两把宽大的椅子，摇身一变成了法国宫殿的"王后桌"。来这里就餐的顾客进入这个"语境"，都竞相坐上"王"和"后"的座位，体验做一回法国贵族的感受。

【无印良品】　1980年，世界经济增长陷入低迷，日本也经历了严重的能源危机，消费者不仅要求商品有好的品质，也希望价格从优。在这种情况下，木内正夫创办了"无印良品"公司，推出"无品牌"概念，向市场推出了第一批无品牌产品。产品注重淳朴、简洁、环保、以人为本等理念，在包装与产品设计上皆无品牌标志，省去了不必要的设计，去除了一切不必要的加工和颜色，大多数产品的主色调都是白色、米色、蓝色或黑色。简单到只剩下素材和功能本身。品牌所使用的口号是"物有所值"。

"无印"的生活理念与流行的"品牌消费"相反，它摒弃一切外在"标签"，不断简化，简化到只剩下素材和功能本身，提醒人们去赏识原始素材和质料的美感，还物品以本来面目，将使用者从外在束缚中解放出来，而达到一种更接近于内心自我、更接近天然的状态，这也恰是禅悟所追求的真我境界。在所有无印良品的商品上，顾客很难找到品牌标记，即便在衣领后面也不设商标——至多在衣服上贴一张透明胶带纸标明尺寸，并在试衣时撕去。

对于厌倦了追求名牌和奢华生活的都市人来说，无印良品的主张确实令人耳目一新。

这种不要品牌的做法，却从反向衬托了品牌概念：假如有人看到一个没有商标的用品，就会推测，“这是无印良品吗？”由此，无印良品巧妙地实现了最大程度的品牌差异化：世界被人为地分成了两极，一极是所有的品牌，而另一极就只有无印良品。大音希声，大象无形，刻意追求低调反而成为世界知名的“No Brand”（无品牌），达到了“无牌胜有牌”的境界。无印良品的品牌操作，充分挖掘了东方文化元素，将“有无相生”的东方哲理运用得不着痕迹。

借助恰当的表达工具　要将自己的想法表达出来并不困难，掌握的工具越多，表达也越顺畅，越便捷。富于创意的表达一定是多样化的，自然要借助多样化的表达工具，有时候，看起来千言万语才能说清的内容，一张图片就能让人明白，需要用数十张草图勾画的物体，一个模型就能让人一目了然。

下面是一些学生的课堂设计作业，除了图形和摄影，还分别使用了实物、雕塑泥、透明菲林片、磁铁等材料，最后完成的设计形态，表达了他们对某些概念的理解。

图8.6采用各个历史时期的交通工具作为设计素材，不同于常见的纺织品图案，形成一种独特的趣味。图8.7要表达的是“行走的生活方式”，将代表“行走”的旅行箱，用在代表“安定”的衣柜造型设计中，制造出“行走”与“安定”矛盾的统一。

图8.6　纺织品设计（纸稿）　白雅丹

图8.7　衣柜设计（泥模）　赵阳

图8.8中的香炉模型,要表达“禅”的意味,为了制造悬浮的效果,设计者将磁石放入雕塑泥中,同极相对,并特地把模型放在草地上拍摄效果图,流露出淡淡的禅意。图8.9中的模特儿就是设计者本人,他将一只旧足球加工成了一个颇合球迷心意的时尚背包。

图8.8　香炉设计(模型)　张慧

图8.9　球迷包(实物)　田胜文

图8.10中的花器是用透明的菲林片制作的,设计者观察到,一般的花瓶在换水后,由于花枝容易交叉在一起,很难恢复原来的造型,于是想设计一种分隔式花器,保持花枝独立插瓶,避免互相错综纠缠。

图8.10　分隔式花器(菲林片)　唐霞